数学はすぐにできるようになるものではありません。地道に精進を重ねましょう。本書をやりこなすことで，合格率は限りなく100 %に近づくと信じています。自信をもって本番を迎えてください。読者のみなさんの合格をお祈りします。

最後になりましたが，編集などで大変お世話になったKADOKAWAの小嶋康義氏に深く感謝の意を表します。そして，数々の助言を与えてくださった公益財団法人 日本数学検定協会の方々に深く感謝の意を表します。また，今までご指導くださった先生方にも深く感謝の意を表します。献身的に支えてくれた妻の亜由美にも感謝します。さらには，自分とかかわってくれた生徒，友人にも感謝します。自分1人の力では書くことができませんでした。この場を借りてお礼の言葉を述べさせていただきます。

著　者

CONTENTS

改訂版

数学検定

に面白いほど合格する本

佐々木誠（代々木ゼミナール講師）［著者］

公益財団法人 **日本数学検定協会**［監修］

＊本書は、『数学検定準２級に面白いほど合格する本』を底本とし、令和４年度以降の当検定の出題範囲に対応した数学検定準２級の対策本として加筆・修正した改訂版です。

はじめに

数ある良書の中からこの本を手にとってくださり，ありがとうございます。

実用数学技能検定（以下，数検）「準 2 級」の検定内容は，中学 3 年程度から高校 1 年程度となっており，中学数学の内容だけではなく高校数学の内容も入ります。**合格率は毎回おおよそ 45％前後であり，合格するのは簡単なことではありません。**過去問を見ても解ける気がせず，いったいどのように対策すればよいのか悩んでいる人も多いのではないでしょうか。

本書は，そのような悩みを解決し，**楽しく学びながら「準 2 級」合格の栄光を手にとれる**よう構成されています。

「第 1 部　原則編」は，**合格するために必要な定義・定理や公式**を，基本からわかりやすくまとめています。検定範囲の高校数学や中学数学の内容でぜひやっておくべき内容も整理しています。過去に出題され，またこれから出題が予想される「テーマ」を厳選していますので，まずはこの部の内容をひとつひとつ理解していきましょう。「テーマ」によっては「数検でるでる問題」も載っているので，理解したかどうかがすぐに確認できます。また，「第 8 章　1 次検定・2 次検定の特徴的な問題」では，1 次検定・2 次検定で出題される，出題傾向が明確な問題を扱っています。

「第 2 部　実践編」は，1 次検定と 2 次検定各 3 回分の「予想問題」です。「第 1 部　原則編」をひととおり学習したあとに，本番を想定して練習しておくとよいでしょう。少し難しい問題もあるのですぐに手が動かないかもしれませんが，粘り強く考えてみてください。演習後は，「解答・解説」で答え合わせをしてみましょう。「第 1 部　原則編」の内容も復習できるようになっており，解説もくわしく書かれているので，理解が深まります。できなかったり間違えたりした問題は，もう一度解き直して自力で解けるようにしておきましょう。

数学に限らずどんなことでもそうですが，見ているだけではできるようにはなりません。たとえば，プロ野球を見るだけで野球がうまくなるわけではありませんよね。数学ができるようになるためには，ただ本の文字を追うだけではなく，自分の頭でしっかり考え，手を動かし，試行錯誤を続けることが大事です。

第3章 整数の性質

第4章 場合の数と確率

第5章 統計とデータの分析

第6章 図形の性質

第7章 図形と計量

この本の特長

数検対策と基礎力強化の両方に役立つ

この本は，数検「準2級」対策に**腰を据えて取り組みたいという人やまだ実力不足なので数学を根本から勉強し直したい人**向けの，**"試験対策用＋数学の基礎力強化用"** テキストです。

「第1部　原則編」で"必習内容"と"必習問題"を完全攻略

数検「準2級」の過去問で何度も繰り返し出題され，これからも出題が予想される80の「テーマ」が収録されています。「テーマ」はすべて1見開き2ページ単位で，以下の要素を含みます。

◆「数検でるでるポイント」：数検「準2級」の出題に含まれる**重要定理や重要公式**，および，**教科書では大きく扱われていないのに数検「準2級」にはよく出る内容**が漏れなく載っています。また，前提としておさえておく必要がある**検定範囲外の内容**には「復習」や「発展」のアイコンがついています。

◆「＋α ポイント」：**やや発展的な内容**や，「数検でるでるポイント」の**補足的な内容**を取り上げています。

◆「数検でるでる問題」：「数検でるでるポイント」で学んだ内容を確認するための設問です。★は**難度**を表します（★★★が最高難度）。数学があまり得意でない人は★と★★の設問に，自信がある人は★★★を含むすべての設問に取り組んでみてください。

◆「解答例」：「数検でるでる問題」の正解です。たんに解答が羅列されているだけでなく，**解法の過程や違う観点からの説明**（「補足」）も示されています。また，複数の解法がある設問には「別解」もついています。

＊例：具体例／注：注意点／考：考え方／別：別解／補：補足

「第2部　実践編」で本番と同形式による演習が可能

数検「準2級」の最新出題傾向に沿った"そっくり問題"が「予想問題」として3回分掲載されています。その「解答・解説」はとてもていねいで，「確認」では**"問題を解くときに働かせるべき思考過程"**，「考え方」では**"解答の方針"**，「解答例」では**"合格答案＋数式の補足説明"**がそれぞれ示されています。また，「第1部　原則編」の該当「テーマ」への**リンク**もたくさん張られているので，説明を読んでいてわからない場合に参照することができます。リンクを行き来することによって，知識と解法がみるみる定着していきます。

実用数学技能検定「準２級」の出題について

＊以下の情報は，2023 年 12 月現在のデータです。
＊検定概要，注意事項，検定料，各種データなどに関する詳細な情報は，公益財団法人 日本数学検定協会のホームページをご参照ください。
https://www.su-gaku.net/suken/
＊実際の検定には問題用紙と解答用紙がついています。

階級について

構　成	検定時間	出題数	出題配分
1 次：計算技能検定	50 分	15 問	●中 3 ～高 1 を目安とする学習範囲内から 15 問
2 次：数理技能検定	90 分	10 問	●中 3 ～高 1 を目安とする学習範囲内から 10 問

試される 7 技能について

1　技能の定義
技能とは，反復訓練によって習得可能な能力をいう。

2　7 技能それぞれの定義
7 技能それぞれの定義を，以下に示す。

❶　計算技能
義務教育課程における四則演算に代表されるものであり，与えられた数体系の中で，定められたアルゴリズム(手順)に応じて，正しく解を導き出せる能力を意味する。

❷　測定技能
長さ，面積，体積，角度といった量を実測または計算し，国際的な基準(単位など)を用いて，わかりやすく表現できる能力を意味する。

❸ 作図技能

図形に関する幅広い学習内容の中で，「作図」に特化した技能をさすものではなく，「作図」に代表されるもののことである。すなわちそれは，図形の性質を十分に理解した上で，その知識を活用できる能力を意味する。

❹ 統計技能

現象を調査することによって数量で把握できる能力，または，調査によって得られた数量データを活用できる能力を意味する。

❺ 整理技能

様々な情報の中から，有用なものや正しいものを適切に選択・判断し活用できる，高度な情報処理能力を意味する。

❻ 表現技能

文章や数式，図，表，グラフなどを用いて，自分の調査結果や意見，考えなどを正しく，わかりやすく相手に伝えることができる能力を意味する。

❼ 証明技能

相手に正しく，わかりやすく，自分がそのように考える理由を説明できたり，命題の真偽を示したりすることができる能力を意味する。

●カバーイラスト：ａｏ

第1部

原則編

数検でるでるテーマ 1　整式と指数法則

数検でるでるポイント1　単項式　復習　Point

数や文字をかけただけでつくられる式を**単項式**(たんこうしき)という。

1　数の部分を単項式の**係数**(けいすう)という。とくに，係数が1のときは基本的に表記しない。

2　かけ合わせた文字の個数を**次数**(じすう)という。

ただし，0以外の数だけの単項式の次数は0とする。

3　文字が2種類以上あるときは特定の文字に着目し，着目しない文字は数とみなすことがある。

例　単項式 $2x^3$ の係数は2，次数は3 ← 2が数，x が文字。$x^3 = x \times x \times x$ は x を3個かけ合わせているので次数は3

例　単項式 $5x^2y$ の係数は5，次数は3 ← $x^2y = x \times x \times y$ より次数は3

y に着目すると係数は $5x^2$，次数は1 ← y の次数は1

数検でるでるポイント2　多項式　復習　Point

単項式の和として表される式を**多項式**(たこうしき)という。

数検でるでるポイント3　整　式　Point

単項式と多項式を合わせて**整式**(せいしき)という。

単項式を多項式の1つとして，整式と多項式を同じ意味で用いることもある

1　和で分けられた単項式を整式の**項**(こう)という。

2　文字を含まない項を整式の**定数項**(ていすうこう)という。

3　文字の部分が同じである項を**同類項**(どうるいこう)という。

4　同類項をまとめて整理した整式において最も次数の高い項の次数をこの整式の**次数**という。とくに，次数が n の整式を ***n* 次式**という。

例　整式 $3x^2 + 6x + 5$ について，$3x^2$, $6x$, 5をそれぞれ項といい，定数項は5，最も次数の高い項は $3x^2$ より，次数は2であるから2次式という。

数検でるでるポイント4　降べきの順，昇べきの順　Point

1　整式を項の次数が低くなる順に整理することを**降べきの順**（こう）に整理するという。

2　整式を項の次数が高くなる順に整理することを**昇べきの順**（しょう）に整理するという。

例　整式 $2x + x^3 + 3x^2 + 1$ について

降べきの順に整理すると $x^3 + 3x^2 + 2x + 1$　⬅降べきの順にして考えることが多い

昇べきの順に整理すると $1 + 2x + 3x^2 + x^3$

数検でるでるポイント5　累乗と指数　Point

0 でない文字 a をいくつかかけたものを a の**累乗**（るいじょう）という。

a を n 回かけた累乗を a の n **乗**といい $\boldsymbol{a^n}$ とかく。

すなわち　$\underbrace{a \times a \times \cdots \times a}_{n\text{個}} = a^n$　または　$\underbrace{a \cdot a \cdot \cdots \cdot a}_{n\text{個}} = a^n$

⬇（× と）・はかけ算を表す

a^n と表したとき n を**指数**（しすう）という。

指数が 1 のときは　$\boldsymbol{a^1 = a}$　と，1 は基本的に表記しない。

指数が 0 のときは　$\boldsymbol{a^0 = 1}$　と定義する。

例　$2\times2 = 2^2$　$2\times2\times2 = 2^3$　$2 \cdot 2 \cdot 2 = 2^3$　$2^1 = 2$　$2^0 = 1$

数検でるでるポイント6　指数法則　Point

a，b を 0 でない実数，m，n は正の整数とするとき，次が成り立つ。

1　$\boldsymbol{a^m a^n = a^{m+n}}$　⬅指数をたす！

2　$\boldsymbol{(a^m)^n = a^{mn} = (a^n)^m}$　⬅指数をかける！

3　$\boldsymbol{(ab)^n = a^n b^n}$　⬅それぞれ n 乗！

4　$\boldsymbol{\left(\frac{a}{b}\right)^n = \frac{a^n}{b^n}}$　⬅それぞれ n 乗！

例　**1**　$2^2 \cdot 2^3 = 2^{2+3} = 2^5 = 32$　**2**　$(2^3)^2 = 2^{3\times2} = 2^6 = 64$

3　$(2 \cdot 3)^2 = 2^2 \cdot 3^2 = 4 \cdot 9 = 36$　⬅$(2 \cdot 3)^2 = 6^2 = 36$ としてもよい

数検でるでるテーマ 2 展　開

数検でるでるポイント7 展　開 Point

いくつかの整式の積の形をした式について，積を計算して 1 つの整式に表すことを，その式を展開(てんかい)するという。

数検でるでるポイント8 分配法則 Point

1 $a(x+y)=ax+ay$

2 $(x+y)a=ax+ay$

数検でるでるポイント9 整式の乗法 Point

$$(a+b)(x+y)=ax+ay+bx+by$$

数検でるでるポイント10 乗法公式1 Point

1 $(a+b)^2=a^2+2ab+b^2$

2 $(a-b)^2=a^2-2ab+b^2$

b を $-b$ とする！

3 $(a+b)(a-b)=a^2-b^2$ ⬅和と差の積は 2 乗の差！

数検でるでるポイント11 乗法公式2 Point

1 $(x+\alpha)(x+\beta)=x^2+(\alpha+\beta)x+\alpha\beta$ （$\alpha+\beta$：和，$\alpha\beta$：積）

2 $(ax+b)(cx+d)=acx^2+(ad+bc)x+bd$

数検でるでる問題

1 次の式を展開しなさい。 ★

$(x+1)(y+2z)$

2 次の式を展開しなさい。 ★

$(3x-2y)(3x+2y)$

3 次の式を展開しなさい。 ★

$(2x+y)^2$

4 次の式を展開しなさい。 ★

$(2x-y)^2$

5 次の式を展開しなさい。 ★

$(x+6)(x-1)$

6 次の式を展開しなさい。 ★

$(2x+3)(5x-4)$

解答例

1 $(x+1)(y+2z)=\underline{\boldsymbol{xy+2xz+y+2z}}$ ⬅ポイント9：整式の乗法

2 $(3x-2y)(3x+2y)=(3x)^2-(2y)^2$ ⬅ポイント10：乗法公式❶ 3

$=\underline{\boldsymbol{9x^2-4y^2}}$

3 $(2x+y)^2=(2x)^2+2\cdot 2x\cdot y+y^2$ ⬅ポイント10：乗法公式❶ 1

$=\underline{\boldsymbol{4x^2+4xy+y^2}}$

4 $(2x-y)^2=(2x)^2-2\cdot 2x\cdot y+y^2$ ⬅ポイント10：乗法公式❶ 2

$=\underline{\boldsymbol{4x^2-4xy+y^2}}$

5 $(x+6)(x-1)=x^2+\{6+(-1)\}x+6\cdot(-1)$ ⬅ポイント11：乗法公式❷ 1

$=\underline{\boldsymbol{x^2+5x-6}}$

6 $(2x+3)(5x-4)=2\cdot 5x^2+\{2\cdot(-4)+3\cdot 5\}x+3\cdot(-4)$

$=\underline{\boldsymbol{10x^2+7x-12}}$ ⬆ポイント11：乗法公式❷ 2

数検でるでるテーマ 3 因数分解

数検でるでるポイント12 因数分解 Point

1つの整式を1次以上の整式の積の形に表すことを，もとの式を**因数分解**(いんすうぶんかい)するといい，積をつくっている各式を，もとの式の**因数**という。

数検でるでるポイント13 共通因数でくくる Point

$$ax + ay = a(x + y)$$ ← a が共通因数

数検でるでるポイント14 因数分解公式❶ Point

1 $a^2 + 2ab + b^2 = (a + b)^2$

2 $a^2 - 2ab + b^2 = (a - b)^2$

← テーマ2 ポイント10：乗法公式❶と同じ

3 $a^2 - b^2 = (a + b)(a - b)$ ← 2乗の差は和と差の積！

数検でるでるポイント15 因数分解公式❷ Point

1 $x^2 + \underbrace{(\alpha + \beta)}_{和}x + \underbrace{\alpha\beta}_{積} = (x + \alpha)(x + \beta)$

2 $\boxed{ac}x^2 + (\boxed{ad + bc})x + \boxed{bd} = (ax + b)(cx + d)$ $(ac \neq 0)$ （$ax+b$ が❶，$cx+d$ が❷）

❶ ➡ a ╳ b → bc ← 「たすきがけ」という！
❷ ➡ c ╳ d → ad (+
$\boxed{ad + bc}$ ← x の係数になる

例 **1** $x^2 + 6x + 5 = (x + 1)(x + 5)$ ← 和が6，積が5となる2数は1と5
$1 + 5 = 6$
$1 \times 5 = 5$

2 $10x^2 + 11x + 3 = (2x + 1)(5x + 3)$

2 ╳ 1 → 5
5 ╳ 3 → 6 (+
11

+α ポイント

おおざっぱな説明だが，展開の計算の逆が因数分解の計算である。上の式はすべてテーマ2の(左辺)と(右辺)を入れ替えたものである。

数検でるでる問題

1 次の式を因数分解しなさい。 ★

$(x+1)y+2(x+1)z$

2 次の式を因数分解しなさい。 ★

$9x^2-4y^2$

3 次の式を因数分解しなさい。 ★

$4x^2+4xy+y^2$

4 次の式を因数分解しなさい。 ★

$4x^2-4xy+y^2$

5 次の式を因数分解しなさい。 ★

x^2+5x-6

6 次の式を因数分解しなさい。 ★★

$10x^2+7x-12$

解答例

1 $(x+1)y+2(x+1)z=\underline{(x+1)(y+2z)}$ ⬅共通因数$(x+1)$でくくる

2 $9x^2-4y^2=(3x)^2-(2y)^2$ ⬅ポイント14：因数分解公式❶ **3**

$=\underline{(3x+2y)(3x-2y)}$

3 $4x^2+4xy+y^2=(2x)^2+2\cdot 2x\cdot y+y^2$ ⬅ポイント14：因数分解公式❶ **1**

$=\underline{(2x+y)^2}$

4 $4x^2-4xy+y^2=(2x)^2-2\cdot 2x\cdot y+y^2$ ⬅ポイント14：因数分解公式❶ **2**

$=\underline{(2x-y)^2}$

5 $x^2+5x-6=\underline{(x+6)(x-1)}$ ⬅ポイント15：因数分解公式❷ **1**

和が5，積が-6となる2数は6と(-1)

$6+(-1)=5$

$6\times(-1)=-6$

6 $10x^2+7x-12=\underline{(2x+3)(5x-4)}$ ⬅ポイント15：因数分解公式❷ **2**

「たすきがけ」をする

```
2 ╲╱  3  ──→  15
5 ╱╲ −4  ──→  −8 (+
              ────
                7
```

1 ～ **6** は テーマ2「数検でるでる問題」と同じ式

数検でるでるテーマ 4　1次不等式

数検でるでるポイント16　実数の大小関係の基本性質　Point

3つの実数 a, b, c について，次のことが成り立つ。

1　$a > b$　の両辺に c をたして　$a + c > b + c$　⬅不等号の向きは同じ

2　$a > b$　の両辺から c をひいて　$a - c > b - c$　⬅不等号の向きは同じ

3　$a > b$　の両辺に $c(>0)$ をかけて　$ac > bc$　⬅不等号の向きは同じ

4　$a > b$　の両辺を $c(>0)$ でわって　$\frac{a}{c} > \frac{b}{c}$　⬅不等号の向きは同じ

5　$a > b$　の両辺に $c(<0)$ をかけて　$ac < bc$　⬅不等号の向きが反対になる！

6　$a > b$　の両辺を $c(<0)$ でわって　$\frac{a}{c} < \frac{b}{c}$　⬅不等号の向きが反対になる！

例　**3**　$4 > 2$　の両辺に $2(>0)$ をかけて　$8 > 4$

4　$4 > 2$　の両辺を $2(>0)$ でわって　$2 > 1$

5　$4 > 2$　の両辺に $-2(<0)$ をかけて　$-8 < -4$

6　$4 > 2$　の両辺を $-2(<0)$ でわって　$-2 < -1$

+α ポイント

不等式があるとき，**5**，**6** のように両辺に負の数をかけたり，両辺を負の数でわったりすると不等号の向きが反対になる。

数検でるでるポイント17　1次不等式　Point

a, b を実数とし　$a \neq 0$　とする。

$$ax + b > 0,\ ax + b < 0,\ ax + b \geqq 0,\ ax + b \leqq 0$$

のような x の1次式で表された不等式を x についての**1次不等式**という。

不等式をみたす x を「解(かい)」といい，解を求めることを「解(と)く」という。

第1章 第2章 第3章 第4章 第5章 第6章 第7章 第8章

数検でるでるポイント18　1次不等式の変形　Point

A, B を実数とし　$A \neq 0$　とする。

$$Ax > B \quad \cdots\cdots ①$$

について，

1　$A > 0$　のとき

①の両辺を A でわって　$x > \frac{B}{A}$　⬅ポイント16：実数の大小関係の基本性質 **4**

あるいは

①の両辺に $\frac{1}{A}$ をかけて　$x > \frac{B}{A}$　⬅ポイント16：実数の大小関係の基本性質 **3**

2　$A < 0$　のとき

①の両辺を A でわって　$x < \frac{B}{A}$　⬅ポイント16：実数の大小関係の基本性質 **6**

あるいは

①の両辺に $\frac{1}{A}$ をかけて　$x < \frac{B}{A}$　⬅ポイント16：実数の大小関係の基本性質 **5**

例　**1**　$3x > 5$　の両辺を3でわって　$x > \frac{5}{3}$

2　$-3x > 5$　の両辺を-3でわって　$x < \frac{5}{-3}$　すなわち　$x < -\frac{5}{3}$

数検でるでる問題

不等式　$3x - 5 \geqq -2x + 1$　を解きなさい。　★

解答例

$3x - 5 \geqq -2x + 1$

両辺に $2x + 5$ をたして　$3x + 2x \geqq 1 + 5$　⬅これを「$-2x$と-5を**移項**する」という。符号をかえて，(左辺)から(右辺)，あるいは(右辺)から(左辺)へ項を移す

整理して　$5x \geqq 6$

両辺を5でわって　$\underline{x \geqq \frac{6}{5}}$　⬅1次不等式の解

数検でるでるテーマ 5　絶対値

数検でるでるポイント19　絶対値の定義　Point

数直線上で原点 O(0) と点 P(x) の距離（きょり）OP を x の絶対値（ぜったいち）といい，$|x|$ で表す。
⬆ 2点間の最短の長さのこと

実数 x の絶対値について，次が成り立つ。

1　$x=0$　のとき　$|x|=|0|=0$

2　$x>0$　のとき　$|x|=x$

3　$x<0$　のとき　$|x|=-x$

〔$x>0$ のとき〕 O — $|x|$ — P（0，x）

〔$x<0$ のとき〕 P — $|x|$ — O（x，0）

例　**2**　点 O(0) と点 P(3) の距離 OP $=|3|=3$

3　点 O(0) と点 P(-3) の距離 OP $=|-3|=3$

P — $|-3|$ — O — $|3|$ — P（-3，0，3）

数検でるでるポイント20　絶対値記号をはずす変形　Point

実数 X の絶対値について，

$$|X|=\begin{cases} X & (X \geqq 0 \text{ のとき}) \\ -X & (X<0 \text{ のとき}) \end{cases}$$

⬅絶対値記号の中身が 0 以上のときはそのままはずす

⬅絶対値記号の中身が負のときは −(マイナス)をつけてはずす

例　$|3|=3$　⬅ $3 \geqq 0$ なのでそのままはずす

$|-3|=-(-3)=3$　⬅ $-3<0$ なので −(マイナス)をつけてはずす

数検でるでるポイント21　差の絶対値　Point

1　$|b-a|=|a-b|$

2　$|b-a|=\begin{cases} b-a & (a \leqq b \text{ のとき}) \\ a-b & (b<a \text{ のとき}) \end{cases}$

〔$a \leqq b$ のとき〕 A(a) — $b-a$ — B(b)

〔$b<a$ のとき〕 B(b) — $a-b$ — A(a)

これは，数直線上で点 A(a) と点 B(b) の距離 AB を表す。⬅差の絶対値は 2 点の距離

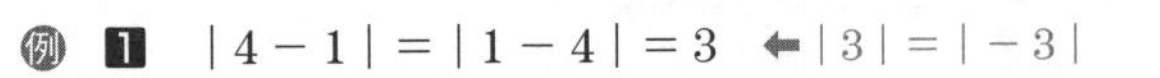
例　**1**　$|4-1|=|1-4|=3$　⬅ $|3|=|-3|$

2　A(1)，B(4) の距離　AB $=|4-1|=3$

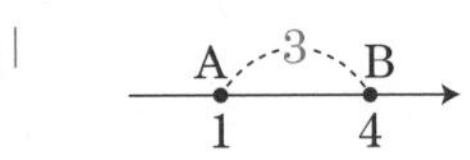

数検でるでるポイント22　絶対値と方程式・不等式　Point

$r>0$　とするとき　⇔は左と右が同値(同じこと)を表す記号

（テーマ13 ポイント53：必要十分条件・同値）

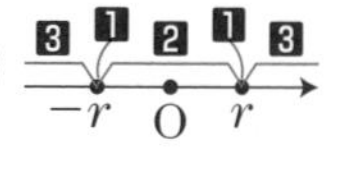

1　$|X|=r$　⇔　$X=\pm r$　⬅Xは原点Oからの距離がrの点の座標

2　$|X|<r$　⇔　$-r<X<r$　⬅Xは原点Oからの距離がrより小さい点の座標

3　$|X|>r$　⇔　$X<-r,\ r<X$　⬅Xは原点Oからの距離がrより大きい点の座標

例　**1**　$|x|=3$　⇔　$x=\pm3$

2　$|x|<3$　⇔　$-3<x<3$

3　$|x|>3$　⇔　$x<-3,\ 3<x$

数検でるでるポイント23　絶対値の性質　Point

$x,\ y$を実数とする。

1　$|x|\geqq 0$　⬅絶対値は0以上(負にはならない)

2　$|-x|=|x|$　⬅$-x$とxの絶対値は等しい($|-3|=|3|$)

3　$|x|^2=x^2$　⬅2乗する場合，絶対値記号がなくてもよい

4　$|xy|=|x||y|$

5　$\left|\dfrac{x}{y}\right|=\dfrac{|x|}{|y|}$　$(y\neq0)$

（4・5）積と商は2つの絶対値に分けることができる

数検でるでる問題

次の方程式を解きなさい。　★★

$|x-1|=5$

⬇ポイント22：絶対値と方程式・不等式 **1**

$|x-1|=5$より　⬅　$x-1=X$とおくと　$|X|=5$　⇔　$X=\pm5$

$x-1=\pm5$　すなわち　$x=1\pm5$

よって　$\underline{x=-4,\ 6}$

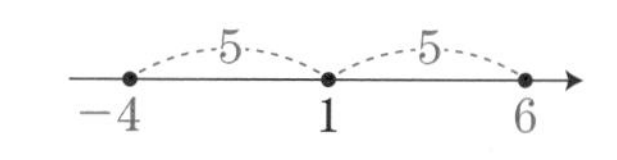

数検でるでるテーマ 6　根号を含む式の計算

数検でるでるポイント24　平方根と根号　Point

2乗してaになる数，すなわち　$x^2=a$　となる数xをaの**平方根**（へいほうこん）という。

正の数$\boldsymbol{a}$の平方根は正と負の2つあり，

正のほうを $\sqrt{\boldsymbol{a}}$，負のほうを $-\sqrt{\boldsymbol{a}}$

で表す。記号 $\sqrt{}$ を**根号**（こんごう），または**ルート**（root）という。

負の数$\boldsymbol{a}$の平方根は実数の範囲にはない。　⬅ $x^2=-3$　となる実数xはない

0の平方根は0だけであり　$\sqrt{\boldsymbol{0}}=\boldsymbol{0}$ とする。　⬅ $x^2=0$　となる実数xは $x=0$ だけ

例　9の平方根は　$x^2=9$　をみたすxより，-3と3　⬅ $-\sqrt{9}$と$\sqrt{9}$

数検でるでるポイント25　平方された実数の平方根　Point

$$\sqrt{\boldsymbol{a}^2}=|\boldsymbol{a}|=\begin{cases}\boldsymbol{a} & (\boldsymbol{a}\geqq \boldsymbol{0} \text{ のとき}) \\ -\boldsymbol{a} & (\boldsymbol{a}<\boldsymbol{0} \text{ のとき})\end{cases}$$

⬅ $\sqrt{a^2}=a$　ではない！

⬅ テーマ5 ポイント20：絶対値記号をはずす変形

例　$\sqrt{3^2}=|3|=3$

$\sqrt{(-3)^2}=|-3|=-(-3)=3$　⬅ $\sqrt{(-3)^2}=-3$　としないように！

数検でるでるポイント26　根号を含む式の変形　Point

$a>0$，$b>0$とする。

1　$\sqrt{\boldsymbol{a}}\times\sqrt{\boldsymbol{b}}=\sqrt{\boldsymbol{ab}}$

2　$\dfrac{\sqrt{\boldsymbol{a}}}{\sqrt{\boldsymbol{b}}}=\sqrt{\dfrac{\boldsymbol{a}}{\boldsymbol{b}}}$

（1，2：2つの平方根の積と商は1つの根号にまとめられる）

3　$\sqrt{\boldsymbol{a}^2\boldsymbol{b}}=\boldsymbol{a}\sqrt{\boldsymbol{b}}$　⬅ $\sqrt{}$ の中に2乗があれば外に出せる

例　$\sqrt{2}\times\sqrt{3}=\sqrt{2\times3}=\sqrt{6}$　　$\dfrac{\sqrt{2}}{\sqrt{3}}=\sqrt{\dfrac{2}{3}}$　　$\sqrt{12}=\sqrt{2^2\cdot3}=2\sqrt{3}$

数検でるでるポイント27　平方根の性質　Point

$a \geqq 0$　のとき，

1　$(\sqrt{a})^2 = (-\sqrt{a})^2 = a$　⬅2乗すると$\sqrt{\ }$がとれる

2　$\sqrt{a} \geqq 0$　⬅$\sqrt{\ }$の値は0以上

数検でるでるポイント28　分母の有理化　Point

分数式において，分母に根号を含む式を分母に根号を含まない式に変形することを，分母を**有理化**（ゆうりか）するという。

数検でるでるポイント29　基本的な分母の有理化　Point

$a > 0,\ b > 0,\ a \neq b$　とする。

$\sqrt{a} \cdot \sqrt{a} = (\sqrt{a})^2 = a$
$(\sqrt{a}+\sqrt{b})(\sqrt{a}-\sqrt{b})$
$= (\sqrt{a})^2 - (\sqrt{b})^2 = a - b$

1　$\dfrac{1}{\sqrt{a}} = \dfrac{1}{\sqrt{a}} \cdot \dfrac{\sqrt{a}}{\sqrt{a}} = \dfrac{\sqrt{a}}{a}$

2　$\dfrac{1}{\sqrt{a}+\sqrt{b}} = \dfrac{\sqrt{a}-\sqrt{b}}{(\sqrt{a}+\sqrt{b})(\sqrt{a}-\sqrt{b})} = \dfrac{\sqrt{a}-\sqrt{b}}{a-b}$

3　$\dfrac{1}{\sqrt{a}-\sqrt{b}} = \dfrac{\sqrt{a}+\sqrt{b}}{(\sqrt{a}-\sqrt{b})(\sqrt{a}+\sqrt{b})} = \dfrac{\sqrt{a}+\sqrt{b}}{a-b}$

例　**1**　$\dfrac{1}{\sqrt{2}} = \dfrac{1}{\sqrt{2}} \cdot \dfrac{\sqrt{2}}{\sqrt{2}} = \dfrac{\sqrt{2}}{2}$

$(\sqrt{3}+\sqrt{2})(\sqrt{3}-\sqrt{2})$
$= (\sqrt{3})^2 - (\sqrt{2})^2 = 3 - 2$

2　$\dfrac{1}{\sqrt{3}+\sqrt{2}} = \dfrac{\sqrt{3}-\sqrt{2}}{(\sqrt{3}+\sqrt{2})(\sqrt{3}-\sqrt{2})} = \dfrac{\sqrt{3}-\sqrt{2}}{3-2} = \sqrt{3}-\sqrt{2}$

数検でるでる問題

次の分数式の分母を有理化しなさい。　★

$\dfrac{1}{\sqrt{5}-\sqrt{2}}$

⬇ポイント29：基本的な分母の有理化 3

$\dfrac{1}{\sqrt{5}-\sqrt{2}} = \dfrac{\sqrt{5}+\sqrt{2}}{(\sqrt{5}-\sqrt{2})(\sqrt{5}+\sqrt{2})} = \dfrac{\sqrt{5}+\sqrt{2}}{5-2} = \dfrac{\sqrt{5}+\sqrt{2}}{3}$

数検でるでるテーマ 7 循環小数と分数

数検でるでるポイント30 小数表記 Point

x を実数とするとき，

$x = a.b_1b_2b_3 \cdots\cdots$ （a は整数，$b_1, b_2, b_3, \cdots\cdots$ は 0 以上 9 以下の整数）

の形で表せる。

このとき，

$b_1b_2b_3 \cdots$ を x の **小数点以下**（しょうすうてんいか）

といい，

b_1 を x の**小数第 1 位**または $\dfrac{1}{10}$ の位

b_2 を x の**小数第 2 位**または $\dfrac{1}{10^2}$ の位

b_3 を x の**小数第 3 位**または $\dfrac{1}{10^3}$ の位

⋮

という。

←例 3.141592 …… について，
小数第 1 位は 1
小数第 2 位は 4
小数第 3 位は 1

とくに，小数第何位かで終わる小数を**有限小数**（ゆうげんしょうすう），小数点以下が無限に続く小数を**無限小数**（むげんしょうすう），無限小数のうち，いくつかの数字の配列がくり返される（循環する）小数を**循環小数**（じゅんかんしょうすう）という。

循環小数は，くり返しの最初と最後の数の上に点をつけてかき表す。つまり，

$$\boldsymbol{x} = a.\underset{\sim\sim\sim}{b_1b_2\cdots b_n}\,\underset{\sim\sim\sim}{b_1b_2\cdots b_n}\,\underset{\sim\sim\sim}{b_1b_2\cdots b_n}\cdots$$
$$= \boldsymbol{a.\underset{\sim\sim\sim}{\dot{b}_1b_2\cdots\dot{b}_n}}$$

←例 $0.563563563\cdots = 0.\dot{5}6\dot{3}$
$0.7212121\cdots\cdots = 0.7\dot{2}\dot{1}$

ただし，循環する数が 1 つだけのときは次のように点は 1 つだけでよい。

$$\boldsymbol{x} = a.\underset{\sim}{b}\,\underset{\sim}{b}\,\underset{\sim}{b}\cdots\cdots$$
$$= \boldsymbol{a.\underset{\sim}{\dot{b}}}$$

←例 $0.333\cdots\cdots = 0.\dot{3}$
$0.1666\cdots\cdots = 0.1\dot{6}$

数検でるでるポイント31 小数の分数表記 Point

a は整数，b_1，b_2，b_3，…，b_n は 0 以上 9 以下の整数とする。

1 有限小数の場合

実数 x が小数第 n 位までの有限小数

$$x = a.\underset{\sim\sim\sim}{b_1 b_2 \cdots b_n}$$

とすると，

$$x = a.\underbrace{b_1 b_2 \cdots b_n}_{n\text{個}} = \frac{ab_1 b_2 \cdots b_n}{1\underbrace{00 \cdots 0}_{n\text{個}}}$$

←小数点を消して数を並べる
←1 に小数点以下の数だけ 0 をつける

2 循環小数の場合

実数 x の小数点以下が小数第 1 位から第 n 位までをくり返す循環小数

$$x = a.\dot{b}_1 b_2 \cdots \dot{b}_n = a.b_1 b_2 \cdots b_n\, b_1 b_2 \cdots b_n\, b_1 b_2 \cdots b_n \cdots\cdots$$

とすると，

$$x = a.\underbrace{\dot{b}_1 b_2 \cdots \dot{b}_n}_{n\text{個}} = \frac{ab_1 b_2 \cdots b_n - a}{\underbrace{99 \cdots 9}_{n\text{個}}}$$

←小数点と上の点を消して数を並べ a をひく
←循環する数だけ 9 を並べる

これは$(1\underbrace{00 \cdots 0}_{n\text{個}}\,x - x)$を計算することで求めることができる。

↑ 2 の公式は忘れても，下の例のように求め方を覚えておくとよい

例 1 $1.\underbrace{23}_{2\text{個}} = \dfrac{123}{1\underbrace{00}_{2\text{個}}}$

2 $0.\underbrace{\dot{2}\dot{1}}_{2\text{個}} = \dfrac{21-0}{\underbrace{99}_{2\text{個}}} = \dfrac{21}{99} = \dfrac{7}{33}$

これは　$x = 0.\dot{2}\dot{1} = 0.212121\cdots\cdots$　とおくと

$100x = 21.2121\cdots\cdots$　……①　←1 に循環する数だけ 0 をつけてかける

$x = 0.2121\cdots\cdots$　……②

①−②として　$99x = 21$　←小数点以下は同じなので，ひくと消える（0 になる）

よって　$x = \dfrac{21}{99} = \dfrac{7}{33}$

数検でるでるテーマ 8 実数の分類

数検でるでるポイント32 有理数 Point

$\dfrac{(\text{整数})}{(\text{整数})}$ と表される実数,

つまり, 0でない整数 m と整数 n を用いて $\dfrac{n}{m}$ と表される実数を**有理数**(ゆうりすう)という。

有理数は, **整数**, **有限小数**, **循環小数**のいずれかで表される。

例 $2=\dfrac{2}{1}$, $0.5=\dfrac{1}{2}$, $0.\dot{3}=\dfrac{1}{3}$ はすべて有理数である。

+α ポイント

0は有理数である。なぜなら $0=\dfrac{0}{1}$ より $\dfrac{(\text{整数})}{(\text{整数})}$ と表すことができるからである。

数検でるでるポイント33 無理数 Point

実数のうち有理数でないものを**無理数**(むりすう)という。

無理数は**循環しない無限小数**で表される。 ⬅循環する無限小数(循環小数)は有理数であることに注意!

例 $\sqrt{2}=1.41421\cdots\cdots$ $\sqrt{2}+1=2.41421\cdots\cdots$

円周率 $\pi=3.1415926535\cdots\cdots$ はすべて無理数である。

数検でるでるポイント34 実数の分類 Point

実数を分類すると次のようになる。

- **実数**
  - **有理数**……
    - **整数**
    - **有限小数**
    - **循環小数**
  - **無理数**…… **循環しない無限小数**

+α ポイント

実数は,「有理数」「無理数」のいずれかである。

数検でるでるポイント35　有理数の四則演算　Point

2 つの有理数 a，b にたいして，　⬆たし算，ひき算，かけ算，わり算のこと

和：$a+b$，差：$a-b$，積：ab，商：$\frac{a}{b}$　$(b \neq 0)$

はすべて**有理数**になる。 ⬅この性質はおさえておきたい！

例　2 つの有理数 $\frac{1}{2}$，$\frac{1}{3}$ について，和，差，積，商

$\frac{1}{2}+\frac{1}{3}=\frac{5}{6}$，$\frac{1}{2}-\frac{1}{3}=\frac{1}{6}$，$\frac{1}{2}\times\frac{1}{3}=\frac{1}{6}$，$\frac{1}{2}\div\frac{1}{3}=\frac{3}{2}$　← $\frac{(整数)}{(整数)}$ と表される数になっている

はすべて有理数である。

+α ポイント

無理数の四則演算は無理数にならないことがある。

たとえば，$a=\sqrt{2}$，$b=-\sqrt{2}$ とすると，a，b はともに無理数だが，

和：$a+b=\sqrt{2}+(-\sqrt{2})=0$　　積：$a\times b=(\sqrt{2})\times(-\sqrt{2})=-2$

商：$\frac{a}{b}=\frac{\sqrt{2}}{-\sqrt{2}}=-1$

これらは無理数ではなく有理数である。

数検でるでる問題

次の(ア)～(ウ)の中から有理数であるものをすべて選びなさい。★

(ア)　0.21　　(イ)　$0.\dot{2}\dot{1}$　　(ウ)　$0.21+0.\dot{2}\dot{1}$

解答例

テーマ7 ポイント31：小数の分数表記 1

(ア)　0.21 は有限小数なので有理数である。⬅ $0.21=\frac{21}{100}$

⬇ $0.\dot{2}\dot{1}=\frac{21}{99}=\frac{7}{33}$

(イ)　$0.\dot{2}\dot{1}$ は循環する小数なので有理数である。　⬆ テーマ7 ポイント31：小数の分数表記 2 例

(ウ)　0.21と$0.\dot{2}\dot{1}$ はともに有理数であるから，和 $0.21+0.\dot{2}\dot{1}$ も有理数である。

⬆ポイント35：有理数の四則演算

よって，有理数であるものは (ア)，(イ)，(ウ)　⬅すべて有理数

数検でるでるテーマ 9　整数部分と小数部分

数検でるでるポイント36　整数部分と小数部分　Point

実数 x について,

$$\begin{cases} x = m + \alpha & \cdots\cdots① \\ m \leqq x < m + 1 \quad (m \text{は整数}) & \cdots\cdots② \\ 0 \leqq \alpha < 1 & \cdots\cdots③ \end{cases}$$

①, ②, ③をみたす m, α がただ1つあり,

m を x の**整数部分**(せいすうぶぶん), α を x の**小数部分**(しょうすうぶぶん)

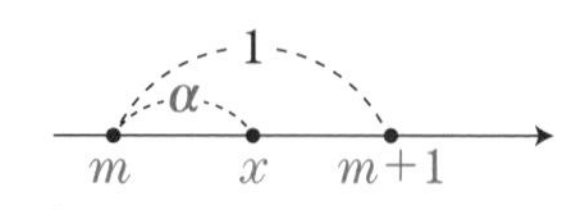

という。ここで, m は x をこえない最大の整数である。

例　$x = 3.14$ について　$x = 3 + 0.14$ $(0 < 0.14 < 1)$ であるから,

x の整数部分は3, 小数部分は0.14　（数直線：3, 3.14（x）, 4）

数検でるでるポイント37　整数部分と小数部分の求め方　Point

実数 x について, **整数部分**と**小数部分**は次のように求めることができる。

1　x をこえない最大の整数 m を求める。

つまり　$m \leqq x < m + 1$　をみたす整数 m を求める。

この m が x の**整数部分**である。

なお, x が正の数ならば, x を小数で表して

$x = □. \cdots$

この□が**整数部分**である。

2　x から**整数部分** m をひいて　$x - m = \alpha$

この α が x の**小数部分**である。

例　$\sqrt{10}$ の整数部分と小数部分を求める。

1　$3^2 < 10 < 4^2$ なので $\sqrt{3^2} < \sqrt{10} < \sqrt{4^2}$　⬅ $3^2 = 9$, $4^2 = 16$

すなわち $3 < \sqrt{10} < 4$

よって, $\sqrt{10}$ の整数部分は3　（数直線：3, $\sqrt{10}$, 4）

$\sqrt{10}$ を小数で表すと $\sqrt{10} = 3.16\cdots$

2　$\sqrt{10}$ の小数部分は整数部分をひいて, $\sqrt{10} - 3$

+α ポイント

$\sqrt{n}$ の整数部分は，2 つの平方数 m^2 と $(m+1)^2$（連続する 2 つの整数の 2 乗）で n をはさむような 0 以上の整数 m を求めるとよい。

つまり $m^2 \leqq n < (m+1)^2$ をみたす 0 以上の整数 m を求めると，それが $\sqrt{n}$ の整数部分になる。

数検でるでる問題

1 $\sqrt{21}$ の整数部分と小数部分をそれぞれ求めなさい。 ★

2 $2\sqrt{21}$ の整数部分と小数部分をそれぞれ求めなさい。 ★★

解答例

1 $4^2 < 21 < 5^2$ なので $\sqrt{4^2} < \sqrt{21} < \sqrt{5^2}$ ← $4^2 = 16,\ 5^2 = 25$

すなわち $4 < \sqrt{21} < 5$

4　$\sqrt{21}$　5

よって $\sqrt{21}$ の**整数部分は 4，小数部分は $\sqrt{21} - 4$**

2 $2\sqrt{21} = \sqrt{2^2 \cdot 21} = \sqrt{84}$ ← $\sqrt{\ }$ の外の 2 を $\sqrt{\ }$ の中に入れる

$9^2 < 84 < 10^2$ なので $\sqrt{9^2} < \sqrt{84} < \sqrt{10^2}$ ← $9^2 = 81,\ 10^2 = 100$

すなわち $9 < 2\sqrt{21} < 10$

9　$2\sqrt{21}$　10

よって $2\sqrt{21}$ の**整数部分は 9，小数部分は $2\sqrt{21} - 9$**

注　次のように変形すると整数部分が求まらないので注意しておく。

$4 < \sqrt{21} < 5$

各辺を 2 倍して $8 < 2\sqrt{21} < 10$

↑ $2\sqrt{21}$ の整数部分が 8 か 9 の可能性がある

これだと $2\sqrt{21}$ の整数部分が求まらない。

だから，$2\sqrt{21} = \sqrt{84}$ と変形して，**1** の問題と同じように考えるのが基本である。

補　$\sqrt{21}$ は無理数なので循環しない無限小数で表すことができ，

$\sqrt{21} = 4.58257569\cdots$
$= \underline{4} + \underline{0.58257569\cdots}$
整数部分　小数部分

↑ テーマ 8 ポイント 34：実数の分類

$2\sqrt{21} = 9.16515138\cdots$
$= \underline{9} + \underline{0.16515138\cdots}$
整数部分　小数部分

数検でるでるテーマ10　近似値と有効数字

数検でるでるポイント38　近似値　Point

真の値に近い値のことを**近似値**(きんじち)という。

x の近似値が α であることを $x \fallingdotseq \alpha$ と表す。⬅x と α はほぼ同じ値

補　≒は「ニアリーイコール(nearly equal)」と読む。

例　$\sqrt{2}=1.414213\cdots$の近似値に 1.4 や 1.41 があり，$\sqrt{2} \fallingdotseq 1.4$，$\sqrt{2} \fallingdotseq 1.41$ のように表す。

数検でるでるポイント39　誤差　Point

近似値から真の値をひいた差を**誤差**(ごさ)という。

すなわち（誤差）＝(近似値)－(真の値)　⬅誤差の絶対値を誤差とすることもある

例　x は一の位を四捨五入した近似値が 30 である数とすると
x のとりうる値の範囲は $25 \leqq x < 35$
誤差は $30-x$
誤差の絶対値は 5 以下である。

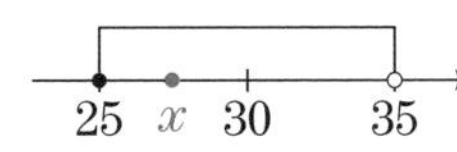

数検でるでるポイント40　有効数字　Point

近似値を表す数のうち，信頼できる数字を**有効数字**(ゆうこうすうじ)といい，
その数字の個数を，有効数字の**けた数**という。
有効数字をはっきり示す場合は，
整数部分が 1 けたの数と，10 の累乗との積の形に表すことがある。
すなわち（近似値）＝□.▭ $\times 10^n$
ただし，□.▭ は有効数字の数だけで表した小数，□は 1 けたの整数，
n は近似値が正の整数の場合は，近似値のけた数から 1 をひいた値

例　近似値が 56300 である数は次のように表せる。
有効数字が 3 けたのとき 5.63×10^4　⬅10 の位を四捨五入　[5].[63]$\times10^4$
有効数字が 4 けたのとき 5.630×10^4　⬅1 の位を四捨五入　[5].[630]$\times10^4$
⬆0 をつける

数検でるでるポイント41　有名な近似値　Point

次のような近似値がある。

数	有効数字 10 けた	有効数字 3 けた
$\sqrt{2}$	1.414213562	1.41
$\sqrt{3}$	1.732050808	1.73
$\sqrt{5}$	2.236067977	2.24
$\sqrt{6}$	2.449489743	2.45
$\sqrt{7}$	2.645751311	2.65
円周率 π	3.141592654	3.14

⬅丸暗記する必要はないが，だいたいこのくらいの数だとおさえておくとよい

例　$\sqrt{2} = 1.41$ とすると $\sqrt{8} = 2\sqrt{2} = 2 \cdot 1.41 = 2.82$

例　$\sqrt{2} + \sqrt{3} \fallingdotseq 1.41 + 1.73 = 3.14$ なので $\sqrt{2} + \sqrt{3} \fallingdotseq \pi$

数検でるでる問題

1　x は小数第 1 位を四捨五入した近似値が 21 である数とします。このxのとりうる値の範囲を不等式で表しなさい。★

2　地球と月の距離はおよそ 384000km です。有効数字が 3 けたのとき，この距離を整数部分が 1 けたの小数と 10 の累乗との積の形で表しなさい。★

3　$\sqrt{2} = 1.41$ とするとき，$\sqrt{20000}$ の値を求めなさい。★

解答例

1　x は小数第 1 位を四捨五入した近似値が 21 である数なので，

$\underline{\mathbf{20.5 \leqq x < 21.5}}$

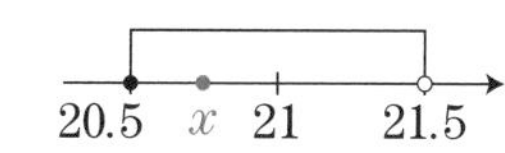

2　384000km の有効数字が 3 けたなので，

$\underline{\mathbf{3.84 \times 10^5}}$ (km)　⬅ $\boxed{3}.\boxed{84} \times 10^5$（3 個）

3　$\sqrt{2} = 1.41$ とするとき

$\sqrt{20000} = \sqrt{100^2 \cdot 2} = 100\sqrt{2} = 100 \cdot 1.41$

$= \underline{\mathbf{141}}$

⬆ テーマ 6　ポイント 26：根号を含む式の変形 3
1.41 は $\sqrt{2}$ の近似値

数検でるでるテーマ11 集合の基本

数検でるでるポイント42 集合の定義 Point

範囲がはっきりしたものの集まりを**集合**（しゅうごう）という。

集合を構成している1つひとつのものをその集合の**要素**（ようそ）という。

集合は A などの大文字を使って表し，a が集合 A の要素であるとき，

a は集合 A に**属**（ぞく）**する**

という。

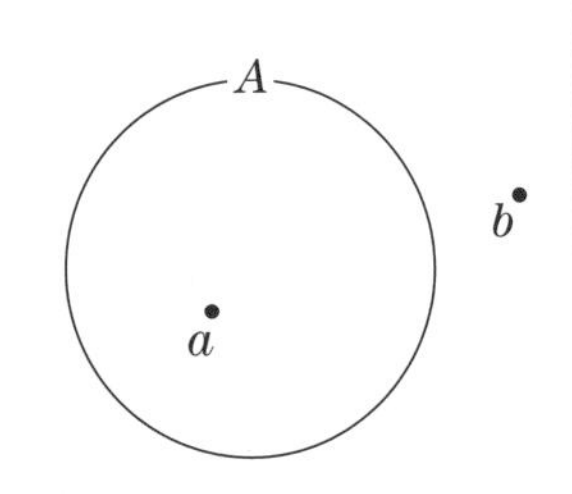

集合とその要素について，

集合 A に a が属することを　$\boldsymbol{a \in A}$

集合 A に b が属さないことを　$\boldsymbol{b \notin A}$

と表す。

数検でるでるポイント43 空集合 Point

要素が1つもない集合を**空集合**（くうしゅうごう）といい，$\varnothing$ で表す。

数検でるでるポイント44 集合の表記 Point

集合は｛　｝を使って表すが，表し方はおもに次の2つである。

1 要素を書き並べて表す方法

$\{a,\ b,\ c,\ \cdots\cdots\}$

2 要素がみたすべき条件をかいて表す方法

$\{x \mid x$ がみたす条件$\}$　⬅ x は文字ならなんでもよい

例 3以下の自然数の集合を A とすると，

1 要素をかき並べて表す方法は　$A=\{1,\ 2,\ 3\}$

2 要素がみたすべき条件をかいて表す方法は　$A=\{x \mid x$ は3以下の自然数$\}$

表し方がちがうだけで同じ集合

数検でるでるポイント45 部分集合 Point

集合 A のすべての要素が集合 B の要素になる

つまり，$\boldsymbol{a} \in \boldsymbol{A}$ ならば $\boldsymbol{a} \in \boldsymbol{B}$ が A のすべての要素で成り立つとき，

集合 A は集合 B の**部分集合**(ぶぶんしゅうごう)

といい，$\boldsymbol{A} \subset \boldsymbol{B}$ と表す。

とくに，集合 A は A 自身の部分集合であり $\boldsymbol{A} \subset \boldsymbol{A}$ である。

また，空集合 $\varnothing$ はすべての集合の部分集合とする。

すなわち，すべての集合 A にたいして $\boldsymbol{\varnothing} \subset \boldsymbol{A}$ とする。

例 $A=\{1,\ 2\}$，$B=\{1,\ 2,\ 3\}$，$C=\{2,\ 3,\ 4\}$ のとき，

$1 \in B$，$2 \in B$ なので $A \subset B$ である。

$1 \notin C$ なので $A \subset C$ ではない。

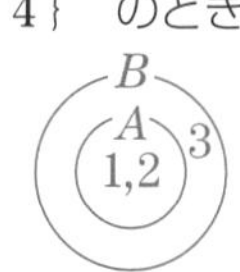

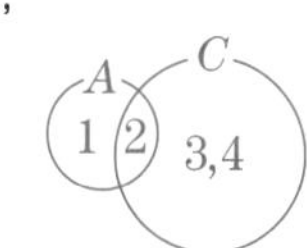

数検でるでるポイント46 集合の相等 Point

集合 A と集合 B の要素がすべて一致しているとき，集合 A と B は等しいといい，$\boldsymbol{A} = \boldsymbol{B}$ で表す。

これは $\boldsymbol{A} \subset \boldsymbol{B}$ かつ $\boldsymbol{A} \supset \boldsymbol{B}$ が成り立つことと同じである。

例 $A=\{x \mid x$ は5以下の自然数$\}$，$B=\{1,\ 2,\ 3,\ 4,\ 5\}$ のとき，

$A \subset B$ かつ $A \supset B$ であり，$A=B$ である。

数検でるでる問題

集合 $\{1,\ 2,\ 3\}$ の部分集合をすべて求めなさい。 ★★

解答例

集合 $\{1,\ 2,\ 3\}$ の部分集合は，

⬇$\varnothing$も $\{1,2,3\}$ も部分集合になる！全部で8個

$\boldsymbol{\varnothing}$，$\{\boldsymbol{1}\}$，$\{\boldsymbol{2}\}$，$\{\boldsymbol{3}\}$，$\{\boldsymbol{1},\ \boldsymbol{2}\}$，$\{\boldsymbol{1},\ \boldsymbol{3}\}$，$\{\boldsymbol{2},\ \boldsymbol{3}\}$，$\{\boldsymbol{1},\ \boldsymbol{2},\ \boldsymbol{3}\}$

数検でるでるテーマ12 集合の関係

数検でるでるポイント47 和集合 Point

集合A，Bの少なくとも一方に属する要素全体の集合をAとBの**和集合**（わしゅうごう）といい，$A \cup B$（カップ）と表す。

すなわち，$\boldsymbol{A \cup B = \{x \mid x \in A}$ **または** $\boldsymbol{x \in B\}}$

⬆ AとBにある要素をすべて集めた集合

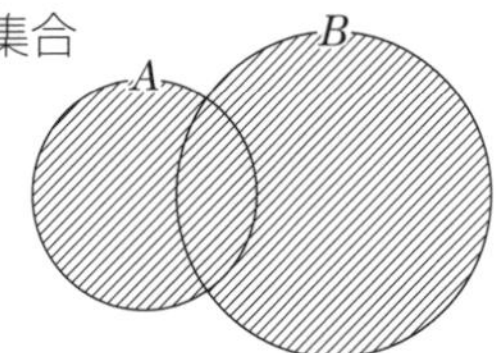

数検でるでるポイント48 2つの集合の共通部分 Point

集合A，Bのどちらにも属する要素全体の集合をAとBの**共通部分**（きょうつうぶぶん）といい，$A \cap B$（キャップ）と表す。

すなわち，$\boldsymbol{A \cap B = \{x \mid x \in A}$ **かつ** $\boldsymbol{x \in B\}}$

⬆ AとBの共通の要素の集合

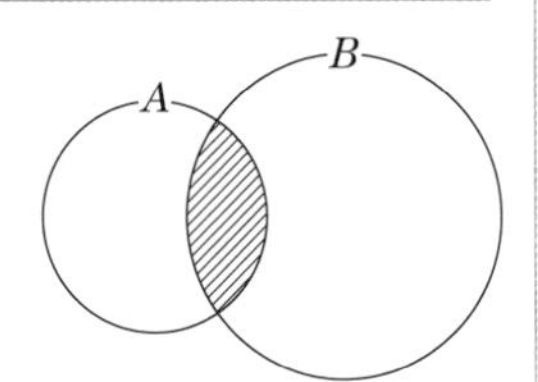

数検でるでるポイント49 全体集合と補集合 Point

集合を考えるときは，1つの集合Uを定め，その部分集合について考えることが多い。

このとき，Uを**全体集合**（ぜんたいしゅうごう）という。

全体集合Uの部分集合Aにたいして，Uの要素でAに属さない要素全体の集合をUにかんするAの**補集合**（ほしゅうごう）といい，$\overline{A}$と表す。

すなわち，$\boldsymbol{\overline{A} = \{x \mid x \in U}$ **かつ** $\boldsymbol{x \notin A\}}$

⬆ Aに属さない要素の集合

U
A
$\overline{A}$

例　Uを全体集合とし，A，Bをその部分集合とする。

$U=\{1,\ 2,\ 3,\ 4,\ 5,\ 6\}$，$A=\{2,\ 4,\ 6\}$，$B=\{2,\ 3,\ 5\}$のとき

$A \cup B=\{2,\ 3,\ 4,\ 5,\ 6\}$，$A \cap B=\{2\}$，

$\overline{A}=\{1,\ 3,\ 5\}$

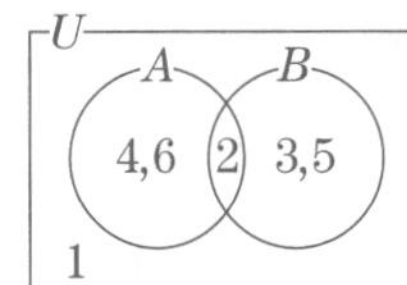

数検でるでるポイント50　ド・モルガンの法則　Point

Uを全体集合とし，A，Bをその部分集合とする。

―（バー）をばらすと∪と∩が入れ替わる

1 $\overline{A \cup B} = \overline{A} \cap \overline{B}$　　**2** $\overline{A \cap B} = \overline{A} \cup \overline{B}$

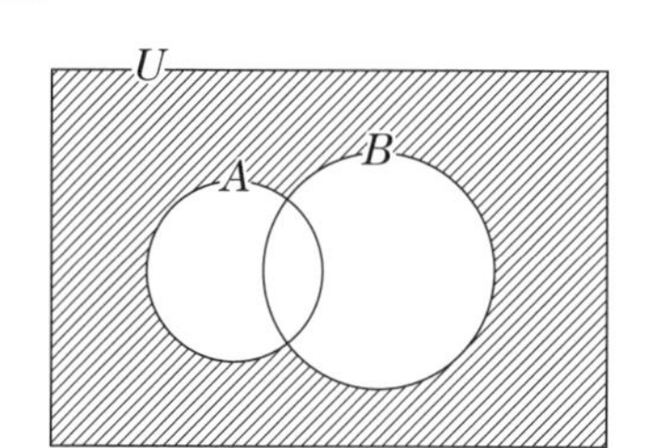

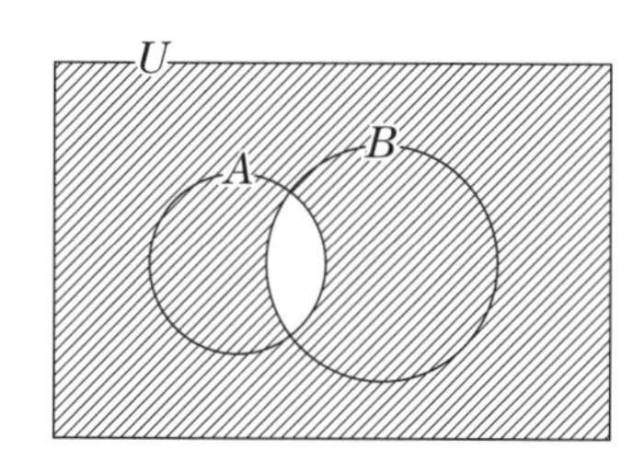

数検でるでる問題

$U = \{x \mid x$ は 10 以下の自然数$\}$　を全体集合とする。

$A = \{2, 4, 6, 8, 10\}$，$B = \{2, 3, 5, 7\}$　について，集合　$A \cup B$，$A \cap B$，$\overline{A}$，$\overline{B}$，$\overline{A} \cup \overline{B}$，$\overline{A} \cap \overline{B}$　をそれぞれ求めなさい。　★★

解答例

$U = \{1, 2, 3, 4, 5, 6, 7, 8, 9, 10\}$，$A = \{2, 4, 6, 8, 10\}$，

$B = \{2, 3, 5, 7\}$

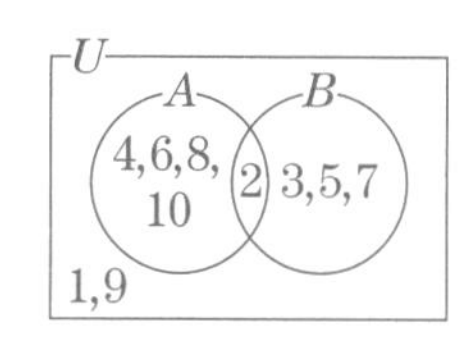

$\boldsymbol{A \cup B = \{2, 3, 4, 5, 6, 7, 8, 10\}}$

$\boldsymbol{A \cap B = \{2\}}$

$\boldsymbol{\overline{A} = \{1, 3, 5, 7, 9\}}$

$\boldsymbol{\overline{B} = \{1, 4, 6, 8, 9, 10\}}$

$\boldsymbol{\overline{A} \cup \overline{B}} = \overline{A \cap B} = \boldsymbol{\{1, 3, 4, 5, 6, 7, 8, 9, 10\}}$

$\boldsymbol{\overline{A} \cap \overline{B}} = \overline{A \cup B} = \boldsymbol{\{1, 9\}}$

↑ポイント50：ド・モルガンの法則

数検でるでるテーマ13　集合と必要条件，十分条件

数検でるでるポイント51　命題が真・偽になる条件　Point

条件 p, q をみたすもの全体の集合をそれぞれ P, Q とする。

1　命題「$p \Longrightarrow q$」（ならば）が**真**（しん）であることは，
p をみたすものはすべて q をみたすことである。
つまり　$P \subset Q$　が成り立つことである。

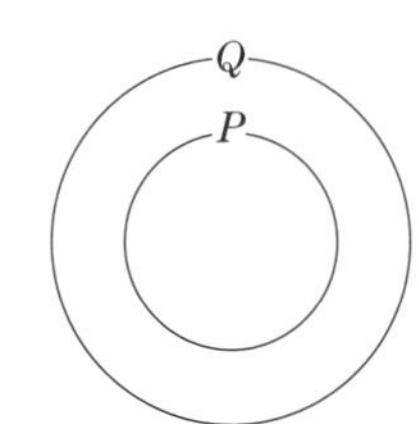

2　命題「$p \Longrightarrow q$」が**偽**（ぎ）であることは，
p をみたすが q をみたさないものがあることである。
つまり，$\{x \mid x \in P$　かつ　$x \notin Q\}$ となる x があることである。
この x を**反例**（はんれい）という。⬅反例が1つでもあれば偽となる

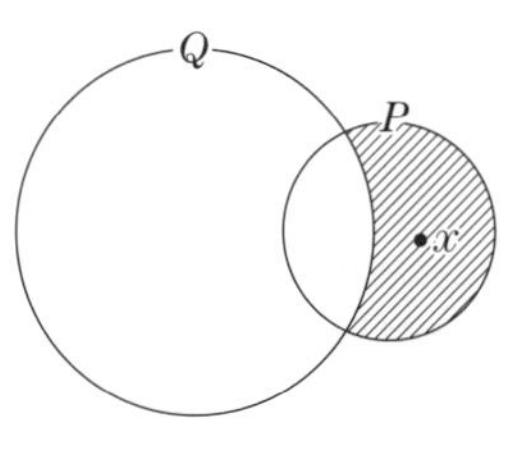

数検でるでるポイント52　必要条件と十分条件　Point

条件 p, q にたいし，命題「$p \Longrightarrow q$」が真であるとき，

1　q は p であるための**必要条件**（ひつようじょうけん）であるという。

2　p は q であるための**十分条件**（じゅうぶんじょうけん）であるという。

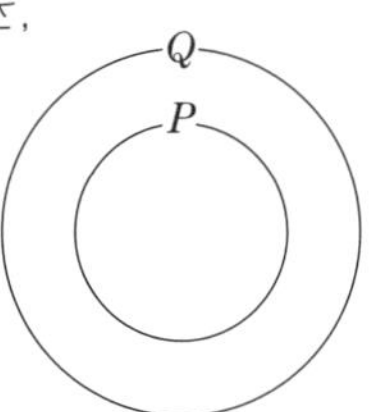

+α ポイント

命題「$p \Longrightarrow q$」が真のとき，$P \subset Q$　であるから下図でイメージしておくとよい。

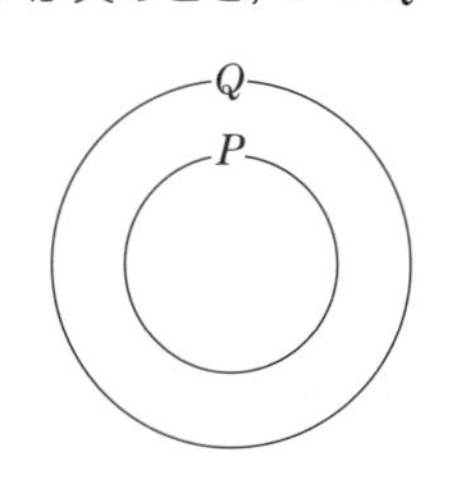

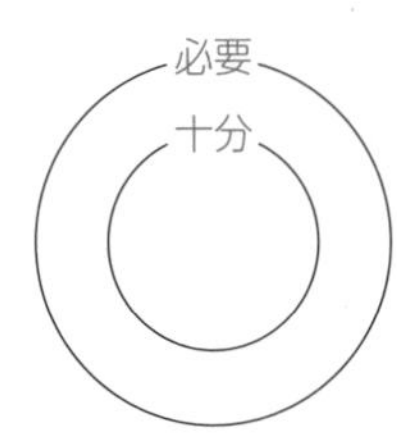

⬅十分か必要かを間違えないようにする

数検でるでるポイント53　必要十分条件・同値　Point

条件 p, q にたいし，命題「$p \Longrightarrow q$」が真　かつ　命題「$p \Longleftarrow q$」が真であるとき　$p \Longleftrightarrow q$　と表し，

1　p は q であるための**必要十分条件**（ひつようじゅうぶんじょうけん）であるという。

2　q は p であるための**必要十分条件**であるという。

3　p と q は**同値**（どうち）であるという。

p, q をみたすもの全体の集合をそれぞれ P, Q として，
$P \subset Q$ かつ $P \supset Q$
すなわち，
$P = Q$

+α ポイント

○は真，×は偽として，p が q であるための何条件かを考えることもできる。

(1)　$p \underset{\times}{\overset{\bigcirc}{\rightleftarrows}} q$ ならば p は q であるための十分条件であるが，必要条件ではない。

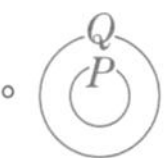

(2)　$p \underset{\bigcirc}{\overset{\times}{\rightleftarrows}} q$ ならば p は q であるための必要条件であるが，十分条件ではない。

(3)　$p \underset{\bigcirc}{\overset{\bigcirc}{\rightleftarrows}} q$ ならば p は q であるための必要十分条件である。

数検でるでる 問題

n が 2 の倍数であることは n が 4 の倍数であるための □。

□ に入る適切な言葉を下の(ア)〜(エ)のうちから 1 つ選びなさい。★★

(ア)　必要十分条件である　(イ)　必要条件であるが，十分条件ではない

(ウ)　十分条件であるが，必要条件ではない　(エ)　必要条件でも十分条件でもない

解答例

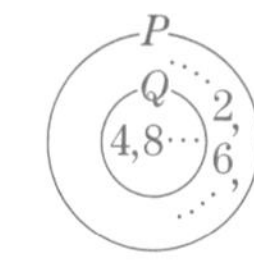

「p：n は 2 の倍数」，「q：n は 4 の倍数」とし，p, q をみたすもの全体の集合をそれぞれ P, Q とすると，

$P = \{n \mid n\text{は}2\text{の倍数}\} = \{\cdots\cdots,\ -4,\ -2,\ 0,\ 2,\ 4,\ 6,\ 8,\ \cdots\cdots\}$

$Q = \{n \mid n\text{は}4\text{の倍数}\} = \{\cdots\cdots,\ -4,\ 0,\ 4,\ 8,\ \cdots\cdots\}$

$Q \subset P$　であるから，p は q であるための必要条件であるが，十分条件ではない。(イ)

別　$p \underset{\bigcirc}{\overset{\times}{\rightleftarrows}} q$（$p \Longrightarrow q$ の反例は　$n = 2$）　よって，(イ)　⬅ +α ポイント

数検でるでるテーマ14 論理

数検でるでるポイント54 否定 Point

条件 p にたいし，「p でない」という条件を条件 p の**否定**（ひてい）といい，$\overline{p}$ と表す。

例 条件 p を「x は正である」とすると，その否定 $\overline{p}$ は「x は正ではない」となる。

数検でるでるポイント55 「かつ」「または」の否定 Point

条件 p，q にたいし，次が成り立つ。

1 $\overline{p \text{ かつ } q} \iff \overline{p} \text{ または } \overline{q}$

2 $\overline{p \text{ または } q} \iff \overline{p} \text{ かつ } \overline{q}$

バーをばらすと「かつ」と「または」が入れ替わる

↑ テーマ12 ポイント50：ド・モルガンの法則と同じ

例 「x は2の倍数」かつ「x は3の倍数」(x は6の倍数)の否定は，

「x は2の倍数ではない」または「x は3の倍数ではない」(x は6の倍数ではない)

数検でるでるポイント56 逆，裏，対偶 Point

条件 p，q にかんする命題「$p \Longrightarrow q$」にたいして，

1 命題「$q \Rightarrow p$」を，「$p \Longrightarrow q$」の**逆**（ぎゃく）という。← ⟹の向きが逆に！

2 命題「$\overline{p} \Rightarrow \overline{q}$」を，「$p \Longrightarrow q$」の**裏**（うら）という。← p，q をそれぞれ否定に！

3 命題「$\overline{q} \Rightarrow \overline{p}$」を，「$p \Longrightarrow q$」の**対偶**（たいぐう）という。←逆の裏，裏の逆が対偶

+α ポイント

逆，裏，対偶にかんしては，右表のような関係になる。

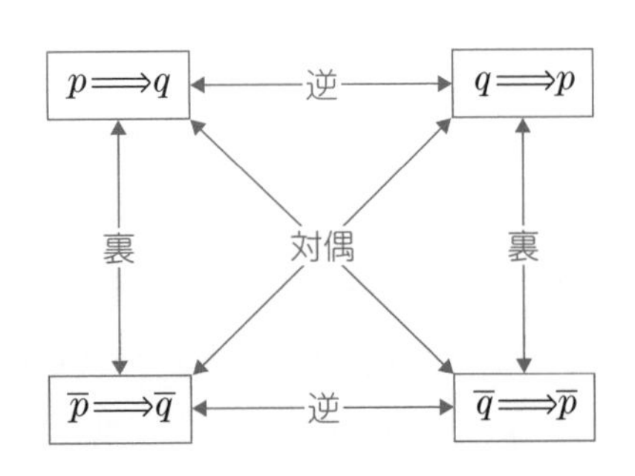

数検でるでるポイント57　対偶の真偽　Point

命題「$p \Longrightarrow q$」と，その**対偶**「$\overline{q} \Longrightarrow \overline{p}$」は**真偽が一致**する。

考　p，q をみたすもの全体の集合をそれぞれ P，Q として，

$P \subset Q \iff \overline{Q} \subset \overline{P}$

⬆ テーマ13 ポイント 53：必要十分条件・同値 1

U　Q　P　$\overline{Q}$　$\overline{P}$

注　その逆や裏と真偽が一致するとは限らない。

例　x，y を実数とする。 ⬇ テーマ8 ポイント 35：有理数の四則演算

命題「x と y がともに有理数であるならば，$x+y$ は有理数である」は真。

その対偶「$x+y$ が無理数であるならば，x または y は無理数である」も真である。

数検でるでるポイント58　背 理 法　Point

ある命題を証明するのに，

その命題が成り立たないと仮定すると，矛盾が生じる。

したがって，その命題は成り立たなければならない。

とする論法がある。このような論法を**背理法**(はいりほう)という。

とくに条件 p，q にかんする命題「$p \Longrightarrow q$」を証明するには，

命題「$p \Longrightarrow \overline{q}$」と仮定して矛盾を導くことで証明される。

例　x，y を実数とする。 ⬇ $p \Longrightarrow q$

$x+y$ が無理数であるならば，x または y は無理数である　……Ⓐ

を背理法で証明する。　⬅対偶を考えて証明することもできる

$x+y$ が無理数である　……①

ならば，x と y がともに有理数であると仮定すると，

$x+y$ は有理数であるから①に矛盾する。 ⬅ $p \Longrightarrow \overline{q}$ と仮定して矛盾を導く

よって，背理法によりⒶは証明された。 テーマ8 ポイント 35：有理数の四則演算

+α ポイント

命題「$p \Longrightarrow q$」が真であることを証明するために，対偶「$\overline{q} \Longrightarrow \overline{p}$」が真であることを証明してもよい。あるいは，「$p \Longrightarrow \overline{q}$」を仮定して矛盾を導いて証明してもよい。

数検でるでるテーマ15　関　数

数検でるでるポイント59　関　数　復習　Point

2つの変数 x, y があって，

x の値(あたい)を1つ定めるとそれに応じて y の値がただ1つだけ決まるとき，y は x の**関数**(かんすう)という。

↑ここが大事

変数 x のとりうる値の範囲を x の**変域**(へんいき)または**定義域**(ていぎいき)という。

x が定義域全体を動くとき，変数 y がとる値の範囲を y の**変域**または**値域**(ちいき)という。

例　$y=2x$　$(0 \leqq x \leqq 1)$ の関係について

x の値を1つ定めると y の値がただ1つだけ決まるので，「y は x の関数」である。

$0 \leqq x \leqq 1$ 全体を x が動くときの y のとる値の範囲は

$0 \leqq y \leqq 2$

x の変域は $0 \leqq x \leqq 1$，y の変域は $0 \leqq y \leqq 2$ である。

定義域は $0 \leqq x \leqq 1$，値域は $0 \leqq y \leqq 2$ であるともいう。

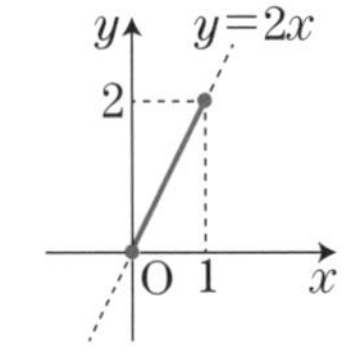

↑グラフをかくと変域がわかりやすい

+α ポイント

$y^2=x\ (x \geqq 0)$　の関係は，$x=1$　とすると，$y^2=1$　であるから　$y=\pm 1$

これは，y の値が2つ決まり，y がただ1つに決まらないので「y は x の関数」ではない。

数検でるでるポイント60　関数の表記　Point

y が x の関数であることを　$\boldsymbol{y=f(x)}$　と表す。

関数　$y=f(x)$　において，x の値 a に対応して定まる y の値を　$\boldsymbol{f(a)}$　と表し，$x=a$　のときの**関数 $\boldsymbol{f(x)}$ の値**という。

例　関数 $y=2x+1$ について，$f(x)=2x+1$ として $y=f(x)$ と表す。

$x=a$　のとき　$y=2a+1$　であることは　$f(a)=2a+1$

$x=1$　のとき　$y=2\cdot 1+1=3$　であることは　$f(1)=2\cdot 1+1=3$

数検でるでるポイント61 1次関数 Point

x の1次式で表される関数を x の **1次関数**という。

y が x の1次関数のとき，a，b を定数として，

$$y = ax + b \quad (a \neq 0)$$

の式で表される。

数検でるでるポイント62 2次関数 Point

x の2次式で表される関数を x の **2次関数**という。

y が x の2次関数のとき，a，b，c を定数として，

$$y = ax^2 + bx + c \quad (a \neq 0)$$

の式で表される。

数検でるでる問題

次の(ア)〜(ウ)のなかで y が x の関数になるものをすべて選びなさい。★

(ア) $x + y = 1$

(イ) 半径が x cm の円の面積を y cm^2 として，$y = \pi x^2 \quad (x > 0)$

(ウ) $x^2 + y^2 = 1$

解答例

(ア) $x + y = 1$ は $y = -x + 1$ であり，y は x の1次関数である。

⬆ポイント61

(イ) $y = \pi x^2 \quad (x > 0)$ について，y は x の2次関数である。⬅ポイント62

(ウ) $x^2 + y^2 = 1$ は $x = 0$ とすると $y^2 = 1$ であるから $y = \pm 1$

これは，y の値が2つ決まり，y がただ1つに決まらないので，y は x の関数ではない。

よって，y が x の関数になるものは (ア)，(イ)

数検でるでるテーマ16　2乗に比例する量

数検でるでるポイント63　比例を表す式　Point

y が x の関数であり，a を定数として　$\boldsymbol{y = ax}$　と表されるとき，y は x に比例（ひれい）するという。このとき，

1　a を**比例定数**（ひれいていすう）という。

2　$x \neq 0$　のとき，$\dfrac{y}{x}$ の値は一定値 a に等しい。

例　$y = 3x$　について，y は x に比例する。次の表のような値をとることもわかる。

x	…	-1	0	1	2	3	4	5	6	7	8	9	…
y	…	-3	0	3	6	9	12	15	18	21	24	27	…

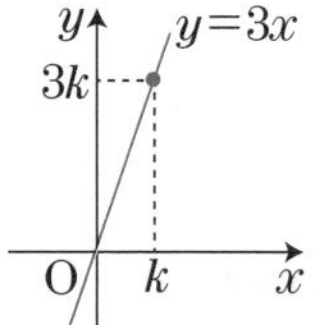

$x = k$　のとき　$y = 3k$

グラフは，原点を通り，傾きが3の直線である。

数検でるでるポイント64　2乗の比例を表す式　Point

y が x の関数であり，a を定数として　$\boldsymbol{y = ax^2}$　と表されるとき，y は x の2乗に**比例**するという。このとき，

1　a を**比例定数**という。

2　$x \neq 0$　のとき，$\dfrac{y}{x^2}$ の値は一定値 a に等しい。

例　$y = 3x^2$　について，y は x^2 に比例する。次の表のような値をとることもわかる。

x	…	-4	-3	-2	-1	0	1	2	3	4	…
y	…	48	27	12	3	0	3	12	27	48	…

$x = \pm k\ (k > 0)$　のとき　$y = 3(\pm k)^2 = 3k^2$

グラフは，原点が頂点で y 軸に対称な，下に凸の放物線である。

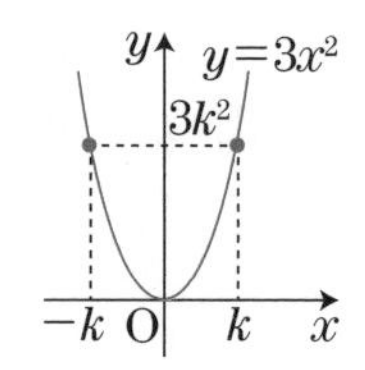

数検でるでるポイント65　変化の割合　復習　Point

関数　$y=f(x)$　において，

　　x の値が a から b まで増加する

とき，

　　x の**変化量**　$b-a$

と　　y の**変化量**　$f(b)-f(a)$

との比　$\dfrac{f(b)-f(a)}{b-a}$ $\left(=\dfrac{y\text{ の変化量}}{x\text{ の変化量}}\right)$

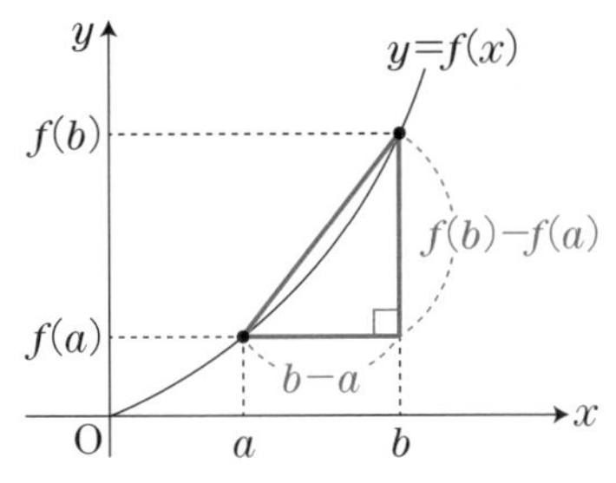

↑2点$(a,\ f(a))$，$(b,\ f(b))$を通る直線の傾き

を，x が a から b まで増加するときの関数 $y=f(x)$ の**変化**(へんか)**の割合**(わりあい)という。

例　関数 $y=x^2$ において，x の値が1から3まで変化するときの変化の割合は，$f(x)=x^2$　として

$$\frac{f(3)-f(1)}{3-1}=\frac{9-1}{2}=4$$

↑2点$(1,\ f(1))$，$(3,\ f(3))$を通る直線の傾きが4

　これは，たとえばある物体が x 秒間に進んだ距離を y m として　$y=x^2$ が成り立つならば，1秒後から3秒後までの間の平均の速さが4 m／秒であることを表している。

数検でるでる問題

1　$y=ax^2$ について，$x=4$　のとき　$y=48$　です。このとき，a の値を求めなさい。★

2　y は x の2乗に比例し，$x=2$　のとき　$y=12$　です。このとき，y を x の式で表しなさい。★

解答例

↓x と y のとる値がわかるので代入

1　関数　$y=ax^2$　について，$x=4$　のとき　$y=48$　であるから代入して

　　$48=16a$　よって　$\underline{a=3}$

↓ポイント64：2乗の比例を表す式

2　y は x の2乗に比例するので a を定数として　$y=ax^2$　と表せる。

　$x=2$　のとき　$y=12$　であるから　$12=4a$　よって　$\underline{y=3x^2}$

数検でるでるテーマ 17　2次関数のグラフ

数検でるでるポイント66　頂点が原点の2次関数のグラフ　Point

座標平面で，

2 次関数　$y = ax^2$　$(a \neq 0)$

のグラフは放物線（ほうぶつせん）であり，次のような概形（がいけい）になる。

〔$a > 0$　のとき〕

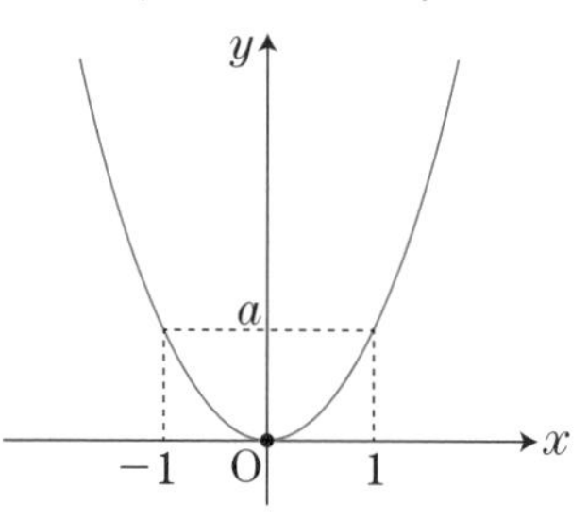

〔$a < 0$　のとき〕

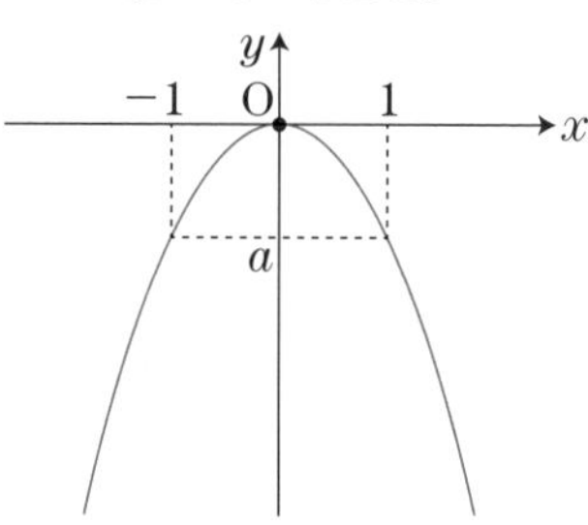

このグラフについて，

1 頂点（ちょうてん）は$(0,\ 0)$　⬅原点

2 軸（じく）の方程式は　$x = 0$　⬅ y 軸のこと。軸は放物線を対称に分ける直線

3 $\begin{cases} a > 0 & \text{のとき　下に凸（とつ）} \\ a < 0 & \text{のとき　上に凸} \end{cases}$

4 定義域は実数全体，値域は $\begin{cases} a > 0 & \text{のとき}\quad y \geqq 0 \\ a < 0 & \text{のとき}\quad y \leqq 0 \end{cases}$

テーマ 15　ポイント 59：関数

+α ポイント

2 次関数のグラフは放物線で，x^2 の係数 a の値で上に凸か下に凸かの概形が決まる。

じつは　$y = ax^2$　と　$y = ax^2 + bx + c$　のグラフは同じ形（合同）で頂点がちがうだけである。つまり，x^2 の係数が同じ 2 次関数のグラフは同じ形の放物線になる。

2 次関数のグラフは x^2 の係数を常に意識しよう⬇

$y = 2x^2$，$y = 2(x-1)^2 + 3$，$y = 2x^2 - x + 1$，$y = 2(x-1)(x-3)$

これらは x^2 の係数がすべて 2 で，頂点がちがうだけで同じ形の放物線である。

数検でるでるポイント67 標準形の2次関数のグラフ Point

座標平面で,

2次関数 $\boldsymbol{y=a(x-p)^2+q}$ $(a \neq 0)$ ⬅ $p=0$, $q=0$ とすると, $y=ax^2$

のグラフは**放物線**であり, 次のような概形になる。⬅ $y=ax^2$ と同じ形

〔$a>0$ のとき〕

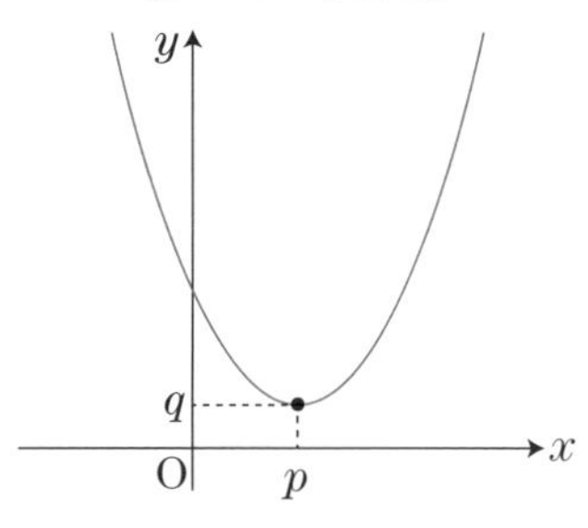

〔$a<0$ のとき〕

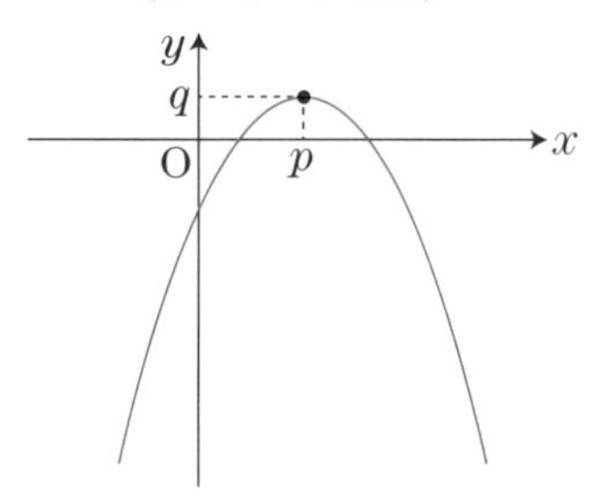

このグラフについて,

1 **頂点**の座標は (p, q)

2 **軸の方程式**は $x=p$

3 $\begin{cases} a>0 \text{ のとき 下に凸} \\ a<0 \text{ のとき 上に凸} \end{cases}$

$y=ax^2$ のグラフを x 軸方向に p, y 軸方向に q だけ平行移動したグラフである

数検でるでる問題

関数 $y=\dfrac{1}{2}(x-2)^2+1$ のグラフの頂点の座標, 軸の方程式を求め, グラフの概形をかきなさい。 ★

解答例

⬇標準形で $a=\dfrac{1}{2}$, $p=2$, $q=1$

$y=\dfrac{1}{2}(x-2)^2+1$ のグラフの,

頂点の座標は $\underline{(\boldsymbol{2}, \boldsymbol{1})}$, 軸の方程式は $\underline{\boldsymbol{x=2}}$

$x=0$ のとき $y=\dfrac{1}{2}(0-2)^2+1=3$

下に凸でグラフの概形は右の図。 y 軸との交点の y 座標(y 切片)

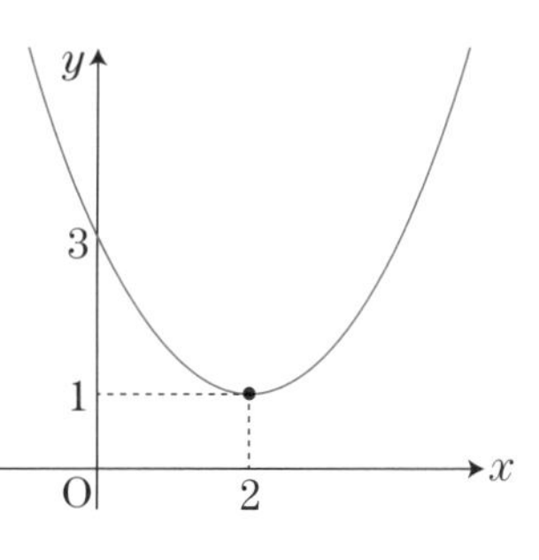

補 グラフは $y=\dfrac{1}{2}x^2$ と同じ形

数検でるでるテーマ18　平方完成，放物線の頂点

数検でるでるポイント68　平方完成　Point

x の2次式 ax^2+bx+c を $\boldsymbol{a(x-p)^2+q}$ の形にすることを

x について**平方完成**(へいほうかんせい)するという。←平方とは2乗のこと，2乗の形をつくる変形！

数検でるでるポイント69　基本的な平方完成　Point

$$\boldsymbol{x^2+\blacksquare x=\left(x+\frac{\blacksquare}{2}\right)^2-\left(\frac{\blacksquare}{2}\right)^2}$$

↑ x^2 の係数は1

$\times\frac{1}{2}$（半分）　2乗してひく

例　$x^2+6x=(x+3)^2-3^2=(x+3)^2-9$

$\times\frac{1}{2}$（半分）　2乗してひく

数検でるでるポイント70　2次式の平方完成の方法　Point

x の2次式 ax^2+bx+c は，次のように**平方完成**(へいほうかんせい)できる。

$$\boldsymbol{ax^2+bx+c}=a\left(x^2+\frac{b}{a}x\right)+c$$

←x^2 の係数 a で定数項以外をくくる
（　）内の x^2 の係数は1

⬇ $\times\frac{1}{2}$

$$=a\left\{\left(x+\frac{b}{2a}\right)^2-\frac{b^2}{4a^2}\right\}+c$$

←ポイント69：基本的な平方完成

2乗してひく

$$=a\left(x+\frac{b}{2a}\right)^2-\frac{b^2}{4a}+c$$

←a をかけて展開

$$=\boldsymbol{a\left(x+\frac{b}{2a}\right)^2-\frac{b^2-4ac}{4a}}$$

←（　　）^{2} の外を整理

例　$2x^2+12x+1=2(x^2+6x)+1$　←x^2 の係数2で定数項以外をくくる

$=2\{(x+3)^2-9\}+1$　←ポイント69 例でやった平方完成

$=2(x+3)^2-18+1$　←2をかけて展開

$=2(x+3)^2-17$　←（　　）^{2} の外を整理

数検でるでるポイント71 平方完成と放物線の頂点の座標 Point

1 $y = a(x-p)^2 + q$ のグラフの

頂点の座標は (p, q) ⬅平方完成すると頂点の座標がわかる！

2 $y = ax^2 + bx + c = a\left(x + \dfrac{b}{2a}\right)^2 - \dfrac{b^2 - 4ac}{4a}$

のグラフの，頂点の座標は $\left(-\dfrac{b}{2a},\ -\dfrac{b^2-4ac}{4a}\right)$

$y = a(x-p)^2 + q$ ⬆ ここが0になる x が頂点の x 座標

例 $y = 2x^2 + 12x + 1 = 2(x+3)^2 - 17$ のグラフの頂点の座標は $(-3, -17)$

数検でるでる問題

1 2次関数 $y = 2x^2 + 4x + 5$ のグラフの頂点の座標を求めなさい。★

2 2次関数 $y = \dfrac{1}{2}x^2 - 2x + 3$ のグラフの頂点の座標を求めなさい。★

解答例

1 $y = 2x^2 + 4x + 5$

$= 2(x^2 + 2x) + 5$ ⬅ x^2 の係数2で定数項以外をくくる

$= 2\{(x+1)^2 - 1\} + 5 = 2(x+1)^2 - 2 + 5$ ⬅2をかけて展開

$= 2(x+1)^2 + 3$ ⬅(　　)^2 の外を整理

よって，頂点の座標は **$(-1, 3)$**

$x^2 + 2x = (x+1)^2 - 1$　$\times \dfrac{1}{2}$（半分）　2乗してひく

2 $y = \dfrac{1}{2}x^2 - 2x + 3 = \dfrac{1}{2}x^2 - \dfrac{1}{2}\cdot 4x + 3$

$= \dfrac{1}{2}(x^2 - 4x) + 3$ ⬅ x^2 の係数 $\dfrac{1}{2}$ で定数項以外をくくる

$= \dfrac{1}{2}\{(x-2)^2 - 4\} + 3 = \dfrac{1}{2}(x-2)^2 - 2 + 3$ ⬅ $\dfrac{1}{2}$ をかけて展開

$= \dfrac{1}{2}(x-2)^2 + 1$ ⬅(　　)^2 の外を整理

$x^2 - 4x = (x-2)^2 - 4$　$\times \dfrac{1}{2}$（半分）　2乗してひく

よって，頂点の座標は **$(2, 1)$**

数検でるでるテーマ19　平行移動，対称移動

数検でるでるポイント72　放物線の平行移動　Point

座標平面上において，

放物線 $C : y = ax^2 + bx + c$

を，x 軸方向に p，y 軸方向に q だけ**平行移動**した放物線を D とすると，

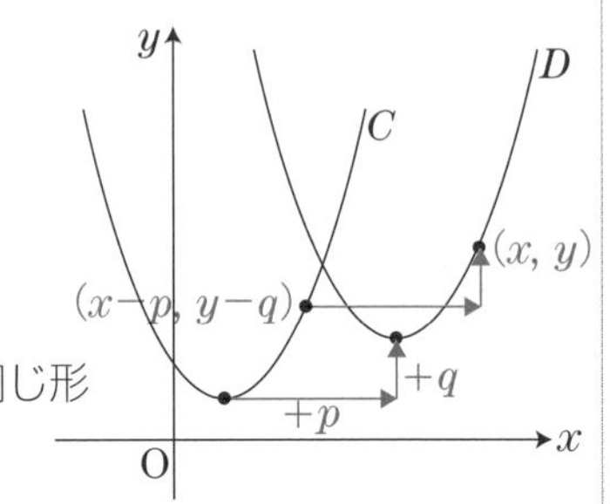

1 2つの放物線 C と D は　$y = ax^2$　と同じ形

2 C の頂点は D の頂点に移される

3 C で x を $\boxed{x-p}$，y を $\boxed{y-q}$ とおきかえると D の方程式になる。
つまり，$D : \boxed{y-q} = a(\boxed{x-p})^2 + b(\boxed{x-p}) + c$

例　放物線 $y = 2x^2$ を x 軸方向に2，y 軸方向に1だけ平行移動した放物線の方程式は，　⬇ x を $x-2$, y を $y-1$ におきかえる！

$\boxed{y-1} = 2(\boxed{x-2})^2$　すなわち　$y = 2(x-2)^2 + 1$

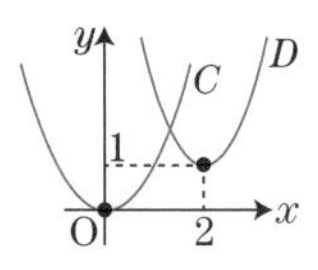

数検でるでるポイント73　放物線の x 軸にかんする対称移動　Point

座標平面上において，

放物線 $C : y = ax^2 + bx + c$

を，x 軸にかんして**対称移動**した放物線を E とすると，

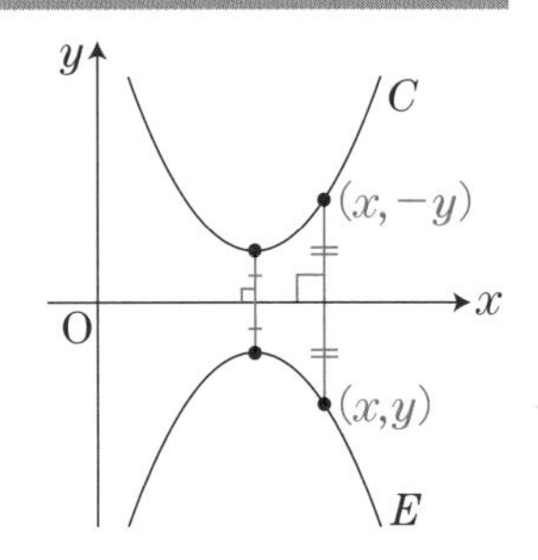

1 E は　$y = -ax^2$　と同じ形

2 C の頂点は E の頂点に移される

3 C で y を $\boxed{-y}$ とおきかえると E の方程式になる。つまり，

$E : \boxed{-y} = ax^2 + bx + c$　すなわち　$y = -ax^2 - bx - c$

例　放物線 $y = 2x^2 - 4x + 5$ を x 軸にかんして対称移動した放物線の方程式は　⬇ y を $-y$ におきかえる！

$\boxed{-y} = 2x^2 - 4x + 5$　すなわち　$y = -2x^2 + 4x - 5$

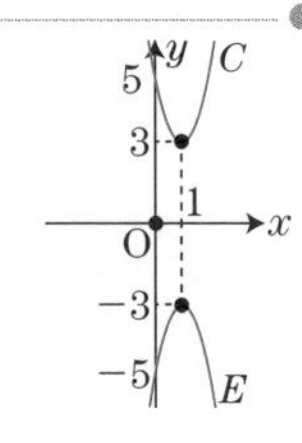

数検でるでるポイント74　放物線のy軸にかんする対称移動　Point

座標平面上において，

放物線 C：$\boldsymbol{y = ax^2 + bx + c}$

を，$\boldsymbol{y}$ 軸にかんして**対称移動**した放物線を F とすると，

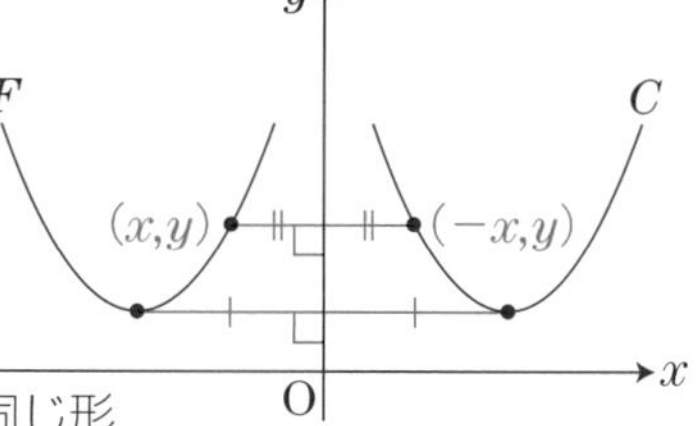

1 2つの放物線 C と F は　$y = ax^2$　と同じ形

2 C の頂点は F の頂点に移される

3 C で x を $\boxed{-x}$ とおきかえると F の方程式になる。つまり，

F：$y = a(\boxed{-x})^2 + b(\boxed{-x}) + c$　すなわち　$\boldsymbol{y = ax^2 - bx + c}$

例　放物線 $y = 2x^2 - 4x + 5$ を y 軸にかんして対称移動した放物線の方程式は，　⬇ x を $-x$ におきかえる！

$y = 2(\boxed{-x})^2 - 4(\boxed{-x}) + 5$　すなわち　$y = 2x^2 + 4x + 5$

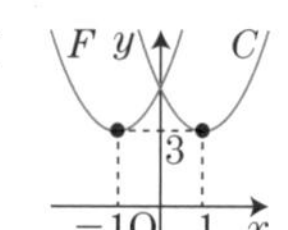

数検でるでるポイント75　放物線の原点にかんする対称移動　Point

座標平面上において，

放物線 C：$\boldsymbol{y = ax^2 + bx + c}$

を**原点 O** にかんして**対称移動**した放物線を G とすると，

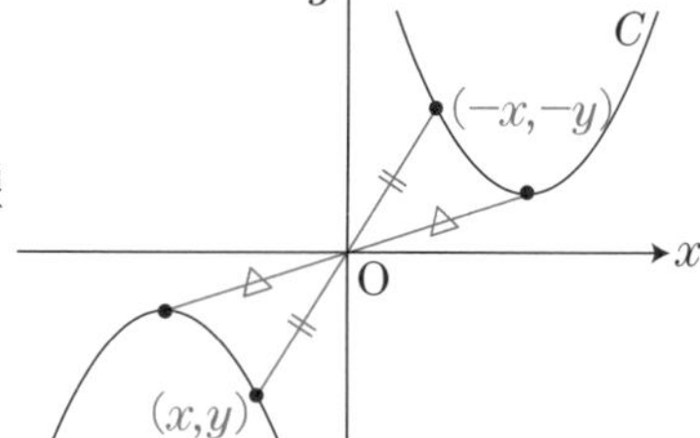

1 G は　$y = -ax^2$　と同じ形

2 C の頂点は G の頂点に移される。

3 C で x を $\boxed{-x}$ かつ y を $\boxed{-y}$ とおきかえると G の方程式になる。

つまり，　⬆「ポイント73・74」の2つの移動を考えている

G：$\boxed{-y} = a(\boxed{-x})^2 + b(\boxed{-x}) + c$　すなわち　$\boldsymbol{y = -ax^2 + bx - c}$

例　放物線 $y = 2x^2 - 4x + 5$ を原点にかんして対称移動した放物線の方程式は，

$\boxed{-y} = 2(\boxed{-x})^2 - 4(\boxed{-x}) + 5$　⬅ x を $-x$，y を $-y$ におきかえる

すなわち　$y = -2x^2 - 4x - 5$

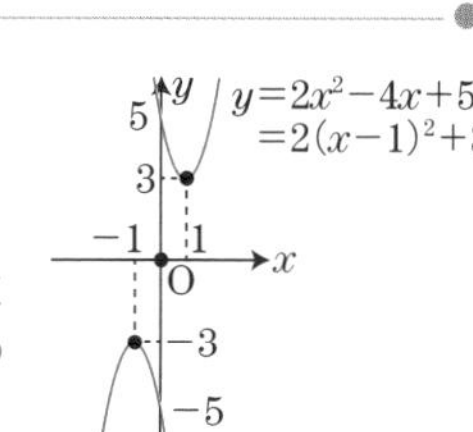

数検でるでるテーマ 20　関数の最大値・最小値

数検でるでるポイント76　関数の最大値・最小値　Point

1　x の関数　$y=f(x)$　の**最大値**(さいだいち)とは，x の変域(定義域)内において

　　$y \leqq M$　かつ　$y=M$　となる x があるときの M

2　x の関数　$y=f(x)$　の**最小値**(さいしょうち)とは，x の変域(定義域)内において

　　$y \geqq m$　かつ　$y=m$　となる x があるときの m

例　関数　$y=\dfrac{1}{2}x^2$　$(-1 \leqq x \leqq 2)$　について

グラフは頂点の座標$(0,\ 0)$，下に凸

右のグラフより　$0 \leqq y \leqq 2$

よって，最大値は 2　$(x=2)$

　　　最小値は 0　$(x=0)$

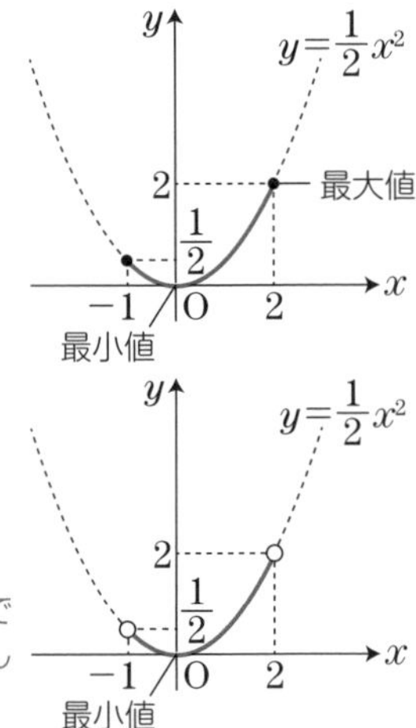

例　関数　$y=\dfrac{1}{2}x^2$　$(-1 < x < 2)$　について

グラフは頂点の座標$(0,\ 0)$，下に凸

右のグラフより　$0 \leqq y < 2$

よって，最大値はなし ⬅ $y=2$ となる x がないので最大値はなし

　　　最小値は 0　$(x=0)$

+α ポイント

2次関数 $y=ax^2+bx+c$ の最大値・最小値は，グラフをかき x の変域(定義域)に注意して y の変域(値域)をみるとよい。

グラフは頂点の座標，軸の位置，下に凸か上に凸かをおさえる。

とくに，x の変域(定義域)内に頂点があれば，その点で最大値または最小値をとる。

数検でるでる問題

1 2次関数 $y=\frac{1}{2}x^2-2x+3$ について，最小値とそのときの x の値を求めなさい。 ★

2 2次関数 $y=\frac{1}{2}x^2-2x+3$ $(0 \leqq x \leqq 3)$ について，最大値と最小値をそれぞれ求めなさい。 ★★

3 2次関数 $y=\frac{1}{2}x^2-2x+3$ $(0 \leqq x \leqq 1)$ について，最大値と最小値をそれぞれ求めなさい。 ★★

解答例

1 $y=\frac{1}{2}x^2-2x+3$ ← テーマ18 でるでる問題 **2**

$=\frac{1}{2}(x-2)^2+1$

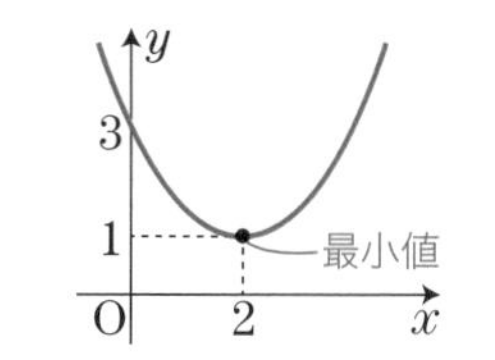

グラフは頂点の座標が(2，1)，下に凸の放物線

グラフより　$y \geqq 1$

よって最小値は **1**，そのときの x の値は　$\boldsymbol{x=2}$

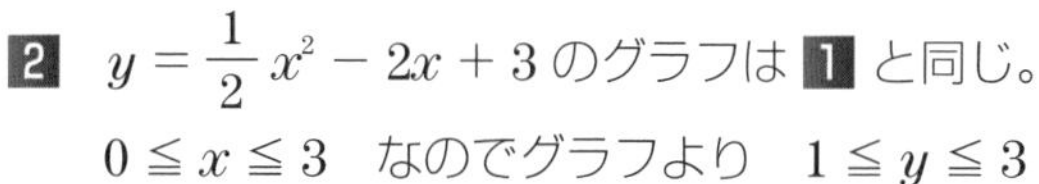

2 $y=\frac{1}{2}x^2-2x+3$ のグラフは **1** と同じ。

$0 \leqq x \leqq 3$　なのでグラフより　$1 \leqq y \leqq 3$

よって，最大値は **3**　$(x=0)$

最小値は **1**　$(x=2)$

y
最大値
3
$\frac{3}{2}$
1
最小値
O
2 3
x

3 $y=\frac{1}{2}x^2-2x+3$ のグラフは **1** と同じ。

$0 \leqq x \leqq 1$　なのでグラフより　$\frac{3}{2} \leqq y \leqq 3$

↑頂点，軸が定義域 $0 \leqq x \leqq 1$ に入っていない！

よって，最大値は **3**　$(x=0)$

最小値は $\boldsymbol{\frac{3}{2}}$　$(x=1)$

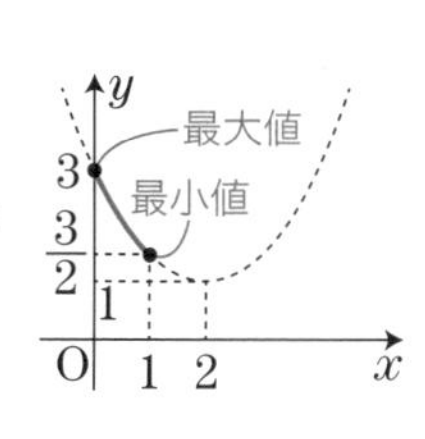

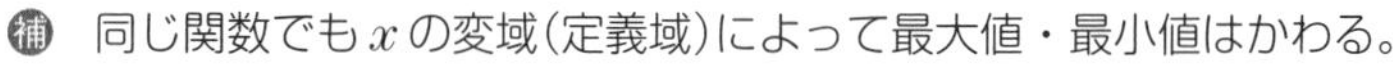

補　同じ関数でも x の変域（定義域）によって最大値・最小値はかわる。

数検でるでるテーマ21 2次方程式

数検でるでるポイント77 因数分解された形の2次方程式の解 Point

$a \neq 0$ とする。

⬇ $XY=0 \iff X=0$ または $Y=0$

1 x の2次方程式 $a(x-\alpha)(x-\beta)=0$ の解は $x=\alpha,\ \beta$

2 x の2次方程式 $a(x-\alpha)^2=0$ の解は $x=\alpha$

このただ1つの解 α を重解(じゅうかい)とよぶ。

注 **1** で $\alpha=\beta$ となる場合が **2** である。 ⬅ $\beta=\alpha$ ならば $a(x-\alpha)(x-\beta)=a(x-\alpha)(x-\alpha)=a(x-\alpha)^2$

例 **1** $2(x-1)(x-2)=0$ の解は $x=1,\ 2$

2 $2(x-1)^2=0$ の解は $x=1$ (重解)

数検でるでるポイント78 平方の形と2次方程式の解 Point

k を0以上の数とする。

1 X の2次方程式 $X^2=k$ の解は $X=\pm\sqrt{k}$ ⬅ $k=0$ の場合は $X=0$(重解)

2 x の2次方程式 $(x-\alpha)^2=k$ の解は,

$x-\alpha=\pm\sqrt{k}$ すなわち $x=\alpha\pm\sqrt{k}$

考 **2** は $x-\alpha=X$ とおくと $X^2=k$ となり **1** の形になる。

例 **1** $x^2=2$ の解は $x=\pm\sqrt{2}$ ⬇ $x-1=X$ とおくと $X^2=2$ より $X=\pm\sqrt{2}$

2 $(x-1)^2=2$ の解は $x-1=\pm\sqrt{2}$ すなわち $x=1\pm\sqrt{2}$

数検でるでるポイント79 2次方程式の解の公式① Point

$a,\ b,\ c$ は実数であり,$a \neq 0$ とする。

x の2次方程式 $ax^2+bx+c=0$ の解は,

$$x=\frac{-b\pm\sqrt{b^2-4ac}}{2a}$$

■ x^2+ ● $x+$ ▲ $=0$ の解は, $x=\dfrac{-●\pm\sqrt{●^2-4■▲}}{2■}$

例 $x^2+3x-3=0$ の解は $x=\dfrac{-3\pm\sqrt{3^2-4\cdot1\cdot(-3)}}{2\cdot1}=\dfrac{-3\pm\sqrt{21}}{2}$

⬆ $a=1,\ b=3,\ c=-3$

数検でるでるポイント80　2次方程式の解の公式❷　Point

a，b'，c は実数であり，$a \neq 0$　とする。

x の **2 次方程式**　$ax^2 + 2b'x + c = 0$　の**解**は，

$$x = \frac{-b' \pm \sqrt{b'^2 - ac}}{a}$$

⬆ b' は x の係数の半分

❶の x の係数 b が $2b'$ となった 2 次方程式が❷
❶を用いて，
$x = \frac{-2b' \pm \sqrt{(2b')^2 - 4ac}}{2a}$
としても解は求まる

例　$3x^2 + 4x - 1 = 0$　の解は　$x = \frac{-2 \pm \sqrt{2^2 - 3 \cdot (-1)}}{3} = \frac{-2 \pm \sqrt{7}}{3}$

⬆ $a = 3$，$b' = 2$，$c = -1$
⬆ x の係数の半分

数検でるでる問題

1　2 次方程式　$x^2 - 5x + 6 = 0$　を解きなさい。　★

2　2 次方程式　$x^2 - 8x - 5 = 0$　を解きなさい。　★

解答例

1　$x^2 - 5x + 6 = 0$　は　$(x-2)(x-3) = 0$　⬅ テーマ 3

ポイント 15：因数分解公式❷ 1

よって　**$x = 2$，3**

2　$x^2 - 8x - 5 = 0$　は　$x^2 + 2(-4)x - 5 = 0$

x の係数の半分 ⬇

「解の公式❷」より　$x = \frac{-(-4) \pm \sqrt{(-4)^2 - (-5)}}{1}$　⬅ $a = 1$，$b' = -4$，$c = -5$

よって　**$x = 4 \pm \sqrt{21}$**

別　「解の公式❶」より，

⬇ $\sqrt{84} = \sqrt{4 \cdot 21} = 2\sqrt{21}$

$$x = \frac{-(-8) \pm \sqrt{(-8)^2 - 4 \cdot 1 \cdot (-5)}}{2} = \frac{8 \pm \sqrt{84}}{2} = \frac{8 \pm 2\sqrt{21}}{2}$$

⬆ $a = 1$，$b = -8$，$c = -5$

よって　**$x = 4 \pm \sqrt{21}$**

❷を使わず❶を使ってもよいが，❷のほうが計算量が少ない

数検でるでるテーマ22　2次方程式の実数解の個数

数検でるでるポイント81　2次方程式の実数解の個数　Point

k を実数とする。

x の **2 次方程式**　$x^2 = k$　の**解**は　$x = \pm\sqrt{k}$

「実数の解」を実数解という

次のように，k の符号で**実数解**の個数がわかる。

❶ $k > 0$ $\iff$ 異なる 2 つの実数解をもつ ⬅ $x = -\sqrt{k}$ と $x = \sqrt{k}$

❷ $k = 0$ $\iff$ ただ 1 つの実数解（**重解**（じゅうかい））をもつ ⬅ $x = 0$ のみ

❸ $k < 0$ $\iff$ 実数解をもたない ⬅負の数の平方根は実数にない

とくに実数解をもつ条件は　$k \geqq 0$　⬅❶と❷

数検でるでるポイント82　判別式と2次方程式の実数解の個数❶　Point

a，b，c は実数であり，$a \neq 0$　とする。

x の **2 次方程式**　$ax^2 + bx + c = 0$　の**解**は，

$$D = b^2 - 4ac \quad \text{として} \quad x = \frac{-b \pm \sqrt{D}}{2a}$$

⬅ テーマ21 ポイント79：2 次方程式の解の公式❶の，$\sqrt{}$ の中を D とした

この D を**判別式**（はんべつしき）という。

次のように，D の符号で**実数解**の個数がわかる。

❶ $D > 0$ $\iff$ 異なる 2 つの実数解をもつ

⬆ $x = \dfrac{-b-\sqrt{D}}{2a}$ と $x = \dfrac{-b+\sqrt{D}}{2a}$

❷ $D = 0$ $\iff$ ただ 1 つの実数解（**重解**）をもつ ⬅ $x = \dfrac{-b}{2a}$ のみ

❸ $D < 0$ $\iff$ 実数解をもたない

とくに実数解をもつ条件は　$D \geqq 0$　⬅❶と❷

+α ポイント

判別式 D が正，0，負のどれであるかで 2 次方程式の実数解の個数がわかる。

数検でるでるポイント83 判別式と2次方程式の実数解の個数❷ Point

a，b'，c は実数であり，$a \neq 0$ とする。

❶で $b = 2b'$ としたもの テーマ21
ポイント80：2次方程式の解の公式❷

x の **2** 次方程式　$ax^2 + 2b'x + c = 0$　の**解**は，

❶を用いると，
$D = (2b')^2 - 4ac$
$= 4(b'^2 - ac)$

$$\frac{D}{4} = b'^2 - ac \quad として \quad x = \frac{-b' \pm \sqrt{\frac{D}{4}}}{a}$$

次のように，$\frac{D}{4}$ の符号で**実数解**の個数がわかる。

❶ $\frac{D}{4} > 0 \iff$ 異なる2つの実数解をもつ ← $x = \frac{-b' - \sqrt{\frac{D}{4}}}{a}$ と $x = \frac{-b' + \sqrt{\frac{D}{4}}}{a}$

❷ $\frac{D}{4} = 0 \iff$ ただ1つの実数解(**重解**)をもつ
↑ $x = \frac{-b'}{a}$ のみ

❸ $\frac{D}{4} < 0 \iff$ 実数解をもたない

とくに実数解をもつ条件は　$\frac{D}{4} \geqq 0$　←❶と❷

数検でるでる問題

x の2次方程式　$x^2 - 4x + 2m = 0$　が異なる2つの実数解をもつような m の値の範囲を求めなさい。　★★

解答例

$x^2 - 4x + 2m = 0$　すなわち　$x^2 + 2(-2)x + 2m = 0$
の判別式を D とする。
↓ポイント83

❷を使うと，❶よりも少し計算量が減る

異なる2つの実数解をもつので　$\frac{D}{4} > 0$　である。

$\frac{D}{4} = (-2)^2 - 1 \cdot 2m = -2m + 4 > 0$　← テーマ4 1次不等式
↑❷で　$a = 1,\ b' = -2,\ c = 2m$

よって　$\underline{m < 2}$

別　$D = (-4)^2 - 4 \cdot 1 \cdot 2m = -8m + 16 > 0$
↑❶で　$a = 1,\ b = -4,\ c = 2m$

よって　$\underline{m < 2}$

数検でるでるテーマ23　2次関数のグラフとx軸の位置関係

数検でるでるポイント84　2次関数のグラフとx軸の位置関係　Point

座標平面で,

$$\begin{cases} y = ax^2 + bx + c & (a \neq 0) \\ y = 0 & (x \text{ 軸}) \end{cases}$$

の位置関係について，共有点の x 座標は，x についての2次方程式

$ax^2 + bx + c = 0$　の実数解と同じ値になる。

これより，実数解の個数と共有点の個数は一致するので,

↑ テーマ22 2次方程式の実数解の個数

$D = b^2 - 4ac$　⬅判別式　$b = 2b'$ のときは $\dfrac{D}{4}$ を用いてもよい

として，次の表のようになる。

Dの符号	$D > 0$	$D = 0$	$D < 0$
位置関係	異なる2点で交わる	1点で接する	共有点をもたない
$a > 0$（下に凸）	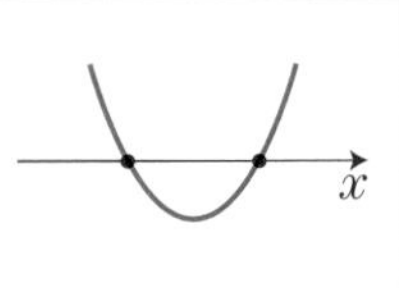	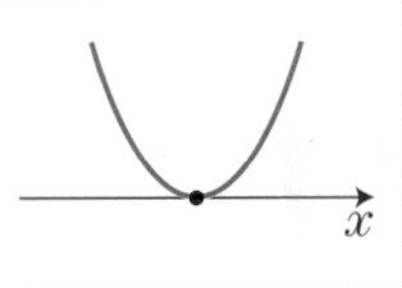	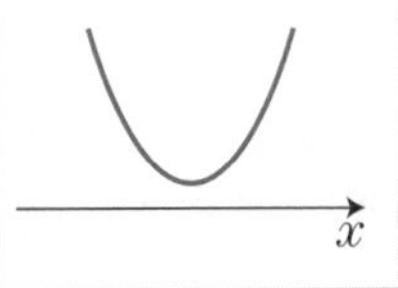
$a < 0$（上に凸）	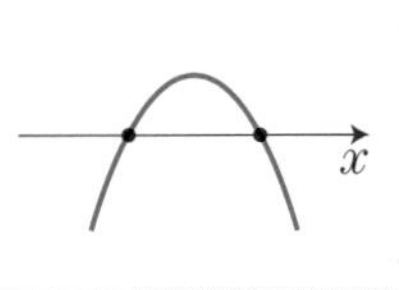	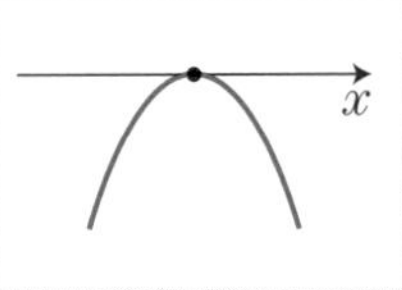	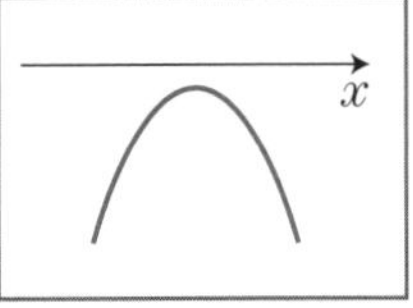

注　頂点の y 座標の符号からも x 軸との位置関係がわかる。

例　$y = x^2 - 3x - 5$　について

$y = 0$　とすると，$x^2 - 3x - 5 = 0$　……①

判別式を D として，$D = (-3)^2 - 4 \cdot 1 \cdot (-5) = 29 > 0$

よって，$y = 0$ (x 軸）と異なる2点で交わる。

共有点の x 座標は①の実数解なので　$x = \dfrac{3 \pm \sqrt{29}}{2}$

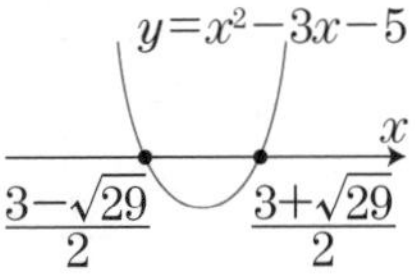

例　$y = x^2 - 4x + 4$　について

$y = 0$　とすると　$x^2 - 4x + 4 = 0$　……①

判別式を D として，

$D = (-4)^2 - 4 \cdot 1 \cdot 4 = 0$

よって，$y = 0$（x 軸）と 1 点で接する。①の実数解は　$x = 2$　これが，接点の x 座標である。

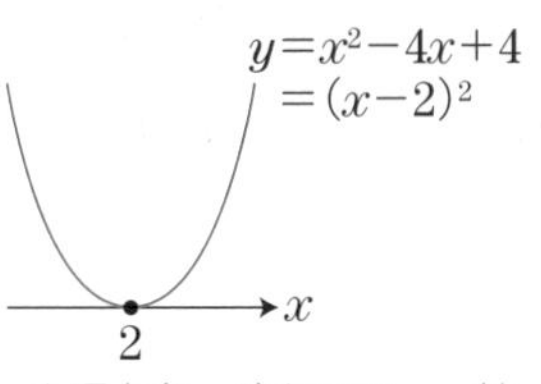

⬆頂点(2, 0)なので，x 軸に接することがわかる

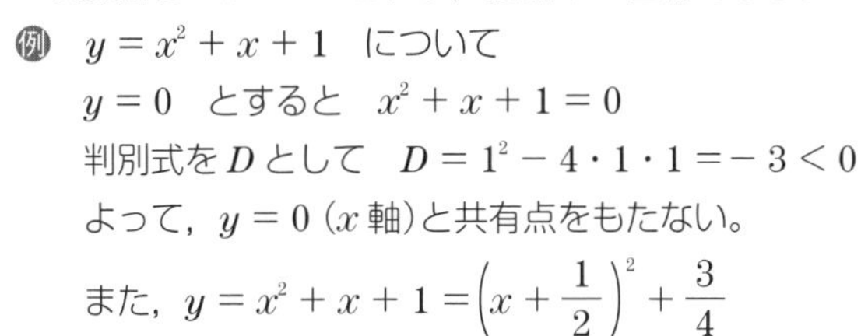

例　$y = x^2 + x + 1$　について

$y = 0$　とすると　$x^2 + x + 1 = 0$

判別式を D として　$D = 1^2 - 4 \cdot 1 \cdot 1 = -3 < 0$

よって，$y = 0$（x 軸）と共有点をもたない。

また，$y = x^2 + x + 1 = \left(x + \dfrac{1}{2}\right)^2 + \dfrac{3}{4}$

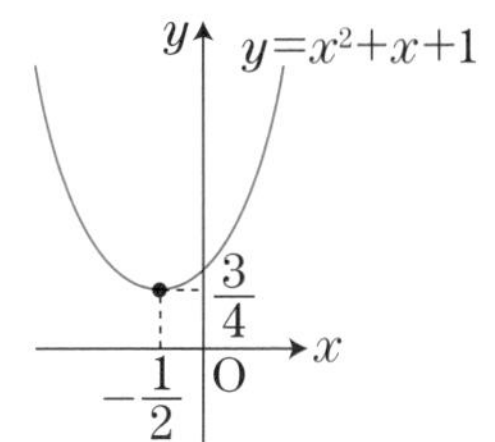

$y \geqq \dfrac{3}{4}$　であるから，$y = 0$（x 軸）と共有点をもたないこともわかる。

⬆(頂点の y 座標) $= \dfrac{3}{4} > 0$，下に凸のグラフから x 軸と共有点をもたない

数検でるでる 問題

1　$y = x^2 - 4x + 3$　のグラフと x 軸の共有点の x 座標を求めなさい。★

2　$y = x^2 - 8x - 5$　のグラフと x 軸の共有点の座標を求めなさい。★

解答例

⬇ テーマ 3 ポイント 15：因数分解公式❷

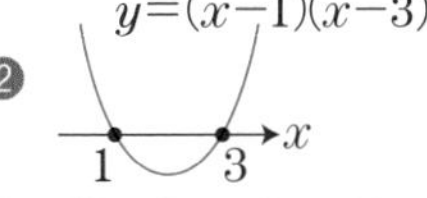

1　$y = x^2 - 4x + 3 = (x-1)(x-3)$

$y = 0$　とすると　$(x-1)(x-3) = 0$

これより　$x = 1, 3$

よって，グラフと x 軸の共有点の x 座標は **1，3**

1 は x 座標を求める。
2 は座標を求める。
異なる指示であることに注意する！

2　$y = x^2 - 8x - 5$

$y = 0$　とすると，

$x^2 - 8x - 5 = 0$　⬅ テーマ 21「数検でるでる問題」**2**

これより　$x = 4 \pm \sqrt{21}$

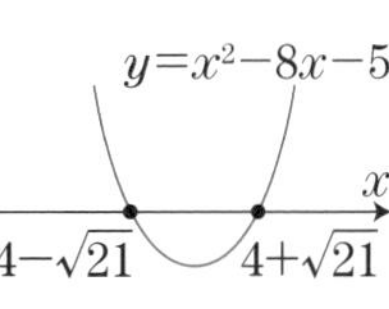

よって，グラフと x 軸の共有点の座標は **$(4-\sqrt{21},\ 0)$，$(4+\sqrt{21},\ 0)$**

⬆座標を求めるので，y 座標も示す！

数検でるでるテーマ24 2次不等式

数検でるでるポイント85 因数分解と2次不等式 Point

$\alpha < \beta$ とするとき，　⬇ $y=(x-\alpha)(x-\beta)$のグラフをイメージするとよい

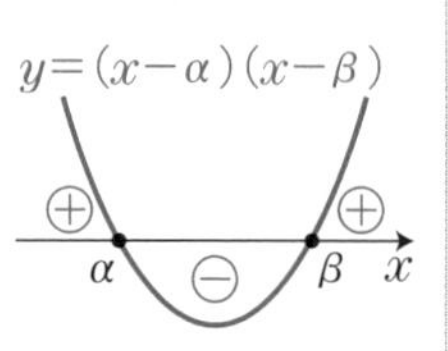

1 $(x-\alpha)(x-\beta)=0 \iff x=\alpha,\ \beta$

2 $(x-\alpha)(x-\beta)<0 \iff \alpha<x<\beta$

3 $(x-\alpha)(x-\beta)>0 \iff x<\alpha,\ \beta<x$

例 **1** $(x-1)(x-3)=0 \iff x=1,\ 3$

2 $(x-1)(x-3)<0 \iff 1<x<3$

⬆右のグラフで　$y<0$（⊖）　となる x

3 $(x-1)(x-3)>0 \iff x<1,\ 3<x$

⬆右のグラフで　$y>0$（⊕）　となる x

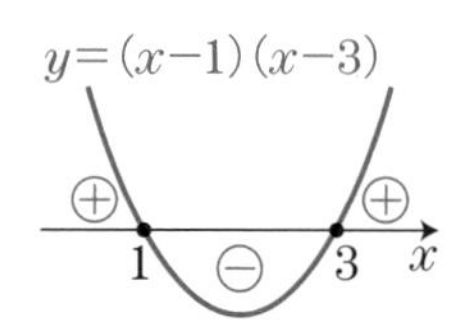

数検でるでるポイント86 2次方程式の実数解と2次不等式の解 Point

座標平面で $\begin{cases} y=ax^2+bx+c\ (a>0) \\ y=0\ (x\text{軸}) \end{cases}$　⬅ x^2 の係数 a は正とする（グラフは下に凸）

の位置関係を考えて，x の**2次不等式**を次のように解くことができる。

ただし，$D=b^2-4ac$　とし，$\alpha<\beta$　とする。

D の符号	$D>0$	$D=0$	$D<0$
$y=ax^2+bx+c$ のグラフ	⊕ ⊕ α ⊖ β x	⊕ α x	⊕ x
$ax^2+bx+c=0$ の実数解	$x=\alpha,\ \beta$	$x=\alpha$	実数解なし
$ax^2+bx+c>0$ の解	$x<\alpha,\ \beta<x$	$x<\alpha,\ \alpha<x$	x はすべての実数
$ax^2+bx+c\geqq 0$ の解	$x\leqq\alpha,\ \beta\leqq x$	x はすべての実数	x はすべての実数
$ax^2+bx+c<0$ の解	$\alpha<x<\beta$	解なし	解なし
$ax^2+bx+c\leqq 0$ の解	$\alpha\leqq x\leqq\beta$	$x=\alpha$	解なし

+α ポイント

2次不等式はグラフをイメージするとよい。

数検でるでる問題

1 2次不等式　$x^2+5x-6<0$　を解きなさい。　★

2 2次不等式　$-x^2-5x+6>0$　を解きなさい。　★

3 2次不等式　$x^2-8x-5\geqq 0$　を解きなさい。　★

4 2次不等式　$x^2-2x+1\leqq 0$　を解きなさい。　★★

5 2次不等式　$x^2+x+1>0$　を解きなさい。　★★

解答例

1 $x^2+5x-6<0$　は　$(x+6)(x-1)<0$　（因数分解）

よって　**$-6<x<1$**

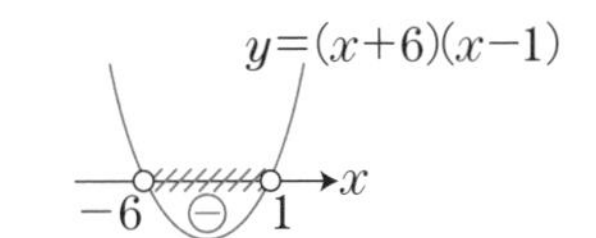

2 $-x^2-5x+6>0$　の両辺に -1 をかけて，

$x^2+5x-6<0$

この式は **1** と同じなので，**$-6<x<1$**

⬅ x^2 の係数が負のときは両辺に -1 をかけて x^2 の係数を正にして考えるとよい。このとき不等号の向きが反対になることに注意！

3 $x^2-8x-5\geqq 0$

⬇ テーマ21「数検でるでる問題」2

$x^2-8x-5=0$ とすると　$x=4\pm\sqrt{21}$

よって　**$x\leqq 4-\sqrt{21}$，$4+\sqrt{21}\leqq x$**

y=x²−8x−5
⊕　⊕
x
4−√21　4+√21

4 $x^2-2x+1\leqq 0$　は　$(x-1)^2\leqq 0$

よって　**$x=1$**

y=(x−1)²
x
1

5 $x^2+x+1>0$

$x^2+x+1=0$　として判別式を D とすると，

$D=1^2-4\cdot 1\cdot 1=-3<0$

$y=x^2+x+1$　のグラフは x 軸と共有点をもたない。

すべての実数 x にたいして　$y>0$　となる。

よって　**x はすべての実数**

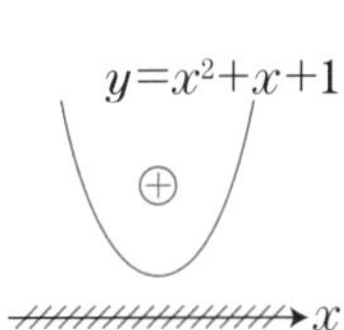

数検でるでるテーマ25　2次関数の決定

数検でるでるポイント87　2次関数の式の形　Point

y が x の **2** 次関数となるとき，次のような式で表される。

ただし，a，b，c，p，q，$\boldsymbol{\alpha}$，$\boldsymbol{\beta}$ はすべて実数であり，$a \fallingdotseq 0$　とする。

1　$\boldsymbol{y = ax^2 + bx + c}$　⬅一般形

2　$\boldsymbol{y = a(x - p)^2 + q}$　⬅標準形

➡**頂点**の座標が$(p,\ q)$，**軸の方程式**が　$x = p$　とわかる形。

3　$\boldsymbol{y = a(x - \alpha)(x - \beta)}$　⬅因数分解形

➡x 軸と$(\boldsymbol{\alpha},\ 0)$，$(\boldsymbol{\beta},\ 0)$で**共有点**をもつことがわかる形。

1，**2**，**3** はいずれも　$y = ax^2$　と同じ形の**放物線**。

例　3点$(1,\ 1)$，$(3,\ 5)$，$(4,\ 10)$を通るグラフの2次関数を求める。

求める2次関数は　$y = ax^2 + bx + c$　……✪　⬅a，b，c を求める！（**1** の形）
と表せる。

3点$(1,\ 1)$，$(3,\ 5)$，$(4,\ 10)$を通るので，⬅通る点を代入して関係式をつくる

$$\begin{cases} 1 = a + b + c & \cdots\cdots① \\ 5 = 9a + 3b + c & \cdots\cdots② \\ 10 = 16a + 4b + c & \cdots\cdots③ \end{cases}$$

⬅未知数が a，b，c　3個もあるので文字を減らすことを考える！

②−①として　$4 = 8a + 2b$　⬅c を消した！

両辺を2でわって　$2 = 4a + b$　……④

③−②として　$5 = 7a + b$　……⑤　⬅c を消した！

⑤−④として　$3 = 3a$ であるから　$a = 1$　⬅④・⑤を連立！

④から　$b = -2$

①から　$c = 2$

⬇$a = 1$，$b = -2$，$c = 2$ を✪へ代入

よって，✪より　$y = x^2 - 2x + 2$

+α ポイント

2次関数を決定する問題は，決定したい2次関数を文字を使って表して，条件からその文字にかんする式を作り，文字を求めることで決定することができる。

数検でるでる 問題

1 頂点の座標が(2, 1)で，点(3, 3)を通るグラフの2次関数を求めなさい。 ★★

2 x軸上の2点(1, 0)，(3, 0)と点(4, 9)を通るグラフの2次関数を求めなさい。 ★★

解答例

1 頂点の座標が(2, 1)なので，求める2次関数は

$$y = a(x-2)^2 + 1 \quad \cdots\cdots ✪$$

と表せる。 ⬆頂点がわかるので **2** の形

(3,3)
(2,1)

点(3, 3)を通るので $3 = a(3-2)^2 + 1$

⬆通る点を代入！

これより $a = 2$ ⬅ a を求める！

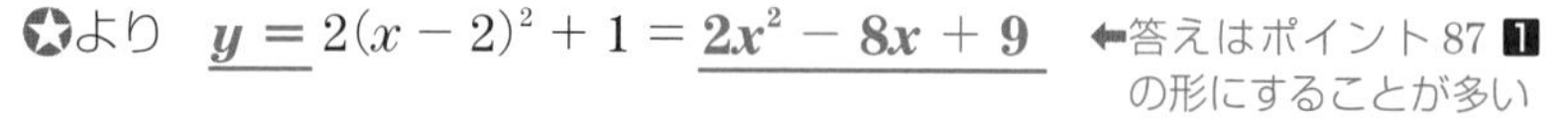

✪より $\underline{y =} 2(x-2)^2 + 1 = \underline{\mathbf{2x^2 - 8x + 9}}$ ⬅答えはポイント87 **1** の形にすることが多い

2 グラフが2点(1, 0)，(3, 0)を通ることから，求める2次関数は，

$$y = a(x-1)(x-3) \quad \cdots\cdots ✪$$

⬅ x軸上の2点を通るので **3** の形
a を求める

と表せる。

点(4, 9)を通るので $9 = a(4-1)(4-3)$

⬆通る点を代入！

これより $a = 3$

✪より $\underline{y =} 3(x-1)(x-3) = \underline{\mathbf{3x^2 - 12x + 9}}$

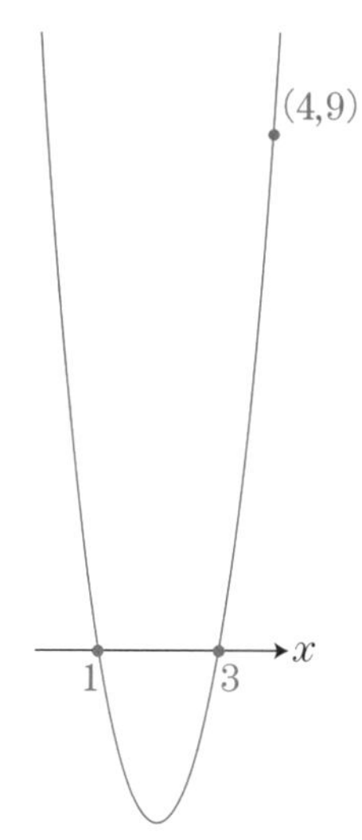

別 求める2次関数は，

$$y = ax^2 + bx + c$$

と表せる。

3点(1, 0)，(3, 0)，(4, 9)を通るから，

$$\begin{cases} 0 = a + b + c \\ 0 = 9a + 3b + c \\ 9 = 16a + 4b + c \end{cases}$$

⬅3つの通る点を代入！

連立方程式を解いて $a = 3,\ b = -12,\ c = 9$

よって，$\underline{\mathbf{y = 3x^2 - 12x + 9}}$

数検でるでるテーマ26 整数の基本性質

数検でるでるポイント88 整数と自然数 Point

$\cdots\cdots,\ -3,\ -2,\ -1,\ 0,\ 1,\ 2,\ 3,\ 4,\ 5,\ \cdots\cdots$

を**整数**(せいすう)という。とくに，

$1,\ 2,\ 3,\ 4,\ 5,\ \cdots\cdots$

を**正の整数**，または**自然数**(しぜんすう)という。

数検でるでるポイント89 約数と倍数 Point

2つの整数 a，b にたいして，

$$\boldsymbol{a = bk}$$

をみたす整数 k があるとき，

1 a は b の**倍数**(ばいすう)という。

2 b は a の**約数**(やくすう)という。

とくに，b が正の整数のとき，a は b で**わり切れる**という。

例　$6=2\cdot3$ と表されるので，「6は2の倍数」「2は6の約数」「6は2でわり切れる」という。

例**1**　3の倍数は $0,\ \pm3,\ \pm6,\ \pm9,\ \cdots\cdots$　⬅ $a=3\times$(整数)と表せる整数 a

例**2**　6の約数は $\pm1,\ \pm2,\ \pm3,\ \pm6$

⬆ $6=b\times$(整数)と表せる整数 b，負の整数もある

数検でるでるポイント90 整数の四則演算 Point

2つの**整数** a，b にたいして，

和：$\boldsymbol{a+b}$，**差**：$\boldsymbol{a-b}$，**積**：$\boldsymbol{ab}$ はすべて整数になる。

⬆整数の和・差・積はつねに整数になる！

商：$\boldsymbol{\dfrac{a}{b}}$ $(b \neq 0)$は，$\boldsymbol{b}$ が $\boldsymbol{a}$ の約数ならば整数になる。

例　2つの整数2，3について，和：$2+3=5$　差：$2-3=-1$

積：$2\times3=6$　は整数になるが，商：$2\div3=\dfrac{2}{3}$　は整数にならない。

数検でるでるポイント91 倍数の判定法 Point

自然数について，次のことが判定される。

- 2の倍数 …… 一の位が0，2，4，6，8(偶数)
- 3の倍数 …… 各位の和が3の倍数
- 4の倍数 …… 下2けた(十の位以下)の数が4の倍数
- 5の倍数 …… 一の位が0，5
- 6の倍数 …… 2の倍数かつ3の倍数
- 7の倍数 …… 容易な判定法はない
- 8の倍数 …… 下3けた(百の位以下)の数が8の倍数
- 9の倍数 …… 各位の和が9の倍数
- 10の倍数 …… 一の位が0

例 $9+5+7=21$ は3の倍数なので，957や795は3の倍数とわかる。
↑各位の和が3の倍数

例 72は4の倍数なので，172や5972は4の倍数とわかる。
下2けた　下2けた

数検でるでる問題

百の位がa，十の位がb，一の位がcの自然数nが3の倍数になるとします。このとき，$a+b+c$は3の倍数であることを証明しなさい。 ★★★

解答例

⬇たとえば，百十一 |9|5|7| $=9\times100+5\times10+7$ のように表せる

nは百の位がa，十の位がb，一の位がcより，

$$n=100a+10b+c=99a+a+9b+b+c$$
$$=99a+9b+a+b+c$$

⬅ $100a=99a+a$
$10b=9b+b$
3の倍数をつくった

nは3の倍数なので，整数kを用いて　$n=3k$　と表せるので，

$$3k=99a+9b+a+b+c$$

すなわち，$a+b+c=3(k-33a-3b)$ ⬅3×(整数) ⬅3けたの自然数で3の倍数の判定法が成り立つことが証明された！

$k-33a-3b$は整数なので，$a+b+c$は3の倍数である。 〔証明終〕

数検でるでるテーマ27 素因数分解，約数

数検でるでるポイント92 素数と合成数 Point

2以上の**自然数**において，

1 正の約数が1とその数自身のみである数を**素数**(そすう)という。

2 素数でない数を**合成数**(ごうせいすう)という。

例 **1** 素数を小さい順に並べると，2，3，5，7，11，13，17，19，……

2 合成数　4，6，8，9，10，12，14，15，16，18，……

数検でるでるポイント93 素因数分解 Point

整数がいくつかの整数の積で表されるとき，それぞれの整数をもとの整数の**因数**(いんすう)といい，素数である因数を**素因数**(そいんすう)という。

自然数を素因数だけの積の形に表すことを**素因数分解**(そいんすうぶんかい)するという。

例 30を素因数分解すると　$30 = 2 \cdot 3 \cdot 5$であり，2，3，5を素因数という。
$30 = 6 \cdot 5$は6が素数ではない因数なので，素因数分解とはいわない。

数検でるでるポイント94 正の約数の個数 Point

正の整数Nを素因数分解し，

$$N = p^a q^b r^c \cdots\cdots$$

(p，q，r，……は異なる素数，a，b，c，……は0以上の整数)

と表せるとき，Nの**正の約数の個数**は，

$$(a+1)(b+1)(c+1)\cdots\cdots$$

⬆各素数の指数に1をたしてかけていく

例 $12 = 2^2 \cdot 3$　の正の約数の個数は，
$(2+1)(1+1) = 3 \times 2 = 6$（個）　⬅1，2，3，4，6，12の6個

補 12の正の約数は　$2^x \cdot 3^y$($x = 0, 1, 2$，$y = 0, 1$)と表せる。
x：2+1=3(通り)　y：1+1=2(通り)

数検でるでるポイント95　因数の積をつくる変形　Point

↓ $xy + ■x + ▲y = (x + ▲)(y + ■) - ▲■$

$$xy + bx + ay = \underbrace{(x + a)(y + b)}_{積} - ab$$

↑ $(x + a)(y + b) = xy + bx + ay + ab$ を変形しただけ

例　$xy - 3x - 2y = (x - 2)(y - 3) - 6$

+α ポイント

積の形から整数を求めることができる。

たとえば，$XY = 2$　をみたす整数の組$(X,\ Y)$を考えると，X，Y が 2 の約数であることから右の表のように求めることができる。

すなわち　$(X,\ Y) = (1,\ 2)$，$(2,\ 1)$，$(-1,\ -2)$，$(-2,\ -1)$ の 4 組である。

X	Y
1	2
2	1
-1	-2
-2	-1

数検でるでる問題

次の等式をみたす整数 x，y の組$(x,\ y)$をすべて求めなさい。　★★

$$xy - 3x - 2y + 4 = 0$$

解答例

$xy - 3x - 2y + 4 = 0$ について，

$(x - 2)(y - 3) - 6 + 4 = 0$　←ポイント 95：因数の積をつくる変形　➡例

すなわち　$(x - 2)(y - 3) = 2$　← $\begin{cases} x - 2 = X \\ y - 3 = Y \end{cases}$ とおくと　$XY = 2$

$x - 2$，$y - 3$ はともに整数であるから，

$x - 2$	$y - 3$	x	y
1	2	3	5
2	1	4	4
-1	-2	1	1
-2	-1	0	2

よって　$(x,\ y) = (3,\ 5)$，$(4,\ 4)$，$(1,\ 1)$，$(0,\ 2)$

数検でるでるテーマ28 最大公約数，最小公倍数

数検でるでるポイント96 公約数と最大公約数 Point

2つ以上の整数に共通する約数を，それらの**公約数**（こうやくすう）という。

また，公約数のうちで最大のものを**最大公約数**（さいだいこうやくすう）という。

例 24と36の公約数は ±1，±2，±3，±4，±6，±12。最大公約数は12

数検でるでるポイント97 公倍数と最小公倍数 Point

2つ以上の整数に共通する倍数を，それらの**公倍数**（こうばいすう）という。

また，正の公倍数のうちで最小のものを**最小公倍数**（さいしょうこうばいすう）という。

例 24と36の公倍数は72，144，216，……。最小公倍数は72

数検でるでるポイント98 互いに素 Point

2つの整数 a，b の最大公約数が1であるとき a と b は**互いに素**（たがいにそ）という。

例 5と6は互いに素である。 ←5と6の最大公約数は1

数検でるでるポイント99 最大公約数と最小公倍数の関係式 Point

2つの整数 a，b の**最大公約数**を G，**最小公倍数**を L とすると，

$$\begin{cases} a = Ga' \\ b = Gb' \end{cases}$$

（a' と b' は互いに素）

と表せて，次の関係式が成り立つ。

1 $L = Ga'b'$

2 $ab = GL$

この形にすると，
最大公約数，最小公倍数
がわかる。
a =■・●
b =■・▲
（●と▲は互いに素）
ならば，
G =■
L =■・●・▲

例 $a=24$ と $b=36$ について $\begin{cases} a = 12 \cdot 2 \\ b = 12 \cdot 3 \end{cases}$ （2と3は互いに素）

最大公約数を G とすると $G = 12$

最小公倍数を L とすると $L = 12 \cdot 2 \cdot 3 = 72$

このとき，$ab = 12 \cdot 12 \cdot 2 \cdot 3 = 12 \cdot 72 = GL$

数検でるでるポイント100　整数の除法　Point

a を整数，b を正の整数として，

$$a = bq + r \quad かつ \quad 0 \leqq r < b$$

となる q，r がある。このとき，

q を a を b でわったときの**商**（しょう），r を a を b でわったときの**余り**

という。

⬇ $a = bq$ テーマ26 ポイント89：約数と倍数

とくに，$r = 0$　ならば，a は b で**わり切れる**という。

数検でるでるポイント101　ユークリッドの互除法（ごじょほう）　Point

正の整数 a を正の整数 b でわったときの商を q，余りを r とする。

つまり，$a = bq + r$　かつ　$0 \leqq r < b$

が成り立つとき，

1　$r = 0$　ならば，a と b の最大公約数は b

2　$r \neq 0$　ならば，

（a と b の最大公約数）＝（b と r の最大公約数）

数検でるでる問題

2 つの整数 1369，703 の最大公約数を求めなさい。　★★

解答例

$1369 = 703 \cdot 1 + 666$

$703 = 666 \cdot 1 + 37$

$666 = 37 \cdot 18$

$\begin{cases} 1369 = 37 \cdot 37 \\ 703 = 37 \cdot 19 \end{cases}$
と表せることもわかる

ユークリッドの互除法を用いて，

（1369 と 703 の最大公約数）＝（703 と 666 の最大公約数）

＝（666 と 37 の最大公約数）

＝ **37**

数検でるでるテーマ29　整数の余りによる分類

数検でるでるポイント102　余りによる整数の分類　Point

整数を2以上の整数 m でわったときの**余り**は，

$$\mathbf{0,\ 1,\ 2,\ \cdots,\ m-1}$$

のいずれかである。これより，整数は余りの数で分類できる。

例　整数を2でわったときの余りは0，1のいずれかである。
これより，整数は，偶数と奇数に分類できる。

例　整数を3でわったときの余りは0，1，2のいずれかである。
これより，整数は，3でわった余りが0，1，2となる数に分類できる。

数検でるでるポイント103　余りがわかる整数の表記　Point

整数 a を2以上の整数 m でわったときの**余り**を

r($r=0,\ 1,\ 2,\ \cdots,\ m-1$)とするとき，

$$a=(m\text{の倍数})+r$$

であるから，整数 k を用いて　$\boldsymbol{a=mk+r}$　と表すことができる。

また，$r=m-s$　ならば，$a=(m\text{の倍数})-s$

であるから，整数 k を用いて　$\boldsymbol{a=mk-s}$　と表すこともできる。

例　整数 a を3でわったときの余りが2であるとき，

$$a=(3\text{の倍数})+2$$

であるから，整数 k を用いて，
$a=3k+2$　と表せる。

また，$2=3-1$　なので，

$$a=(3\text{の倍数})-1$$

であるから，整数 k を用いて　$a=3k-1$　とも表せる。

「3でわったときの余りが2の整数の集合」
と
「3の倍数から1をひいた整数の集合」
は同じ集合になる

+α ポイント

3でわって余りが2となる整数は，整数 k を用いて $3k+2$ または $3k-1$ と表せる。
例えば8は $3\cdot2+2$　または　$3\cdot3-1$　と表せる。

数検でるでるポイント104 連続する2つの整数の積 Point

n を整数とする。

連続する 2 つの整数の積 $n(n+1)$ は 2 の倍数である。

考 n, $n+1$ は一方が偶数，他方が奇数であるから，$n(n+1)$ は 2 の倍数である。　⬆ n が偶数のとき $n+1$ は奇数，n が奇数のとき $n+1$ は偶数

数検でるでる問題

a を整数とする。a^2 を 3 でわったときの余りは 2 にならないことを証明しなさい。 ★★★

解答例

⬇ a を 3 でわったときの余りで分類する！

a は整数なので，3 でわったときの余りは 0，1，2 のいずれかである。

㋐ a を 3 でわって余りが 0 のとき，整数 k を用いて　$a=3k$　と表せて

$a^2=9k^2=3(3k^2)$　⬅ 3×(整数)

$3k^2$ は整数であるから，a^2 は 3 の倍数，すなわち a^2 を 3 でわったときの余りは 0 である。

㋑ a を 3 でわって余りが 1 のとき，整数 k を用いて $a=3k+1$ と表せて

$a^2=(3k+1)^2=9k^2+6k+1=3(3k^2+2k)+1$　⬅(3 の倍数)＋1

$3k^2+2k$ は整数であるから，a^2 を 3 でわったときの余りは 1 である。

㋒ a を 3 でわって余りが 2 のとき，整数 k を用いて $a=3k+2$ と表せて

$a^2=(3k+2)^2=9k^2+12k+4=3(3k^2+4k+1)+1$　⬅(3 の倍数)＋1

$3k^2+4k+1$ は整数であるから，a^2 を 3 でわったときの余りは 1 である。

㋐・㋑・㋒より，a^2 を 3 でわった余りは 0 または 1 である。

よって，a^2 を 3 でわったときの余りは 2 にならない。　〔証明終〕

別 ㋒ a を 3 でわって余りが 2 のとき

整数 k を用いて　$a=3k-1$　と表せて，

$a^2=(3k-1)^2=9k^2-6k+1=3(3k^2-2k)+1$　⬅(3 の倍数)＋1

$3k^2-2k$ は整数であるから，a^2 を 3 でわったときの余りは 1 である。

数検でるでるテーマ 30 1次不定方程式

数検でるでるポイント105 互いに素な整数の性質 Point

a, b, c は整数で，a と b が互いに素であるとすると，次が成り立つ。

↑ テーマ 28 ポイント98：互いに素

1 ac が b の倍数であるとき，c は b の倍数である。

2 a の倍数かつ b の倍数である整数は ab の倍数である。

例 **1** c を整数とする。$3c$ が 4 の倍数であるとき，c は 4 の倍数である。

↑3 と 4 は互いに素

2 2 の倍数かつ 3 の倍数である整数は，

$2 \times 3 = 6$ の倍数である。

数検でるでるポイント106 互いに素と整数解 Point

a と b は互いに素である整数，X, Y を整数として，

$$aX = bY$$

←この形から整数の組 $(X,\ Y)$ が求まる

が成り立つとき，

X は b の倍数　かつ　Y は a の倍数

←a と b が互いに素であるから成り立つ（ポイント105：互いに素な整数の性質 **1**）

であるから，整数 k を用いて，

$$\begin{cases} X = bk \\ Y = ak \end{cases}$$

と表せる。

例 X, Y を整数として　$4X = 3Y$　が成り立つとき，

3 と 4 は互いに素なので，X は 3 の倍数かつ Y は 4 の倍数であるから，

整数 k を用いて，

$$\begin{cases} X = 3k \\ Y = 4k \end{cases}$$

と表せる。

数検でるでるポイント107　1次不定方程式と整数解　Point

a, b, c は0以外の整数とし，a と b は互いに素であるとする。

x, y の1次方程式

$$ax+by=c \quad \cdots\cdots①$$

の**整数解**の組$(x,\ y)$を次の手順で求める方法がある。

1　①をみたす整数解を1組みつける。

つまり，

$$\boldsymbol{ax_0+by_0=c} \quad \cdots\cdots②$$

となる①の整数解　$(x,\ y)=(x_0,\ y_0)$　を1組みつける。

2　①−②として，

$$a(x-x_0)+b(y-y_0)=0$$

すなわち，$\boldsymbol{a(x-x_0)=b(y_0-y)}$　⬅ $aX=bY$　の形（ポイント106：互いに素と整数解）

3　$x-x_0$, y_0-y が整数であることから，整数解の組$(x,\ y)$を求める。

数検でるでる問題

$4x-3y=1$　をみたす整数の組$(x,\ y)$をすべて求めなさい。　★★

解答例

$$\begin{cases}4x-3y=1 & \cdots\cdots①\\ 4\cdot1-3\cdot1=1 & \cdots\cdots②\end{cases}$$

⬅①をみたす整数解の1組に　$(x,\ y)=(1,\ 1)$

①−②として　$4(x-1)-3(y-1)=0$　すなわち　$4(x-1)=3(y-1)$

3と4は互いに素であるから，整数 k を用いて，

$$\begin{cases}x-1=3k\\ y-1=4k\end{cases}$$

$x-1=X$, $y-1=Y$　とおくと　$4X=3Y$
（ポイント106：互いに素と整数解例）

よって　$\underline{\boldsymbol{(x,\ y)=(3k+1,\ 4k+1)\ (k=0,\ \pm1,\ \pm2,\ \cdots\cdots)}}$

⬆整数 k は書き並べて表すこともできる

数検でるでるテーマ31　記数法

数検でるでるポイント108　10進法の記数法　Point

10^n の位	10^{n-1} の位	…	10^2 の位	10 の位	1 の位
a_n	a_{n-1}	…	a_2	a_1	a_0

（a_n, a_{n-1}, …, a_2, a_1, a_0 は 0 以上 9 以下の整数で，$a_n \neq 0$）

となる数は，最高位が 0 ではなく，各位は 0，1，…，9 の 10 個で表せる。
↑いつも使っている数

この表し方を **10 進法**（しんほう）という。各位の数字を上から並べて，

$$\boldsymbol{a_n a_{n-1} \cdots a_2 a_1 a_0}$$

↓10 の累乗の和で表せる

$$= \boldsymbol{a_n \cdot 10^n + a_{n-1} \cdot 10^{n-1} + \cdots + a_2 \cdot 10^2 + a_1 \cdot 10 + a_0}$$

例　$521 = 5 \cdot 10^2 + 2 \cdot 10 + 1$ ←百円玉 5 枚，十円玉 2 枚，一円玉 1 枚のイメージ

数検でるでるポイント109　p 進法の記数法　Point

p^n の位	p^{n-1} の位	…	p^2 の位	p の位	p^0 の位
a_n	a_{n-1}	…	a_2	a_1	a_0

（a_n, a_{n-1}, …, a_2, a_1, a_0 は 0 以上 $p-1$ 以下の整数で，$a_n \neq 0$）

となる数は，最高位が 0 ではなく，各位は 0，1，…，$p-1$ の p 個で表せる。この表し方を **p 進法**という。

↑10 進法は 0，1，2，…，9 の 10 個
2 進法は 0，1 の 2 個
3 進法は 0，1，2 の 3 個
⋮
使う数字の個数がちがう！

各位の数字を上から並べて，

$$\boldsymbol{a_n a_{n-1} \cdots a_2 a_1 a_{0(p)}}$$

と表す。これを **位取り記数法**（くらいどりきすうほう）という。

10 進法のときは $_{(10)}$ を表記しないことが多い。

$$\boldsymbol{a_n a_{n-1} \cdots a_2 a_1 a_{0(p)}}$$

$$= \boldsymbol{a_n p^n + a_{n-1} p^{n-1} + \cdots + a_2 p^2 + a_1 p + a_0}$$

← p の累乗の和で表せる
$p = 10$　のときは 10 進法

↓和の計算　↓(10)は表記しない

例　$2101_{(3)} = 2 \cdot 3^3 + 1 \cdot 3^2 + 0 \cdot 3 + 1 = 64 = 6 \cdot 10 + 4$

↑3 進法　↑3 の累乗の和

数検でるでるポイント110 小数の記数法 Point

$\frac{1}{p}$ の位	$\frac{1}{p^2}$ の位	$\frac{1}{p^3}$ の位	……
b_1	b_2	b_3	……

（b_1, b_2, b_3, …は0以上 $p-1$ 以下の整数）

となるような，整数部分が0の p 進法の小数は，次の形で表せる。

$$\mathbf{0.b_1b_2b_3\cdots\cdots_{(p)}} = \frac{b_1}{p} + \frac{b_2}{p^2} + \frac{b_3}{p^3} + \cdots\cdots$$

例 $0.297_{(10)} = \frac{2}{10} + \frac{9}{10^2} + \frac{7}{10^3}$ ⬅10進法がいつもの形

$0.2121_{(3)} = \frac{2}{3} + \frac{1}{3^2} + \frac{2}{3^3} + \frac{1}{3^4}$ ⬅いつもの10が3になったイメージ

⬆3進法

数検でるでる 問題

1 2進法で表された数 $1101_{(2)}$ を10進法で表しなさい。 ★

2 2進法で表された数 $0.11_{(2)}$ を10進法で表しなさい。 ★

3 10進法で表された数73を3進法で表しなさい。 ★★

解答例

1 $1101_{(2)} = 1\cdot2^3 + 1\cdot2^2 + 0\cdot2 + 1 = \underline{\mathbf{13}}$

2 $0.11_{(2)} = \frac{1}{2} + \frac{1}{2^2} = \frac{3}{4} = \underline{\mathbf{0.75}}$

3 $73 = 2\cdot27 + 19$ ⬅3進法で表すので3の累乗の和にする！
$3^2=9$，$3^3=27$，$3^4=81$ より 3^3 の位から決めていくとよい

$= 2\cdot3^3 + 2\cdot9 + 1$

$= 2\cdot3^3 + 2\cdot3^2 + 0\cdot3 + 1$

$= \underline{\mathbf{2201}}_{(3)}$

3) 73
3) 24 … 1
3) 8 … 0
2 … 2

⬇3でわったときの余り

下から上へ
大きい位から数が決まる

⬆このように余りを並べることで3進法で表せる！

数検でるでるテーマ32　有限集合の要素の個数

数検でるでるポイント111　有限集合と無限集合　Point

1 要素の個数が有限である集合を**有限集合**(ゆうげんしゅうごう)という。

2 要素の個数が無限にある集合を**無限集合**(むげん)という。

←集合については テーマ11

例　$A=\{x \mid x$は3以下の自然数$\}=\{1, 2, 3\}$　は要素が3個と有限なので，有限集合。

$B=\{x \mid x$は自然数$\}=\{1, 2, 3, 4, \cdots\cdots\}$　は要素が無限にあるので，無限集合。

数検でるでるポイント112　有限集合の要素の個数　Point

有限集合Aの要素の個数を$\boldsymbol{n(A)}$と表す。

とくに，空集合$\varnothing$は要素をもたないから　$\boldsymbol{n(\varnothing)=0}$

例　$A=\{x \mid x$は3以下の自然数$\}=\{1, 2, 3\}$　は要素が3個なので，

$n(A)=3$

数検でるでるポイント113　2つの集合の和集合の要素の個数　Point

有限集合A，Bにたいし，

$$\boldsymbol{n(A \cup B)=n(A)+n(B)-n(A \cap B)}$$

↑たしすぎた分をひく

とくに　$\boldsymbol{A \cap B=\varnothing}$　のときは，

$$\boldsymbol{n(A \cup B)=n(A)+n(B)}$$

↑テーマ12 ポイント47・48：和集合，2つの集合の共通部分

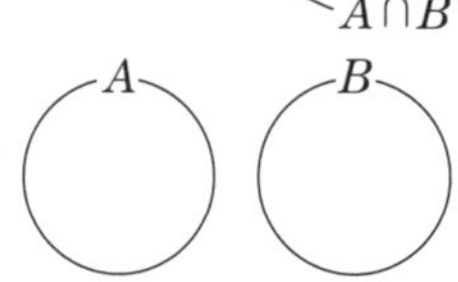

例　$A=\{x \mid x$は3以下の自然数$\}=\{1, 2, 3\}$

$B=\{x \mid x$は10以下の素数$\}=\{2, 3, 5, 7\}$

とするとき

$A \cap B=\{2, 3\}$

$n(A \cup B)=n(A)+n(B)-n(A \cap B)$

$=3+4-2$

$=5$

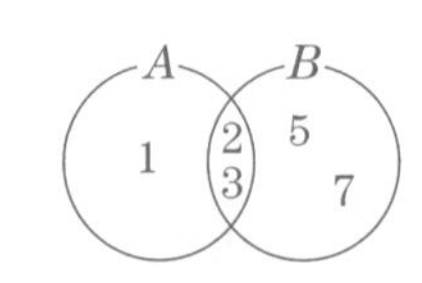

←$A \cup B=\{1, 2, 3, 5, 7\}$ より $n(A \cup B)=5$

数検でるでるポイント114 補集合の要素の個数 Point

有限集合である全体 U とその部分集合 A，補集合 $\overline{A}$ にたいし，次が成り立つ。

1 $n(A)+n(\overline{A})=n(U)$

2 $n(A)=n(U)-n(\overline{A})$

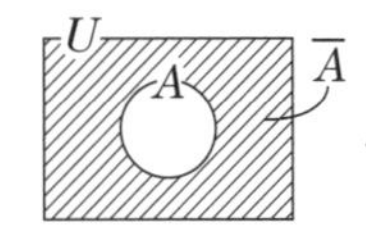

← テーマ12 ポイント49：全体集合と補集合

数検でるでるポイント115 ド・モルガンの法則と集合の要素の個数 Point

有限集合である全体 U とその部分集合 A，B にたいし，次が成り立つ。

1 $n(\overline{A}\cap\overline{B})=n(\overline{A\cup B})=n(U)-n(A\cup B)$

2 $n(\overline{A}\cup\overline{B})=n(\overline{A\cap B})=n(U)-n(A\cap B)$

← テーマ12 ポイント50：ド・モルガンの法則

数検でるでる問題

100 以下の自然数のうち，4 の倍数または 5 の倍数である数の個数を求めなさい。 ★

解答例

100 以下の自然数全体の集合を U とする。A，B を U の部分集合とし，A を 4 の倍数の集合，B を 5 の倍数の集合とする。

このとき $A\cap B$ は 4 の倍数かつ 5 の倍数であるから 20 の倍数である。これより，

$A=\{4,\ 8,\ 12,\ 16,\ 20,\ \cdots,\ 100\}$

$B=\{5,\ 10,\ 15,\ 20,\ \cdots,\ 100\}$

$A\cap B=\{20,\ 40,\ 60,\ 80,\ 100\}$

↑ 4 と 5 は互いに素なので $4\times5=20$ の倍数
（テーマ30 ポイント105：互いに素な整数の性質 **2**）

このとき　$n(A)=\dfrac{100}{4}=25$，$n(B)=\dfrac{100}{5}=20$，$n(A\cap B)=\dfrac{100}{20}=5$

よって，4 の倍数または 5 の倍数である数の個数は，

$n(A\cup B)=n(A)+n(B)-n(A\cap B)=25+20-5=\underline{40}$

数検でるでるテーマ33　和の法則と積の法則

数検でるでるポイント116　和の法則　Point

2つの事柄AとBについて，これらは同時に起こらないとする。

Aの起こり方がa通りあり，

Bの起こり方がb通りあるとき，

AまたはBの起こる場合の数は$\boldsymbol{a+b}$（通り）

ある。これを**和の法則**（わのほうそく）という。

この法則は3つ以上の事柄についても同じように成り立つ。

数検でるでるポイント117　積の法則　Point

2つの事柄AとBについて，

Aの起こり方がa通りあり，

その各々（おのおの）の起こり方にたいしてBの起こり方がb通り

あるとき，

A，Bがともに起こる場合の数は$\boldsymbol{a\times b}$（通り）

ある。これを**積の法則**（せきのほうそく）という。

この法則は3つ以上の事柄についても同じように成り立つ。

+α ポイント

大ざっぱな説明だが，次のように考えるとよい。

- **和の法則**……場合分け，「または」の結びはたし算
- **積の法則**……連続操作，「かつ」の結びはかけ算

（この法則が場合の数の基本）

例　$\{a, b\}$の2文字，$\{x, y, z\}$の3文字からそれぞれ1つずつ選ぶ選び方について，

㋐　aを選ぶとき　3（通り）　⬅aとx，aとy，aとz

㋑　bを選ぶとき　3（通り）　⬅bとx，bとy，bとz

㋐または㋑なので，和の法則より　$3+3=6$（通り）

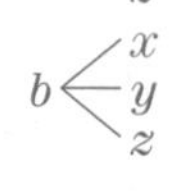

あるいは，それぞれ2通り，3通りであるから積の法則より

$2\times3=6$（通り）⬆aかb　⬆xかyかz

数検でるでるポイント118 数え上げの原則 Point

場合の数を求めるとき，次のような原則がある。

1 **樹形図**や表などを活用し，規則的に配列するなど工夫して数える

2 ある原則を決め，その原則にしたがって整理して考える

3 一度に数えきれないときは，うまく**場合分け**をして**和の法則**を利用する

4 直接数えるのが大変なときは，それ以外を考えて全体からひく

数検でるでる問題

1 大小2個のさいころを振るとき，目の積が奇数となる目の出方は何通りあるかを求めなさい。 ★

2 大小2個のさいころを振るとき，目の積が偶数となる目の出方は何通りあるかを求めなさい。 ★

解答例

1 大小2個のさいころを振るとき，出た目の積が奇数となるのは2つの目がともに奇数の場合である。 ⬅(奇数)×(奇数)=(奇数)

大小のさいころが奇数の目になるのはともに1，3，5の3通りある。

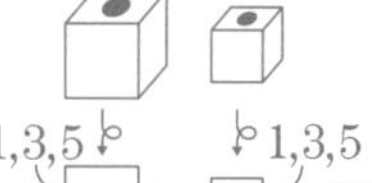

大	小
1	1, 3, 5
3	1, 3, 5
5	1, 3, 5

よって，$3 \times 3 = \underline{9}$（通り） ⬅ポイント117：積の法則

2 大小2個のさいころを振るとき，それぞれ6通りの目の出方があるので目の出方は全部で，

$6 \times 6 = 36$（通り） ……①

そのうち，目の積が奇数となるのは **1** より9通り ……②

⬆ポイント118：数え上げの原則 **4**

よって，目の積が偶数となるのは①−②として，

$36 - 9 = \underline{27}$（通り）

⬆目の積が奇数でないものは偶数

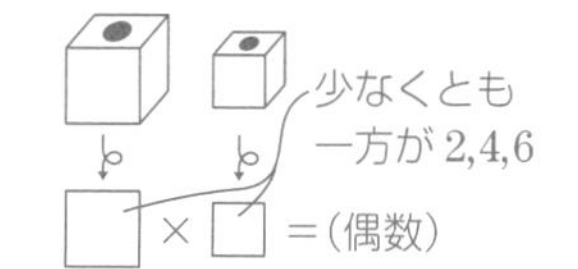

数検でるでるテーマ34　階乗，順列

数検でるでるポイント119　階　　乗　Point

1から n までの自然数の積を n の**階乗**（かいじょう）といい，

$n!$ $(n = 1,\ 2,\ 3,\ \cdots\cdots)$ と表す。つまり，

$$n! = n(n-1)(n-2)\cdot\cdots\cdot 3\cdot 2\cdot 1$$

また，特別な場合として　$\mathbf{0! = 1}$　とする。

↑ $0! = 0$　ではないので注意

例　$0! = 1$

$1! = 1$

$2! = 2\cdot 1 = 2$

$3! = 3\cdot 2\cdot 1 = 6$

$4! = 4\cdot 3\cdot 2\cdot 1 = 24$

$5! = 5\cdot 4\cdot 3\cdot 2\cdot 1 = 120$

$6! = 6\cdot 5\cdot 4\cdot 3\cdot 2\cdot 1 = 720$

数検でるでるポイント120　順　　列　Point

いくつかのものを順序を考えに入れて並べたものを**順列**（じゅんれつ）という。

異なる n 個のものから異なる r 個を取り出して並べる順列を，n 個から r 個取る順列という。その総数を ${}_n\mathrm{P}_r$ と表す。

補　${}_n\mathrm{P}_r$ のPは，順列を意味するPermutationの頭文字である。

例　1，2，3，4，5の5個の数字から異なる3個の数字を取り出して並べてつくられる3けたの整数の個数は，

$${}_5\mathrm{P}_3 = 5\times 4\times 3 = 60\text{(個)}$$

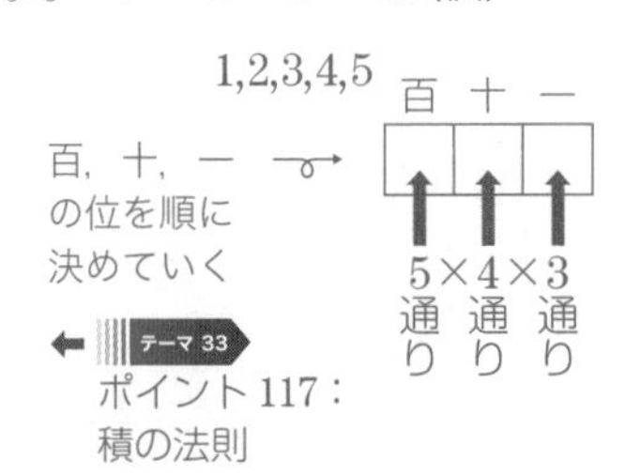

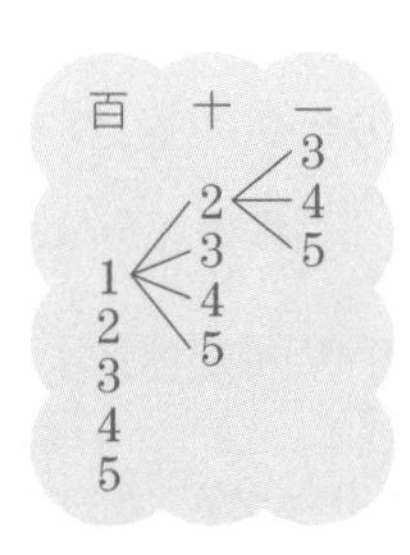

数検でるでるポイント121 ${}_n\mathrm{P}_r$の計算 Point

nを自然数，rを　$0 \leqq r \leqq n$　となる整数とするとき，

$${}_n\mathbf{P}_r = \underbrace{n(n-1)(n-2)\cdots(n-r+1)}_{r\text{個}}$$ ⬅計算ではこれをよく使う

$$= \frac{n!}{(n-r)!}$$ ⬅階乗で表せる

とくに，$r = n$　のとき　${}_n\mathrm{P}_n = n!$

$r = 0$　のとき　${}_n\mathrm{P}_0 = 1$

例　$${}_7\mathrm{P}_3 = \underbrace{7\cdot6\cdot5}_{3\text{個}} = \frac{7!}{4!} = 210$$ ⬅$7\cdot6\cdot5 = \frac{7\cdot6\cdot5\cdot4\cdot3\cdot2\cdot1}{4\cdot3\cdot2\cdot1} = \frac{7!}{4!}$

$${}_5\mathrm{P}_5 = \underbrace{5\cdot4\cdot3\cdot2\cdot1}_{5\text{個}} = 5! = 120$$

数検でるでる問題

1　次の値を求めなさい。　★

${}_{10}\mathrm{P}_4$

2　6人の中から会長，副会長，書記を1人ずつ決めるとき，その決め方は何通りありますか。　★

解答例

1　$${}_{10}\mathrm{P}_4 = \underbrace{10\cdot9\cdot8\cdot7}_{4\text{個}} = \underline{\mathbf{5040}}$$

2　6人の中から会長，副会長，書記の順に決めることを考えて，その決め方は，

$${}_6\mathrm{P}_3 = \underbrace{6\cdot5\cdot4}_{3\text{個}} = \underline{\mathbf{120}}$$（通り）

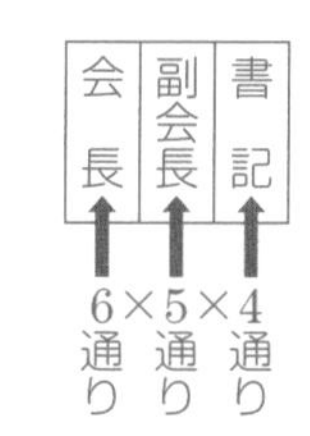

数検でるでるテーマ 35　組合せ

数検でるでるポイント122　組合せ　Point

いくつかのものを，順序を考えに入れないで取り出して1組にしたものを組合せ（くみあわ）という。

異なる n 個のものから異なる r 個を取り出してつくる組合せを，n 個から r 個取る組合せという。その総数を ${}_n\mathrm{C}_r$ と表す。

補　${}_n\mathrm{C}_r$ の C は，組合せを意味する Combination の頭文字である。

例　1，2，3，4，5 の 5 個の数字から異なる 3 個の数字を取り出す組合せをかき出すと，

{1，2，3}，{1，2，4}，{1，2，5}，{1，3，4}，{1，3，5}
{1，4，5}，{2，3，4}，{2，3，5}，{2，4，5}，{3，4，5}

↑順番はつけない。取り出すだけ。順番をつけると ${}_5\mathrm{P}_3$ になる

この総数は 10 通りなので　${}_5\mathrm{C}_3 = 10$　　← +α ポイント で説明

数検でるでるポイント123　${}_n\mathrm{C}_r$ の計算　Point

n を自然数，r を　$0 \leqq r \leqq n$　となる整数とするとき，

$${}_n\mathrm{C}_r = \frac{\overbrace{n(n-1)(n-2)\cdots(n-r+1)}^{r\text{個}}}{r!}$$ ←計算ではこれをよく使う

$$= \frac{{}_n\mathrm{P}_r}{r!}$$ ← テーマ34 ポイント121：${}_n\mathrm{P}_r$ の計算

$$= \frac{n!}{r!(n-r)!}$$ ←階乗で表せる（テーマ34 ポイント119：階乗）

とくに

$r = n$　のとき　${}_n\mathrm{C}_n = 1$

$r = 0$　のとき　${}_n\mathrm{C}_0 = 1$

例　$${}_5\mathrm{C}_3 = \frac{\overbrace{5\cdot4\cdot3}^{3\text{個}}}{3!} = \frac{{}_5\mathrm{P}_3}{3!} = \frac{5!}{3!2!} = 10$$

⬇いろいろな表し方がある

$$\frac{5\cdot4\cdot3}{3!} = \frac{5\cdot4\cdot3\cdot2\cdot1}{3!\cdot2\cdot1} = \frac{5!}{3!2!}$$

+α ポイント

1, 2, 3, 4, 5の5個の数字から異なる3個の数字を取り出して並べてつくられる3けたの整数の個数は　${}_5\mathrm{P}_3 = 5 \cdot 4 \cdot 3$(個)　……①　⬅テーマ34 ポイント120 例

これは, 1, 2, 3, 4, 5の5個の数字から異なる3個の数字を取り出して, その3個を並べることでつくられるので　${}_5\mathrm{C}_3 \times 3!$(個)　……②　⬅積の法則

②=①　であるから　${}_5\mathrm{C}_3 \times 3! = {}_5\mathrm{P}_3$　すなわち　${}_5\mathrm{C}_3 = \dfrac{{}_5\mathrm{P}_3}{3!}$

一般に, 異なるn個のものから異なるr個を取り出して, そのr個を並べる並べ方の総数を考えると,

$${}_n\mathrm{C}_r \times r! = {}_n\mathrm{P}_r \quad \text{すなわち} \quad {}_n\mathrm{C}_r = \frac{{}_n\mathrm{P}_r}{r!}$$

数検でるでるポイント124　組合せの性質　Point

nを自然数, rを　$0 \leqq r \leqq n$　となる整数とするとき,

$${}_n\mathrm{C}_r = {}_n\mathrm{C}_{n-r}$$

考　異なるn個のものからr個を取り出すことと, 取り出さない$(n-r)$個を選ぶ場合の数は同じである。

例　${}_5\mathrm{C}_3 = {}_5\mathrm{C}_2 = 10$　${}_{10}\mathrm{C}_9 = {}_{10}\mathrm{C}_1 = 10$　⬅異なる10個から9個を取り出すことと取り出さない1個を選ぶ場合の数は同じ

数検でるでる問題

1　次の値を求めなさい。　★

${}_{10}\mathrm{C}_4$

2　次の値を求めなさい。　★

${}_{10}\mathrm{C}_6$

解答例

1　${}_{10}\mathrm{C}_4 = \dfrac{\overbrace{10 \cdot 9 \cdot 8 \cdot 7}^{4個}}{4!} = \dfrac{10 \cdot 9 \cdot 8 \cdot 7}{4 \cdot 3 \cdot 2 \cdot 1} = \underline{\mathbf{210}}$

2　${}_{10}\mathrm{C}_6 = {}_{10}\mathrm{C}_4 = \underline{\mathbf{210}}$　⬅ポイント124：組合せの性質　**1**と同じ値になる

数検でるでるテーマ36　円順列，重複順列

数検でるでるポイント125　円 順 列　Point

いくつかのものを順序を考えに入れて円形に並べたものを**円順列**（えんじゅんれつ）という。

ただし，回転して同じになるものは同じ並べ方とみなす。

数検でるでるポイント126　異なるn個の円順列の総数　Point

異なるn個の円順列の総数は$(n-1)!$

考　1個を固定して残り$(n-1)$個を並べることを考える。

例　A，B，C，Dの4人を円形に並べる総数について，次のような場合は回転すると同じになることに注意する。

⬇どれもAの正面がC，Aから見て左がD，右がB

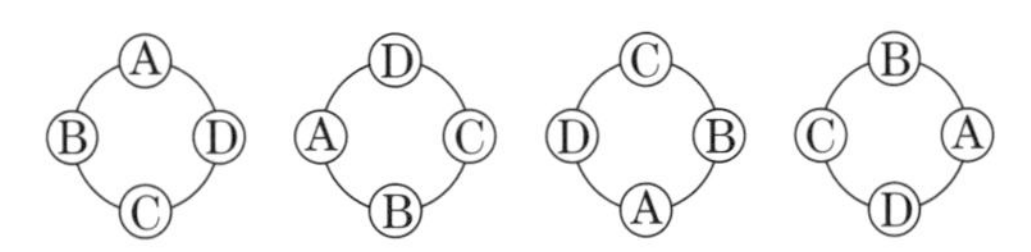

そこで，Aを固定して残りB，C，Dの3人を並べると次のようになる。

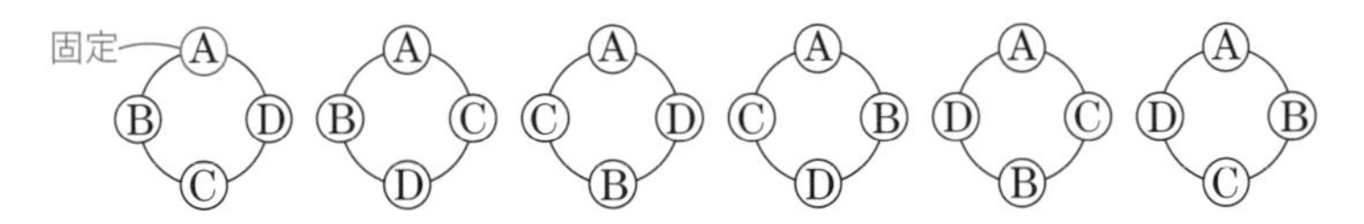

これらは，回転しても同じにならない円順列のすべての場合である。
よって，4人のうち1人を固定して残り3人を並べることから，

$(4-1)!=3!=6$(通り)

数検でるでるポイント127　重複順列　Point

異なるn個のものからくり返し用いることを許してr個を取って並べる順列をn個からr個取る**重複順列**（ちょうふく）という。

数検でるでるポイント128 重複順列の総数 Point

異なる n 個から r 個取る**重複順列の総数**は，

$$\underbrace{n \times n \times \cdots \times n}_{r\text{個}} = n^r$$

← テーマ33 ポイント117：積の法則

㊐ 1，2，3，4，5の5個の数字から重複を許して3個の数字を取り出してつくられる3けたの整数の個数について，↑何回でも使えるということ

百の位，十の位，一の位それぞれ5通りの選び方があるので，

$$\underbrace{5 \times 5 \times 5}_{3\text{個}} = 5^3 = 125\text{（個）}$$

数検でるでる問題

1 5人を円卓の席に座らせる並べ方は何通りありますか。★

2 男子3人，女子3人の6人を円形に並べるとき，男女が交互に並ぶような並び方は何通りありますか。★★

3 5人でじゃんけんをするとき，手の出し方は全部で何通りありますか。★

解答例

1 5人を円卓の席に座らせる並べ方は　$(5-1)! = 4! = \underline{\mathbf{24}}$（通り）
↓1人固定して残り4人を並べる順列

2 男子3人，女子3人の6人を円形に並べるとき，男女が交互に並ぶのは，まず男子3人を円形に並べ，その各々で男子の3つの間に女子3人を並べることを考えて，

固定 男 女 女 男 男 女

$$(3-1)! \times 3! = 2 \times 6 = \underline{\mathbf{12}}\text{（通り）}$$

3 5人でじゃんけんをするとき，手の出し方は，各人グー，チョキ，パーの3通りがあるので，

$$\underbrace{3 \times 3 \times 3 \times 3 \times 3}_{5\text{個}} = 3^5 = \underline{\mathbf{243}}\text{（通り）}$$

←ポイント128：重複順列の総数

数検でるでるテーマ37　同じものを含む順列

数検でるでるポイント129　同じものを含む2種類の順列　Point

$\underbrace{\mathrm{AA\cdots A}}_{p\text{個}}\ \underbrace{\mathrm{BB\cdots B}}_{q\text{個}}$ の $(p+q)$ 個の順列の総数は，

$$ {}_{p+q}\mathrm{C}_p = \frac{(p+q)!}{p!q!} $$

⬅ テーマ35 ポイント123：${}_n\mathrm{C}_r$ の計算

例　$\underbrace{\mathrm{AAA}}_{3\text{個}}\ \underbrace{\mathrm{BB}}_{2\text{個}}$ の5個の順列の総数は，

右の図のように5個並べる場所を設定し，5個から3個選んで3つのAを並べ，残り2個に2つのBを並べることを考えて，

$$ {}_5\mathrm{C}_3 = \frac{5!}{3!2!} = 10 $$

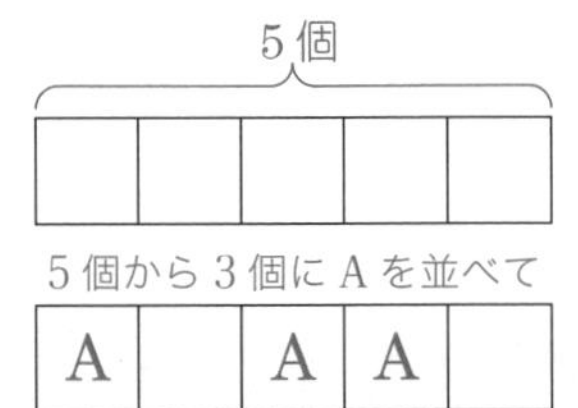

数検でるでるポイント130　同じものを含む3種類の順列　Point

$\underbrace{\mathrm{AA\cdots A}}_{p\text{個}}\ \underbrace{\mathrm{BB\cdots B}}_{q\text{個}}\ \underbrace{\mathrm{CC\cdots C}}_{r\text{個}}$ の $(p+q+r)$ 個の順列の総数は，

$$ {}_{p+q+r}\mathrm{C}_p \cdot {}_{q+r}\mathrm{C}_q = \frac{(p+q+r)!}{p!q!r!} $$

例　$\underbrace{\mathrm{AAA}}_{3\text{個}}\ \underbrace{\mathrm{BB}}_{2\text{個}}\ \underbrace{\mathrm{CC}}_{2\text{個}}$ の7個の順列の総数は ${}_7\mathrm{C}_3 \cdot {}_4\mathrm{C}_2 = \frac{(3+2+2)!}{3!2!2!} = \frac{7!}{3!2!2!}$

$= 210$

数検でるでるポイント131　同じものを含む順列の求め方　Point

同じものを含む順列の総数は，基本的に次の手順で求まる。

1　全部異なるものとして順列の総数 N を求める

2　N を同じものの個数の階乗でわる

例　$\underbrace{\mathrm{AAA}}_{3\text{個}}\ \underbrace{\mathrm{BB}}_{2\text{個}}\ \underbrace{\mathrm{CC}}_{2\text{個}}$ Dの8個の順列の総数は $\frac{8!}{3!2!2!} = 1680$

⬆同じものが3個，2個，2個
（3！2！2！でわる）

数検でるでるポイント132 平面での最短経路の総数 Point

右の図のように，$m \times n$ 個のマス目の道があるとき，

A から B への**最短経路の総数**は，

$${}_{m+n}\mathrm{C}_m = {}_{m+n}\mathrm{C}_n = \frac{(m+n)!}{m!\,n!}$$

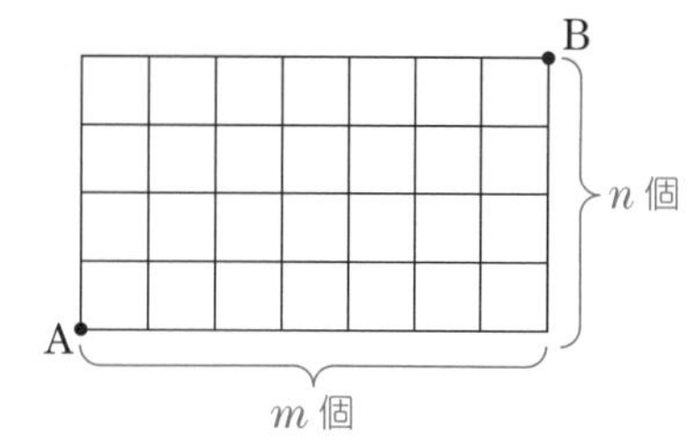

$\underbrace{xx\cdots x}_{m\text{個}}\ \underbrace{yy\cdots y}_{n\text{個}}$ の $(m+n)$ 個の文字の順列に対応させて考える。

数検でるでる問題

1 7個の文字 A, A, A, B, B, C, D の全部を使って，7文字の列をつくる。文字の列はいくつありますか。★

2 右の図の道において，地点 A から地点 B へ最短距離で行く道順は何通りありますか。★

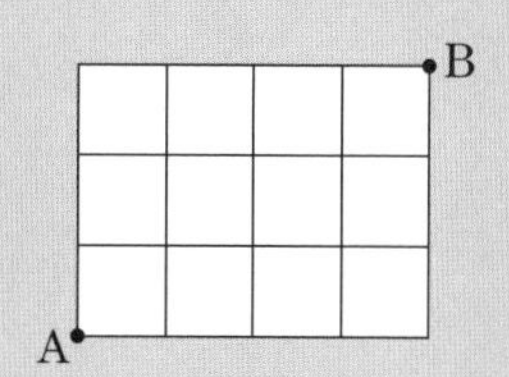

解答例

1 $\underbrace{\mathrm{AAA}}_{3\text{個}}\ \underbrace{\mathrm{BB}}_{2\text{個}}$ CD の7個の順列の総数より $\dfrac{7!}{3!\,2!} = \dfrac{7\cdot6\cdot5\cdot4\cdot3!}{3!\cdot2} = \underline{\mathbf{420}}$（個）

↑同じものが3個，2個

2 地点 A から地点 B へ最短距離で行く道順は，右に4回，上に3回移動することより，$\underbrace{xxxx}_{4\text{個}}\ \underbrace{yyy}_{3\text{個}}$ の7個の文字の順列に対応する。

よって ${}_7\mathrm{C}_3 = \dfrac{7!}{4!\,3!} = \underline{\mathbf{35}}$（通り）

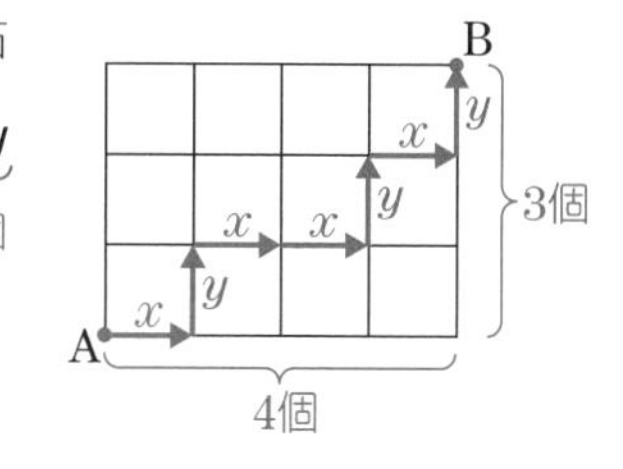

$xyxxyxy$ の順列は右上のような経路が対応する

← $m=4$, $n=3$ の場合
（ポイント132：平面での最短経路の総数）

数検でるでるテーマ 38　確率の基本

数検でるでるポイント133　事象と試行　Point

同じ条件のもとで何回もくり返すことができ，どの結果が起こるかが偶然に決まるような実験や観察などを**試行**という。

また，試行の結果として起こる事柄を**事象**という。

例　試行：1 個のさいころを振る
　　事象：奇数の目が出る

数検でるでるポイント134　全事象と根元事象　Point

1 つの試行において，起こりうる結果全体を**集合** U で表す。

U で表される事象を**全事象**という。

この試行におけるどの事象も U の**部分集合**で表すことができる。

U の 1 個の要素だけからなる集合で表される事象を**根元事象**という。

数検でるでるポイント135　空事象　Point

すべての事象はいくつかの根元事象からなるが，根元事象を 1 つも含まないものも事象と考え，これを**空事象**といい，**空集合** $\varnothing$ で表す。

数検でるでるポイント136　同様に確からしい　Point

ある試行において，起こりうるすべての結果がどれも同程度に起こると期待できるとき，これらの根元事象は**同様に確からしい**という。

例　1 個のさいころを振る試行において，1，2，3，4，5，6 の目はどれも同程度に出ると期待できるので，これらの根元事象は同様に確からしい。

　重心が偏って 1 の目がやたら出やすいさいころの場合，同様に確からしくない。

数検でるでるポイント137 確率の定義 Point

ある試行において，起こりうるすべての結果が N 個あり，各結果からなる根元事象は同様に確からしいとする。この試行における全事象 U の根元事象の個数は　$n(U)=N$　である。ここで，事象 A の根元事象の個数を　$n(A)=a$　とするとき，事象 A の**確率**を $P(A)$ とかき，

$$P(A)=\frac{n(A)}{n(U)}=\frac{a}{N}=\frac{\text{事象}A\text{の起こる場合の数}}{\text{起こりうるすべての場合の数}}$$

例「1 個のさいころを 1 回振る」という 1 つの試行において，起こりうるすべての結果は，「1 の目が出る」，「2 の目が出る」，「3 の目が出る」，「4 の目が出る」，「5 の目が出る」，「6 の目が出る」という事象で，これらは同様に確からしい。

全事象は　$U=\{1,\ 2,\ 3,\ 4,\ 5,\ 6\}$　で，その個数は　$n(U)=6$

このとき，奇数の目が出るという事象を A とすると　$A=\{1, 3, 5\}$　で，その個数は　$n(A)=3$

よって，1 個のさいころを 1 回振って奇数の目が出る確率は，

$$P(A)=\frac{n(A)}{n(U)}=\frac{3}{6}=\frac{1}{2}$$

+α ポイント

上の例ではていねいに求めたが，確率を求めるときは「起こりうるすべての場合の数 N」と，そのうちで「確率を求める事象の起こる場合の数 a」を求め $\frac{a}{N}$ とすればよい。

ただし，N は同様に確からしく起こらなければならない。

数検でるでる 問題

赤球 3 個，白球 1 個が入った袋から 1 個の球を取り出すとき，取り出した球が赤球である確率を求めなさい。★

解答例

⬇確率では同様に確からしく起こるために基本的にすべてのものを区別して考える

赤球 3 個，白球 1 個をすべて区別して，

1 個の球の取り出し方は 4 通り　……①　⬅赤1 赤2 赤3 白 の 4 通り

⬇赤1 赤2 赤3 の 3 通り

これらは同様に確からしい。そのうち，赤球を取り出すのは 3 通り　……②

よって，求める確率は $\frac{②}{①}$ として　$\underline{\frac{3}{4}}$　⬅赤と白のうちの赤だから $\frac{1}{2}$ としないように

数検でるでるテーマ39　確率の加法定理

数検でるでるポイント138　確率の基本性質　Point

1　あらゆる事象 A にたいして　$0 \leqq P(A) \leqq 1$　←確率は0以上1以下

2　全事象 U の確率は　$P(U)=1$　←必ず起こるときは確率1

3　空事象 $\varnothing$ の確率は　$P(\varnothing)=0$　←絶対に起こらないときは確率0

数検でるでるポイント139　積事象と和事象　Point

2つの事象 A, B において,

1　A と B がともに起こる事象を A と B の**積事象**(せきじしょう)といい, $A \cap B$ で表す。

2　A または B が起こる事象を A と B の**和事象**(わじしょう)といい, $A \cup B$ で表す。

数検でるでるポイント140　和事象の確率　Point

2つの事象 A, B について,

$$P(A \cup B) = P(A) + P(B) - P(A \cap B)$$

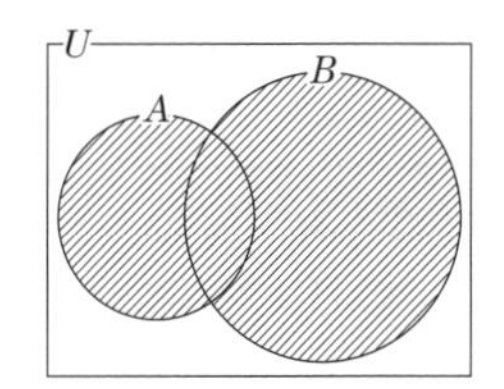

考　$P(A \cup B) = \dfrac{n(A \cup B)}{n(U)} = \dfrac{n(A) + n(B) - n(A \cap B)}{n(U)}$

↑ テーマ32 ポイント113：2つの集合の和集合の要素の個数

$$= \frac{n(A)}{n(U)} + \frac{n(B)}{n(U)} - \frac{n(A \cap B)}{n(U)} = P(A) + P(B) - P(A \cap B)$$

数検でるでるポイント141　排反事象　Point

2つの事象 A と B が同時に起こることがないとき, $A \cap B = \varnothing$ であり,

　A と B は**互い**(たが)**に排反**(はいはん)である

または,

　A と B は**互いに排反事象**である

という。

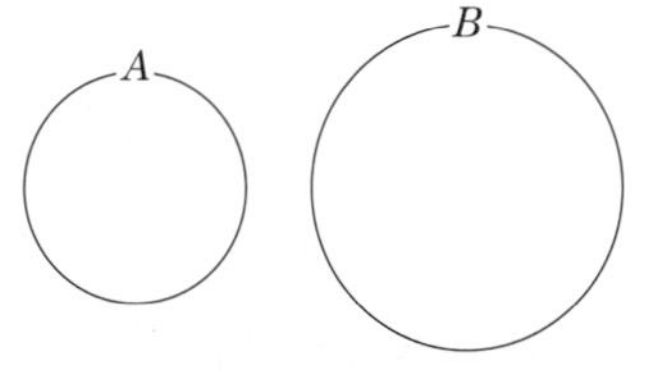

数検でるでるポイント142 確率の加法定理 Point

2つの事象 A, B が排反のとき,

$$P(A \cup B) = P(A) + P(B)$$

←ポイント140：和事象の確率
$A \cap B = \varnothing$ なので $P(A \cap B) = 0$

数検でるでる問題

1 1から100までの数を1つずつかいた100枚のカードの中から1枚のカードを取り出す。このとき，カードの数が4の倍数または5の倍数である確率を求めなさい。 ★

2 白球4個，黒球6個入った袋から2個の球を同時に取り出すとき，2個が同じ色になる確率を求めなさい。 ★★

解答例

1 4の倍数のカードを取り出す事象を A

5の倍数のカードを取り出す事象を B

とすると，4の倍数または5の倍数のカードを取り出す事象は $A \cup B$ である。

このとき，$A \cap B$ は20の倍数のカードを取り出す事象である。

よって $P(A \cup B) = P(A) + P(B) - P(A \cap B)$

↑ テーマ32「数検でるでる問題」と同じ考え方

$$= \frac{25}{100} + \frac{20}{100} - \frac{5}{100} = \frac{40}{100} = \frac{2}{5}$$

2 白球4個，黒球6個をすべて区別する。←同様に確からしく起こるように区別する

白球を2個取り出す事象を A

黒球を2個取り出す事象を B

とすると，2個とも同じ色になる事象は $A \cup B$ である。

A と B は排反であるから確率の加法定理により，

$$P(A \cup B) = P(A) + P(B) \quad \leftarrow P(A \cap B) = 0$$

$$= \frac{{}_4C_2}{{}_{10}C_2} + \frac{{}_6C_2}{{}_{10}C_2} = \frac{6}{45} + \frac{15}{45} = \frac{21}{45} = \frac{7}{15}$$

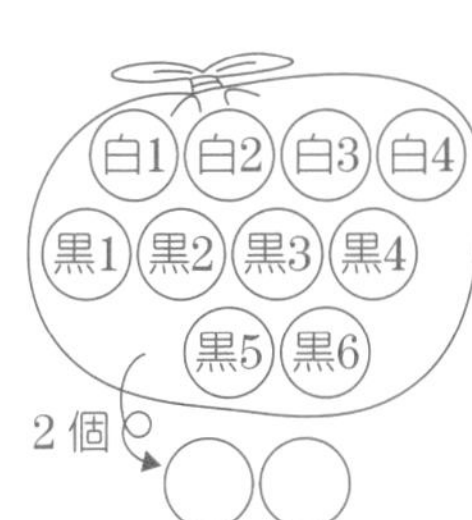

数検でるでるテーマ40　余事象と確率

数検でるでるポイント143　余事象　Point

全事象をUとする。

事象Aにたいして「Aが起こらない」という事象をAの**余事象**(よじしょう)といい，$\overline{A}$で表す。

また，事象$\overline{A}$の余事象$(\overline{\overline{A}})$は「$A$が起こる」という事象で，$A$と同じである。

つまり　$(\overline{\overline{A}}) = A$

例　1個のさいころを振る試行で，「偶数の目が出る事象」をAとする。
このとき，余事象$\overline{A}$は「奇数の目が出る事象」である。

数検でるでるポイント144　余事象の確率　Point

全事象をUとし，事象Aの**余事象**を$\overline{A}$で表す。

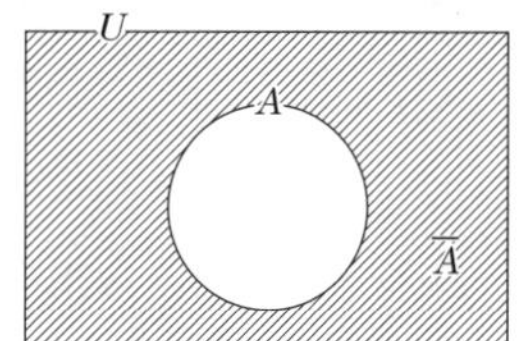

1　$P(A) + P(\overline{A}) = 1$

2　$P(\overline{A}) = 1 - P(A)$

考　$A \cup \overline{A} = U$　と　$A \cap \overline{A} = \varnothing$　より，確率の加法定理を考えて，

$P(U) = P(A \cup \overline{A}) = P(A) + P(\overline{A})$　⬅Aと$\overline{A}$は排反

$P(U) = 1$　であるから　$P(A) + P(\overline{A}) = 1$

+α ポイント

直接求めるのが大変な確率は，余事象の確率を求めて1からひく。

数検でるでるポイント145　ド・モルガンの法則と確率　Point

全事象をUとし，2つの事象A，Bについて，次が成り立つ。

1　$P(\overline{A} \cap \overline{B}) = P(\overline{A \cup B}) = 1 - P(A \cup B)$

2　$P(\overline{A} \cup \overline{B}) = P(\overline{A \cap B}) = 1 - P(A \cap B)$

⬅ テーマ32 ポイント115：ド・モルガンの法則と集合の要素の個数

数検でるでる問題

1 1から100までの数を1つずつかいた100枚のカードの中から1枚のカードを取り出します。このとき，カードの数が4の倍数ではない確率を求めなさい。 ★

2 白球4個，黒球6個入った袋から2個の球を同時に取り出すとき，2個が同じ色になる確率を余事象の確率を用いて求めなさい。 ★★

3 1から9までの番号がついた9個の球から4個の球を同時に取り出します。このとき，少なくとも1つの球が偶数である確率を求めなさい。 ★★

解答例

1 4の倍数のカードを取り出す事象をAとする。

100枚のカードの中に4の倍数のカードは25枚あるから，

$$P(A)=\frac{25}{100}=\frac{1}{4}$$

よって，カードの数が4の倍数ではない確率は，

$$P(\overline{A})=1-P(A)=1-\frac{1}{4}=\underline{\mathbf{\frac{3}{4}}}$$

4の倍数でないカードが$100-25=75$(枚)あることから，

$$P(\overline{A})=\frac{75}{100}=\frac{3}{4}$$

としてもよい

2 2個が同じ色になる事象の余事象は2個が異なる色になる事象で，白球1個と黒球1個を取り出すときである。

これより，余事象の確率は $\dfrac{{}_4C_1\cdot{}_6C_1}{{}_{10}C_2}=\dfrac{24}{45}=\dfrac{8}{15}$

よって，2個が同じ色になる確率は $1-\dfrac{8}{15}=\underline{\mathbf{\dfrac{7}{15}}}$

← テーマ39「数検でるでる問題」2の別解

3 9個の球には偶数の球が4個，奇数の球が5個ある。

9個の球から4個の球を同時に取り出して4個とも奇数となる確率は，

↑少なくとも1つの球が偶数である事象の余事象

$$\frac{{}_5C_4}{{}_9C_4}=\frac{5}{126}$$

よって，少なくとも1つの球が偶数である確率は，

$$1-\frac{5}{126}=\underline{\mathbf{\frac{121}{126}}}$$

余事象の確率

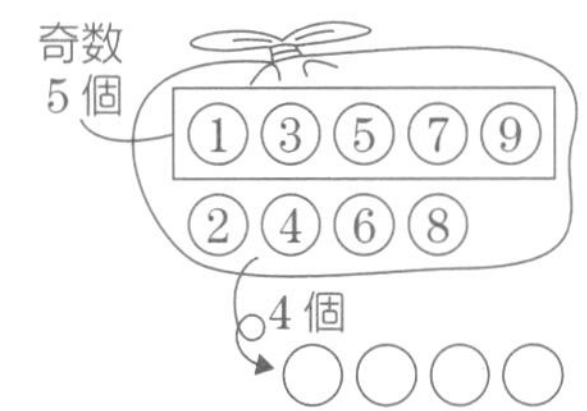

数検でるでるテーマ41　独立な試行と確率

数検でるでるポイント146　独立な試行　Point

2つの**試行** S と T について，

それぞれの結果の起こり方が互いに影響を与えないとき，

試行 S，T は**独立**(どくりつ)であるという。

例　次の2つの試行 S，T は独立である。

S：1個のさいころを振る

T：1枚のコインを投げる

⬇さいころの目の出方でコインの表が出にくくなったり出やすくなったりすることはない

なぜなら，さいころの目の出方はコインの表，裏の出方にはまったく影響を与えないからである。また，コインの表，裏の出方も，さいころの目の出方にはまったく影響を与えない。

数検でるでるポイント147　独立な試行の確率　Point

2つの試行 S と T が**独立**であるとき，

S で事象 A が起こる，かつ T で事象 B が起こる**確率** $P(A \cap B)$ は，

$$\boldsymbol{P(A \cap B) = P(A) \times P(B)}$$

⬅独立な試行で起こる事象の確率はそれぞれの確率をかけて求まる

3つ以上の独立な試行についても，上と同様のことが成り立つ。

例　2つの試行「S：1個のさいころを振る」，「T：1枚のコインを投げる」は独立である。

S において事象 A を「1の目が出る」，T において事象 B を「表が出る」とすると，A かつ B が起こる確率は，

$$P(A) \times P(B) = \frac{1}{6} \cdot \frac{1}{2} = \frac{1}{12}$$

⬅それぞれの確率をかけて求まる

数検でるでるポイント148　反復試行　Point

同じ条件のもとで同じ試行をくり返し行うとする。

それらの試行が独立であるとき，これらの試行をまとめて**反復試行**(はんぷくしこう)という。

例　1個のさいころを続けて3回振るという試行は反復試行である。

数検でるでるポイント149　反復試行の確率　Point

1回の試行で事象Aの起こる確率をp, その余事象の確率を$1-p$とする。

この試行をn回くり返す**反復試行**において，事象Aがちょうどr回起こる**確率**は,

$${}_n\mathrm{C}_r p^r(1-p)^{n-r} \quad (r=0,\ 1,\ 2,\ \cdots,\ n)$$

ただし，$0<p<1$とする。

例　1個のさいころを続けて3回振るという試行において，1の目がちょうど1回だけ出る確率を求める。

1個のさいころを1回振って1の目が出る事象をAとすると,

$$P(A)=\frac{1}{6},\ P(\overline{A})=1-\frac{1}{6}=\frac{5}{6}$$ ⬅1回振るときの確率

1個のさいころを続けて3回振って, Aが1回, $\overline{A}$が2回起こることから, 1回め，2回め，3回めの事象が「A, $\overline{A}$, $\overline{A}$」または「$\overline{A}$, A, $\overline{A}$」または「$\overline{A}$, $\overline{A}$, A」のときで，これらは排反であるから,

$$\frac{1}{6}\cdot\frac{5}{6}\cdot\frac{5}{6}+\frac{5}{6}\cdot\frac{1}{6}\cdot\frac{5}{6}+\frac{5}{6}\cdot\frac{5}{6}\cdot\frac{1}{6}={}_3\mathrm{C}_1\left(\frac{1}{6}\right)^1\left(\frac{5}{6}\right)^2=\frac{25}{72}$$

積の順番がちがうだけで同じ確率

$A\overline{A}\overline{A}$の並べ方

Aが1回, $\overline{A}$が2回 起こる確率

数検でるでる問題

1個のさいころを続けて4回振るという試行において, 5以上の目がちょうど2回出る確率を求めなさい。　★★

解答例

⬇5以上の目は5, 6

1個のさいころを1回振って5以上の目が出る事象をAとすると,

$$P(A)=\frac{2}{6}=\frac{1}{3},\ P(\overline{A})=1-\frac{1}{3}=\frac{2}{3}$$ ⬅1回振るときの確率

1個のさいころを続けて4回振る反復試行において，事象Aがちょうど2回起こる確率は,

$${}_4\mathrm{C}_2\left(\frac{1}{3}\right)^2\left(\frac{2}{3}\right)^2=6\cdot\frac{1}{9}\cdot\frac{4}{9}=\underline{\frac{8}{27}}$$

$AA\overline{A}\overline{A}$の並べ方

Aが2回, $\overline{A}$が2回 起こる確率

数検でるでるテーマ42　条件付き確率

数検でるでるポイント150　条件付き確率　Point

事象 A が起こったことがわかったとして事象 B の起こる確率を,

事象 A が起こったときに事象 B が起こる **条件付き確率**（じょうけんつ）

といい, $P_A(B)$ で表し,

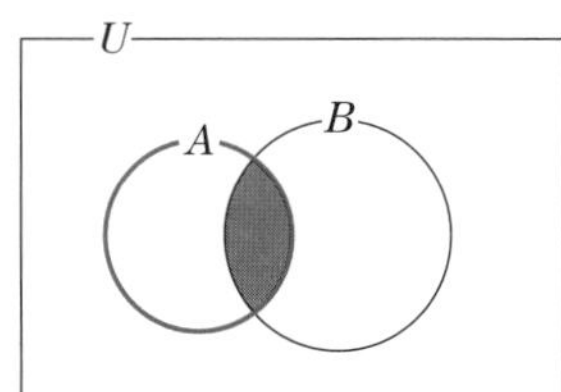

⬇条件の事象 A を全事象とみなす

$$P_A(B)=\frac{n(A\cap B)}{n(A)}=\frac{P(A\cap B)}{P(A)}$$

ただし, $n(A)\neq 0$

考 $$P_A(B)=\frac{n(A\cap B)}{n(A)}=\frac{\frac{n(A\cap B)}{n(U)}}{\frac{n(A)}{n(U)}}=\frac{P(A\cap B)}{P(A)}$$

例　1個のさいころを振る試行において,奇数の目が出るという条件のもとで素数の目が出る条件付き確率を求める。 ⬅テーマ27 ポイント92：素数と合成数

A：奇数の目が出る

B：素数の目が出る

としたとき, 目の出方全体の事象を U とすると,

$U=\{1,\ 2,\ 3,\ 4,\ 5,\ 6\}$

$A=\{1,\ 3,\ 5\}$

$B=\{2,\ 3,\ 5\}$

これより　$n(U)=6$, $n(A)=3$, $n(B)=3$

$A\cap B=\{3,\ 5\}$　であるから　$n(A\cap B)=2$　⬇ A を全事象とみなす

よって, 事象 A が起こったときに事象 B の起こる条件付き確率は,

$$P_A(B)=\frac{n(A\cap B)}{n(A)}=\frac{2}{3}$$

⬅3つの奇数の目 $\{1,\ 3,\ 5\}$ のうち $\{3,\ 5\}$ の2つが素数だから $\frac{2}{3}$

別 $P(A)=\frac{n(A)}{n(U)}=\frac{3}{6}$, $P(A\cap B)=\frac{n(A\cap B)}{n(U)}=\frac{2}{6}$

であることから,

$$P_A(B)=\frac{P(A\cap B)}{P(A)}=\frac{\frac{2}{6}}{\frac{3}{6}}=\frac{2}{3}$$

⬅確率で考えた場合

数検でるでるポイント151 確率の乗法定理 Point

2つの事象 A, B がともに起こる**確率** $P(A \cap B)$ は,

$$\boldsymbol{P(A \cap B) = P(A) \times P_A(B)} \quad \text{または} \quad \boldsymbol{P(A \cap B) = P(B) \times P_B(A)}$$

とくに2つの事象 A, B が独立な試行で起こるときは,

$$P_A(B) = P(B) \quad \text{かつ} \quad P_B(A) = P(A)$$

であるから,

$$P(A \cap B) = P(A) \times P(B)$$

← テーマ41 ポイント147：独立な試行の確率

数検でるでる問題

大小2個のさいころを1回振る試行において，出る目の積が奇数になるとき，少なくとも1個が5の目である確率を求めなさい。 ★★

解答例

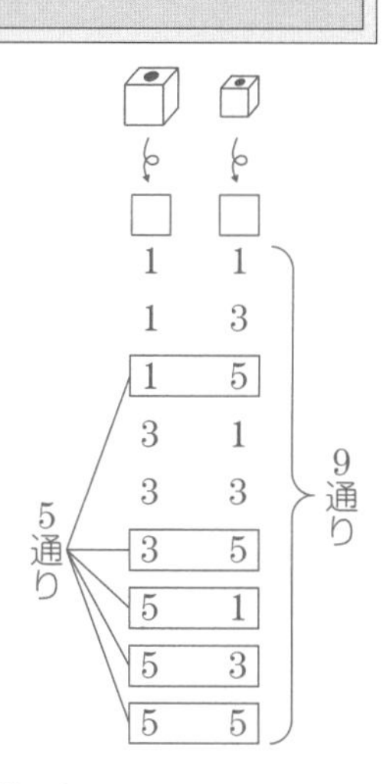

大小2個のさいころを1回振る試行において,

出る目の積が奇数になる事象を A

少なくとも1個が5の目である事象を B

とすると,(大のさいころの目,小のさいころの目)として,

$A = \{(1, 1), (1, 3), (1, 5), (3, 1), (3, 3), (3, 5),$
$(5, 1), (5, 3), (5, 5)\}$ ← 2つの目はともに奇数

これより　$n(A) = 9$ ← A を全事象とみなす

$A \cap B$ は，出る目の積が奇数であり，少なくとも1個が5の目であるから,

↓ A から5を含まない4通りを除いた

$A \cap B = \{(1, 5), (3, 5), (5, 1), (5, 3), (5, 5)\}$

これより　$n(A \cap B) = 5$

よって,出る目の積が奇数になるとき,少なくとも1個が5の目である確率は,

$$P_A(B) = \frac{n(A \cap B)}{n(A)} = \underline{\boldsymbol{\frac{5}{9}}}$$

数検でるでるテーマ43　期待値

数検でるでるポイント152　期待値　Point

ある試行の結果に応じて決まる数量 X の各々の値と確率をかけて，すべてたした値を X の**期待値**（きたいち）といい $E(X)$ または E などと表す。

すなわち，右の表のように数量 X が x_1，x_2，…，x_n の値のどれか1つの値をとるとし，各値のとる確率が，それぞれ p_1，p_2，…，p_n $(p_1+p_2+\cdots+p_n=1)$ であるとき，X の期待値は

x	x_1	x_2	…	x_n	計
確率	p_1	p_2	…	p_n	1

$$E(X)=x_1p_1+x_2p_2+\cdots+x_np_n$$ ⬅表の列ごとに値をかけあわせてたす

補　期待値は英語で "Expected value"

+α ポイント

「期待値」は「平均」ともいい，おおざっぱに言うと「確率で求める平均値」。

例えば，3人のテストの点数が50点，50点，80点のとき，点数の平均値は

$$\frac{\text{点数の合計点}}{\text{人数}}=\frac{50\times2+80\times1}{3}=60(\text{点})$$

これを確率で求めると，3人中2人が50点，3人中1人が80点なので，右の表（確率は相対度数）のようになり，点数の期待値は，

点数	50	80	計
確率	$\frac{2}{3}$	$\frac{1}{3}$	1

$$50\cdot\frac{2}{3}+80\cdot\frac{1}{3}=\frac{180}{3}=60(\text{点})$$

例　1個のさいころを1回振るとき，出る目の値の期待値を求めると，

$$1\cdot\frac{1}{6}+2\cdot\frac{1}{6}+3\cdot\frac{1}{6}+4\cdot\frac{1}{6}+5\cdot\frac{1}{6}+6\cdot\frac{1}{6}$$

$$=\frac{1+2+3+4+5+6}{6}$$

$$=\frac{21}{6}=\frac{7}{2}$$

$$=3.5$$ ⬅出る目の平均が3.5
すごろくゲームでさいころを振ると
1回あたり3.5マス進めるイメージ

目の数	1	2	3	4	5	6	計
確率	$\frac{1}{6}$	$\frac{1}{6}$	$\frac{1}{6}$	$\frac{1}{6}$	$\frac{1}{6}$	$\frac{1}{6}$	1

数検でるでる問題

賞金と本数が右の表のようになっているくじがあります。 ★★

(1) このくじを1本引くとき，賞金の期待値を求めなさい。

(2) このくじを1本引くとき，参加費が50円であるとします。このくじを引くことは得であるといえるかどうかを答えなさい。

	賞金	本数
1等	500円	1本
2等	100円	10本
3等	50円	50本
はずれ	0円	39本
計		100本

解答例

(1) 賞金とその確率についてまとめると，下の表のようになる。

賞金	500	100	50	0	計
確率	$\frac{1}{100}$	$\frac{10}{100}$	$\frac{50}{100}$	$\frac{39}{100}$	1

⬅期待値を求めるときは表をつくるとよい

よって，賞金の期待値は，

$$500\cdot\frac{1}{100}+100\cdot\frac{10}{100}+50\cdot\frac{50}{100}+0\cdot\frac{39}{100}$$
$$=5+10+25+0$$
$$=\underline{\mathbf{40}}\text{(円)}$$

補 1本あたりの賞金の平均値は $\frac{\text{賞金の総額}}{\text{くじの本数}}$ であることから

$$\frac{500\cdot1+100\cdot10+50\cdot50+0\cdot39}{100}=\frac{4000}{100}=40\text{(円)}$$

(2) (1)よりくじを1本引くとき，賞金の期待値(平均)が40円なので，参加費が50円ならば

得であるとはいえない

⬅参加費が賞金の期待値を上回っていて，$40-50=-10$ なので1本引くと10円損する
参加費が40円より少ないと得であるといえる

数検でるでるテーマ44　標本調査

数検でるでるポイント153　全数調査と標本調査　Point

1　対象とする集団の全部を調べる調査を**全数調査**(ぜんすうちょうさ)という。

2　対象とする集団の一部分を抜き出して調べる調査を**標本調査**(ひょうほん)(サンプリング)という。

例　ある1000個の商品について「良品か不良品か」という調査をするとき,
1000個全部を調査するのが全数調査。
1000個から50個を抜き出して調べる調査が標本調査(サンプリング)。

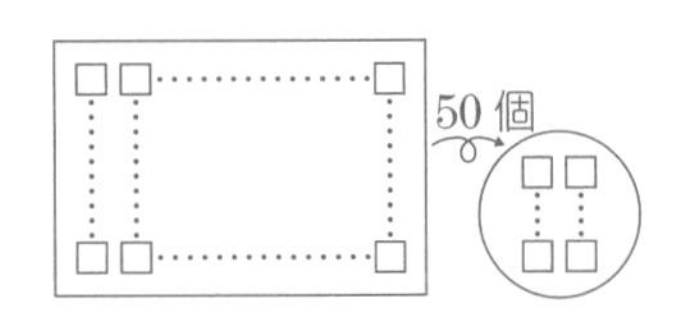

数検でるでるポイント154　母集団，標本　Point

標本調査の場合，対象とする集団全体を**母集団**(ぼしゅうだん)という。

母集団から抜き出された一部を**標本(サンプル)**といい，標本を抜き出すことを**抽出**(ちゅうしゅつ)するという。

母集団に属する個々のものを**個体**(こたい)といい，個体の総数を**母集団の大きさ**(ぼしゅうだん)という。標本に含まれる個体の個数を**標本の大きさ**(ひょうほん)という。

例　ある1000個の商品について「良品か不良品か」という調査において，1000個から50個を抜き出して調べる標本調査について，
1000個の商品を母集団，抽出した(抜き出した)50個を標本という。
母集団の大きさは1000，標本の大きさは50である。

数検でるでるポイント155　母比率と標本比率　Point

母集団の中で，ある性質Aをもつ個体の割合をpとする。

このpを，性質Aをもつ個体の母集団における**母比率**(ぼひりつ)という。
⬆全体での比率

これにたいして，標本の中で性質Aをもつ個体の割合を**標本比率**(ひょうほんひりつ)という。
⬆部分での比率

+α ポイント

抽出方法が無作為であり，標本の大きさが小さすぎないとき，母比率と標本比率はほぼ同じであるといえる。

つまり，標本比率から母比率が推定できる。

ただし，推定なので，正しくない場合もある。

比率にかんしては**比例式**（ポイント156）を使うとよい。

	（大きさ）		（性質 A をもつ個数）
母集団	m	：	a
標　本	n	：	b

のとき，$m:a=n:b$　または　$\dfrac{a}{m}=\dfrac{b}{n}$

⬆（母比率）＝（標本比率）

数検でるでるポイント156　比例式　Point

比 $a:b$ と $c:d$ が等しいことを表す等式

$$a:b=c:d \quad \text{または} \quad \frac{b}{a}=\frac{d}{c} \quad \text{または} \quad \frac{a}{b}=\frac{c}{d}$$

を**比例式**（ひれいしき）という。

このとき　$ad=bc$　の関係式が成り立つ。

外項
$a:b=c:d$
内項
外項の積と内項の積は等しく
$ad=bc$

数検でるでる 問題

ある1000個の商品について「良品か不良品か」という調査で，1000個から無作為に50個を抽出すると2個の不良品が見つかりました。不良品はおよそ何個あると考えられますか。　★★

⬇ 解答例

50個のうち不良品が2個見つかったので，不良品の比率は　$\dfrac{2}{50}=\dfrac{1}{25}$ であると考えられる。

⬆標本比率

よって，1000個の商品に不良品はおよそ $1000\times\dfrac{1}{25}=$ **40**（個）あると考えられる。

別　1000個の商品に不良品が x 個あるとすると，

$1000:x=50:2=25:1$　すなわち　$25x=1000$

これより　$x=40$

よって，不良品はおよそ **40**（個）あると考えられる。

	（大きさ）		（不良品）
母集団	1000	：	x
標　本	50	：	2
	$=25$	：	1

数検でるでるテーマ45 平均値，最頻値，中央値

数検でるでるポイント157 データと変量 復習 Point

ある集団を構成する人や物の特性を数量的に表すものを**変量**(へんりょう)といい，調査や実験などで得られた変量の観測値や測定値の集まりを**データ**という。

データを構成する観測値や測定値の個数を，その**データの大きさ**という。

数検でるでるポイント158 平均値 復習 Point

変量 x のデータの値の総和をデータの大きさでわったものをデータの**平均値**(へいきんち)といい，$\overline{x}$ で表す。

すなわち，変量 x のデータを n 個の値 x_1, x_2, …, x_n とするとき，

$$\overline{x} = \frac{x_1 + x_2 + \cdots + x_n}{n}$$ ⬅データの値を全部たして大きさ(個数)でわる

$$= \frac{\text{データの値の総和}}{\text{データの大きさ}}$$

例 変量 x の10個のデータが，

1, 1, 3, 3, 4, 5, 8, 8, 8, 9

であるとき，平均値は，

$$\overline{x} = \frac{1+1+3+3+4+5+8+8+8+9}{10} = \frac{50}{10} = 5$$

数検でるでるポイント159 最頻値 復習 Point

データにおいて，最も個数の多い値を，そのデータの**最頻値**(さいひんち)または**モード**という。

⬆いちばんよくでてくる値

例 10個のデータ

1, 1, 3, 3, 4, 5, 8, 8, 8, 9

について，8が3個で最も個数が多いので，最頻値は8

数検でるでるポイント160　中央値　復習　Point

データの値を小さい順に並べたとき，中央の位置にくる値を**中央値**（ちゅうおうち）または**メジアン**という。
まん中の値⬆

1　データの大きさが 奇数 のとき

中央の位置にくる値は1つに決まり，それが中央値となる。

（○，○，…，○），○，（○，○，…，○）
中央値

2　データの大きさが 偶数 のとき

中央の位置にくる値は2つになり，それらの平均値が中央値となる。

（○，○，…，○），○，○，（○，○，…，○）
平均値が中央値

例　8個のデータを小さい順に並べ，

7，9，15，20，22，26，27，28　⬅データの大きさが偶数なので中央にくる値は20と22の2つになり，その平均値が中央値

のとき，中央値は $\frac{20+22}{2}=\frac{42}{2}=21$

数検でるでる問題

下の表は，10人のあるテストの点数と人数です。テストの点数の平均値，最頻値，中央値をそれぞれ求めなさい。★

点数	10	20	30	40	50
人数	1	4	1	1	3

⬇解答例

10人の点数を小さい順に並べると，

10，20，20，20，20，30，40，50，50，50　⬅中央値を求めるときは小さい順に並べるとわかる

平均値は $\frac{10+20\times4+30+40+50\times3}{10}=\frac{310}{10}=31$

20点の人数が最も多いので最頻値は20，中央値は $\frac{20+30}{2}=\frac{50}{2}=25$

よって，**平均値31点，最頻値20点，中央値25点**

数検でるでるテーマ46　四分位数，箱ひげ図

数検でるでるポイント161　四分位数　復習　Point

データの値を小さい順に並べかえて4等分される位置にくる3つの値を四分位数（しぶんいすう）という。四分位数は，小さい値から順に，

第1四分位数，第2四分位数，第3四分位数

といい，これらを順に Q_1，Q_2，Q_3 で表す。

数検でるでるポイント162　四分位数を求める手順　復習　Point

第1四分位数 Q_1，第2四分位数 Q_2，第3四分位数 Q_3

は，次の手順で求めることができる。

1. データの値を小さい順に並べかえる。
2. 中央値を求めると，その値が Q_2 である。　← テーマ45 ポイント160：中央値で求め方を確認
3. 中央値を境にしてデータの個数が等しくなるように2つの部分に分ける。ただし，データの大きさが奇数のとき中央値を含めずに分けることにする。
4. 3で分けられた部分で最小値を含むほうのデータ（下位のデータ）の中央値を求めると，その値が Q_1 である。
5. 3で分けられた部分で最大値を含むほうのデータ（上位のデータ）の中央値を求めると，その値が Q_3 である。

［データの値の個数が 奇数 のとき］

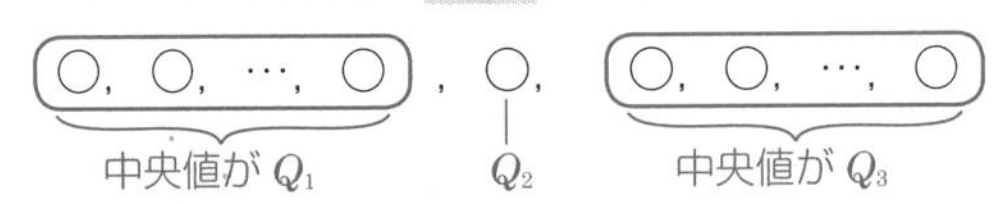

［データの値の個数が 偶数 のとき］

数検でるでるポイント163 範　囲 復習 Point

データの最大値と最小値の差を**範囲**(はんい)または**レンジ**という。

数検でるでるポイント164 四分位範囲と四分位偏差 Point

第1四分位数 Q_1，第3四分位数 Q_3 にたいし，

1 $Q_3 - Q_1$ を**四分位範囲**(はんい)という。

2 $\dfrac{Q_3 - Q_1}{2}$ を**四分位偏差**(へんさ)という。　⬅四分位範囲の半分

数検でるでるポイント165 箱ひげ図 復習 Point

最小値，第1四分位数 Q_1，中央値，第3四分位数 Q_3，最大値，平均値の値を長方形(**箱**)と線(**ひげ**)を用いて1つの図にしたものを**箱ひげ図**(はこひげず)といい，次のように表される。ただし，平均値は省略することが多い。

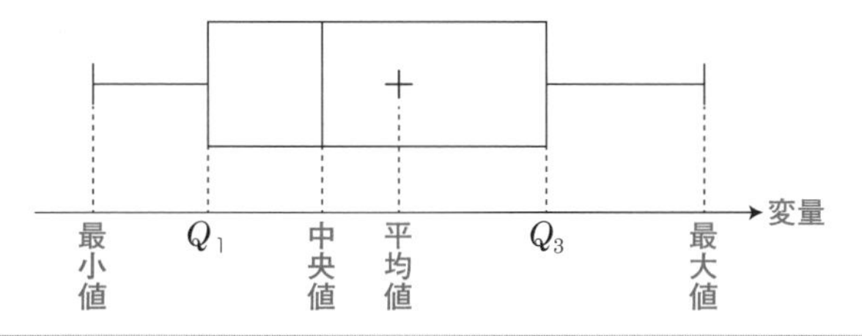

数検でるでる問題

下の箱ひげ図について，範囲と四分位範囲をそれぞれ求めなさい。　★

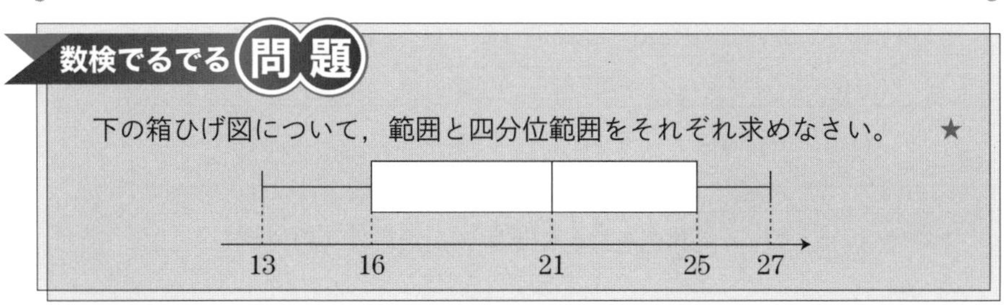

解答例

最小値は13，最大値は27なので範囲は　$27 - 13 = \underline{\mathbf{14}}$　⬅箱ひげ図のひげを含めた幅

第1四分位数，第3四分位数をそれぞれ Q_1，Q_3 とすると，

$Q_1 = 16$，$Q_3 = 25$

よって，四分位範囲は　$Q_3 - Q_1 = 25 - 16 = \underline{\mathbf{9}}$　⬅箱ひげ図の箱の幅

数検でるでるテーマ47　外れ値

数検でるでるポイント166　外れ値　Point

データの値の中に，極端に小さい値や大きい値が含まれるとき，そのような値を**外れ値**（はずれち）という。

外れ値の基準はいろいろあるが，多くの場合は次のように決める。

第1四分位数を Q_1，第3四分位数を Q_3 とする。

1　(第1四分位数) − 1.5×(四分位範囲)以下の値

つまり $Q_1 - 1.5\times(Q_3 - Q_1)$ 以下の値は，極端に小さいので**外れ値**とする。

2　(第3四分位数) + 1.5×(四分位範囲)以上の値

つまり $Q_3 + 1.5\times(Q_3 - Q_1)$ 以上の値は，極端に大きいので**外れ値**とする。

補　**1** は(第1四分位数) − 3×(四分位偏差)以下の値。
2 は(第3四分位数) + 3×(四分位偏差)以上の値と考えることもできる。

数検でるでるポイント167　外れ値と箱ひげ図　Point

外れ値がある場合の箱ひげ図について，

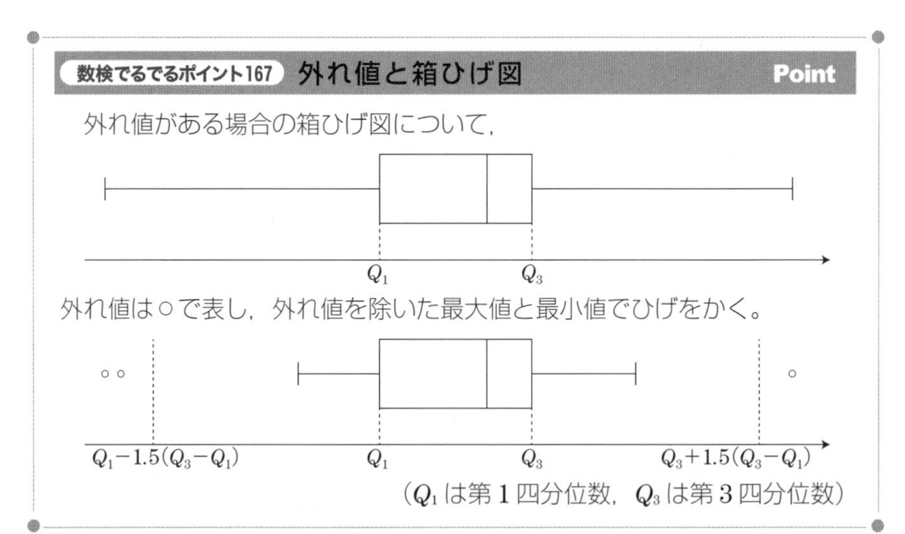

(Q_1 は第1四分位数，Q_3 は第3四分位数)

補　外れ値は規格外の正常な値ではなく，測定ミスや入力ミスによる異常な値の可能性もある。

+α ポイント

外れ値は，箱ひげ図で，箱から 1.5 箱分以上離れたひげにある値のこと。

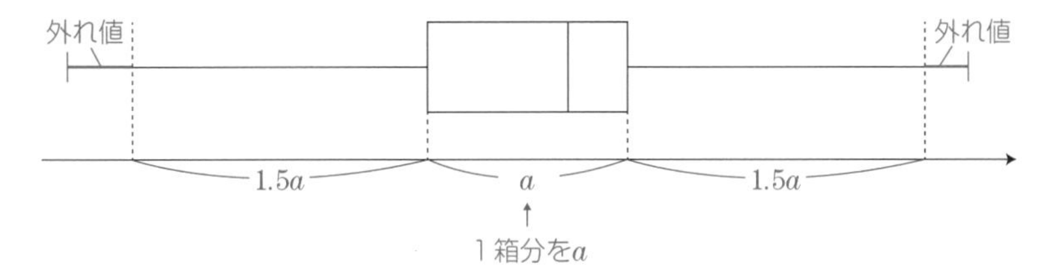

数検でるでる問題

各値が次のようになっているデータがあります。このデータに外れ値はありますか。

ここで，外れ値とは「(第 1 四分位数) − 1.5×(四分位範囲) 以下の値」または「(第 3 四分位数) + 1.5×(四分位範囲) 以上の値」とします。　★★

最小値	第 1 四分位数	中央値	第 3 四分位数	最大値
30	80	113	130	210

解答例

第 1 四分位数を Q_1，第 3 四分位数を Q_3 とすると，$Q_1 = 80$，$Q_3 = 130$

四分位範囲は $Q_3 - Q_1 = 130 - 80 = 50$

$Q_1 - 1.5(Q_3 - Q_1) = 80 - 1.5 \cdot 50 = 80 - 75 = 5$

$Q_3 + 1.5(Q_3 - Q_1) = 130 + 1.5 \cdot 50 = 130 + 75 = 205$

5 以下の値，205 以上の値は外れ値になるので，最大値 210 は外れ値である。

よって，このデータに**外れ値はある**

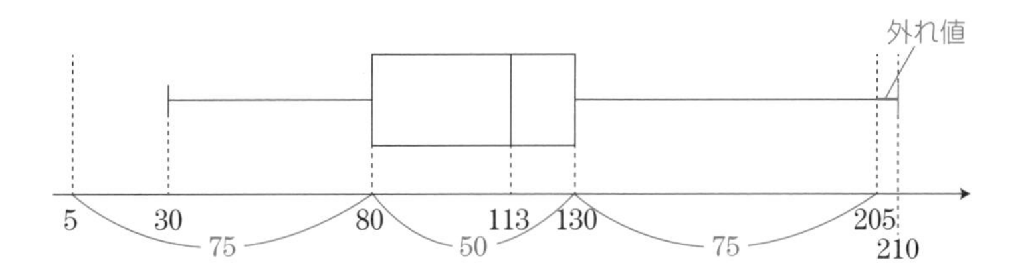

数検でるでるテーマ48 分散と標準偏差

数検でるでるポイント168 偏　差 Point

変量 x についてのデータの値が n 個の値 x_1, x_2, …, x_n とする。

その平均値を $\overline{x}$ とするとき，各値の平均値との差 $x_1-\overline{x}$, $x_2-\overline{x}$, …, $x_n-\overline{x}$ をそれぞれ平均値からの**偏差**(へんさ)という。 ⬅データの値から平均値をひいたもの。偏差の平均値は0となる

数検でるでるポイント169 分散と標準偏差 Point

1 偏差の2乗の平均値を**分散**(ぶんさん)といい，s^2 と表す。 標準偏差の2乗は分散

2 分散の正の平方根を**標準偏差**(ひょうじゅんへんさ)といい，s と表す。

すなわち，変量 x のデータを n 個の値 x_1, x_2, …, x_n とし，

その平均値を $\overline{x}$ とするとき，

$$s^2=\frac{(x_1-\overline{x})^2+(x_2-\overline{x})^2+\cdots+(x_n-\overline{x})^2}{n}$$

⬅偏差の2乗の総和を大きさ(個数)でわる

正の平方根

$$s=\sqrt{\frac{(x_1-\overline{x})^2+(x_2-\overline{x})^2+\cdots+(x_n-\overline{x})^2}{n}}$$

すなわち　(標準偏差) = $\sqrt{(分散)}$

分散や標準偏差はデータの散らばりの度合いを表す量であり，データの各値が平均値から離れるほど大きな値をとる。

例 変量 x の6個のデータが　4, 5, 7, 8, 8, 10 であるとき，

平均値は　$\overline{x}=\frac{4+5+7+8+8+10}{6}=\frac{42}{6}=7$ ⬅テーマ45 ポイント158：平均値

分散は　$s^2=\frac{(4-7)^2+(5-7)^2+(7-7)^2+(8-7)^2+(8-7)^2+(10-7)^2}{6}$

$=\frac{9+4+0+1+1+9}{6}=\frac{24}{6}=4$ ⬆偏差の2乗の平均値

標準偏差は　$s=\sqrt{4}=2$

数検でるでるポイント170　分散と平均値の関係式　発展　Point

変量 x についてのデータの値が n 個の値 $x_1,\ x_2,\ \cdots,\ x_n$ とする。

変量 x の**分散** s^2 と**平均値** $\overline{x}$，x^2 の平均値 $\overline{x^2}$ について，

$$\boldsymbol{s^2 = \frac{x_1{}^2 + x_2{}^2 + \cdots + x_n{}^2}{n} - \left(\frac{x_1 + x_2 + \cdots + x_n}{n}\right)^2}$$

←この関係式からも分散を求めることができる

$$\boldsymbol{= \overline{x^2} - (\overline{x})^2}$$

←（x の分散）＝（x^2 の平均値）－（x の平均値）^{2}

例　変量 x の 6 個のデータが 4，5，7，8，8，10 であるとき，　←前の例でも同じ分散を求めている

平均値は　$\overline{x} = \dfrac{4+5+7+8+8+10}{6} = \dfrac{42}{6} = 7$

$\overline{x^2}$ の平均値は　$\overline{x^2} = \dfrac{4^2+5^2+7^2+8^2+8^2+10^2}{6}$　←x^2 の平均値

$= \dfrac{16+25+49+64+64+100}{6} = \dfrac{318}{6} = 53$

分散は　$s^2 = \overline{x^2} - (\overline{x})^2 = 53 - 49 = 4$

数検でるでる問題

次のデータの分散を求めなさい。　★★

8，2，6，4，10

解答例

データの平均値を $\overline{x}$，分散を s^2 とする。

$$\overline{x} = \frac{8+2+6+4+10}{5} = \frac{30}{5} = 6$$

$$s^2 = \frac{(8-6)^2+(2-6)^2+(6-6)^2+(4-6)^2+(10-6)^2}{5}$$

↑偏差の 2 乗の平均

$$= \frac{4+16+0+4+16}{5} = \frac{40}{5} = \underline{\boldsymbol{8}}$$

↓x^2 の平均値

別　$\overline{x^2} = \dfrac{8^2+2^2+6^2+4^2+10^2}{5} = \dfrac{64+4+36+16+100}{5} = \dfrac{220}{5} = 44$

$s^2 = \overline{x^2} - (\overline{x})^2 = 44 - 36 = \underline{\boldsymbol{8}}$　←ポイント 170：分散と平均値の関係式

数検でるでるテーマ49　相関関係と相関係数

数検でるでるポイント171　相関関係　Point

2つの変量のデータにおいて

1　一方が増えると他方も増える傾向が認められるとき，
2つの変量の間に**正**(せい)**の相関関係**(そうかんかんけい)**がある**　または　**正**(せい)**の相関**(そうかん)**がある**という。

2　一方が増えると他方が減る傾向が認められるとき，
2つの変量の間に**負**(ふ)**の相関関係がある**　または　**負**(ふ)**の相関がある**という。

3　どちらの傾向も認められないときは，
2つの変量の間に**相関関係がない**　または　**相関がない**という。

例　身長と体重のデータは，身長が高いと体重が重い傾向が認められるので正の相関関係があるといえる。

数検でるでるポイント172　共 分 散　Point

2つの変量 x，y のデータの値について

1　x の偏差と y の偏差の積の平均値を**共分散**(きょうぶんさん)といい s_{xy} と表す。

2　2つの変量 x，y のデータに対応する n 個の値の組を $(x_1,\ y_1)$，$(x_2,\ y_2)$，…，$(x_n,\ y_n)$ とし，それぞれの平均値を $\overline{x}$，$\overline{y}$ とするとき，

$$s_{xy} = \frac{(x_1-\overline{x})(y_1-\overline{y})+(x_2-\overline{x})(y_2-\overline{y})+\cdots+(x_n-\overline{x})(y_n-\overline{y})}{n}$$

数検でるでるポイント173　相関係数　Point

2つの変量 x，y のデータの値について

1　共分散を標準偏差の積でわった値を**相関係数**(そうかんけいすう)といい r_{xy} と表す。

2　それぞれの標準偏差を s_x，s_y，共分散を s_{xy} とするとき，

$$r_{xy} = \frac{s_{xy}}{s_x s_y}$$　ただし $s_x \neq 0$ かつ $s_y \neq 0$

すなわち　$(\text{相関係数}) = \dfrac{(\text{共分散})}{(\text{標準偏差の積})}$

数検でるでるポイント174 散布図 Point

2つの変量x, yの値の組$(x,\ y)$を座標とする点を平面上に取った図を散布図（さんぷず）という。

数検でるでるポイント175 相関係数と散布図 Point

2つの変量x, yの相関係数r_{xy}について，次の性質がある。

1 $-1 \leqq r_{xy} \leqq 1$

2 正の相関関係が強いほどr_{xy}の値は1に近づく。

3 負の相関関係が強いほどr_{xy}の値は-1に近づく。

4 相関関係がないほどr_{xy}の値は0に近づく

次の散布図は左から右へ **3**，**4**，**2** のようになる。

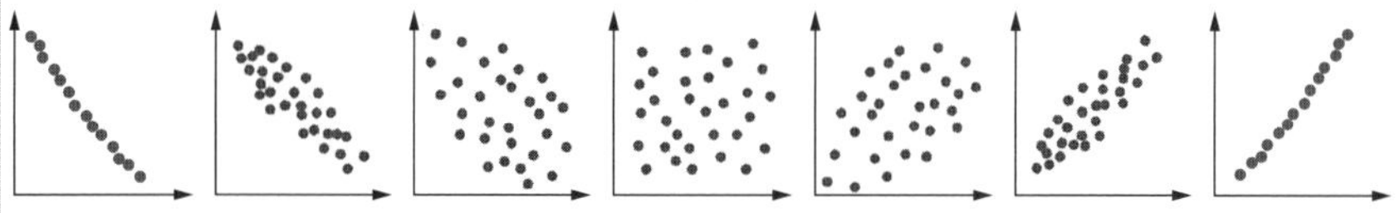

強い←負の相関関係→弱い　相関関係はない　弱い←正の相関関係→強い

数検でるでる問題

2つの変量x, yのデータが次のようであるとき，共分散s_{xy}と相関係数r_{xy}をそれぞれ求めなさい。 ★★★

x	8	2	6	4	10
y	10	4	8	2	6

解答例

⬇ x, yの平均値と分散は テーマ48「でるでる問題」で求めている

x, yの平均値をそれぞれ$\overline{x}$, $\overline{y}$とすると，

$\overline{x}=6$, $\overline{y}=6$

x, yの標準偏差をそれぞれs_x, s_yとすると，

$s_x=\sqrt{8}=2\sqrt{2}$, $s_y=2\sqrt{2}$

x	8	2	6	4	10
y	10	4	8	2	6
$x-\overline{x}$	2	-4	0	-2	4
$y-\overline{y}$	4	-2	2	-4	0

⬇偏差の積の平均値

$$s_{xy}=\frac{2\cdot4+(-4)\cdot(-2)+0\cdot2+(-2)\cdot(-4)+4\cdot0}{5}=\frac{24}{5}=\underline{4.8}$$

$$r_{xy}=\frac{s_{xy}}{s_xs_y}=\frac{4.8}{2\sqrt{2}\cdot2\sqrt{2}}=\underline{0.6}$$ ⬅正の相関関係がある

数検でるでるテーマ50 仮説検定

数検でるでるポイント176 仮説検定 Point

得られたデータをもとに，ある事柄が正しいかどうかを判断するのに，仮説を**棄却**(ききゃく)することで正しいと判断する，または仮説を棄却せずに正しいとはいえないと判断する方法を**仮説検定**(かせつけんてい)という。

補 「棄却する」とは「捨(す)て去(さ)る」こと

数検でるでるポイント177 仮説検定の考え方 Point

得られたデータから，主張 H_1 が正しいと判断するのに，主張 H_1 に反する仮説の主張 H_0 を立てる。ここで，H_0 を**帰無仮説**(きむかせつ)，H_1 を**対立仮説**(たいりつかせつ)という。

帰無仮説 H_0 のもとで，棄却すべき確率 p を求める。このとき，起こりやすさの基準となる確率 α を定めておく。この α を**有意水準**(ゆういすいじゅん)といい，0.05(5%)とする場合が多い。

p と α の大小関係で，次の2つの場合になる。

1 $p \leqq \alpha$ ならば

p が小さすぎるので，H_0 は棄却され，H_1 が正しいと判断できる。

2 $p > \alpha$ ならば

p が小さくないため，H_0 は棄却されず，H_1 が正しいと判断することができない。(H_1 が正しくないと判断するわけではない)

+α ポイント

おおざっぱな説明だが，対立仮説は「本当はこうではないのかという仮説」
帰無仮説は「無かったことにしたい仮説」

数検でるでる問題

あるコインを10回投げたら，表が9回出ました。

この結果から，Aさんはこのコインは表の方が裏よりも出やすく，偏りがあると判断しました。この判断が正しいかを仮説検定で考察します。そのために仮説 H_0「コインの表が出る確率は $\frac{1}{2}$（表裏の出方に偏りがない）」を立てます。この仮説 H_0 が棄却できるかどうかを調べ，この仮説 H_0 に対立する仮説 H_1「コインの表が出る確率は $\frac{1}{2}$ よりも大きい（表の方が裏よりも出やすい）」が正しいかを答えなさい。ここでは，有意水準（判断の基準となる確率）を0.05（5%）とします。 ★★★

解答例

主張 H_1：コインの表が出る確率は $\frac{1}{2}$ よりも大きい（表の方が裏よりも出やすい）という主張が正しいかを仮説検定で考察する。

主張 H_1 に反する

帰無仮説 H_0：コインの表が出る確率は $\frac{1}{2}$（表裏の出方に偏りがない）

を立てる。　裏が出る確率も $\frac{1}{2}$ ⬆

⬇9回ではなく9回以上とする

この仮説 H_0 のもとで，コインを10回投げて，表が9回以上出る確率を p とすると，「表が9回，裏が1回」または「表が10回」出ることから

$$p = {}_{10}C_9\left(\frac{1}{2}\right)^9\left(\frac{1}{2}\right) + {}_{10}C_{10}\left(\frac{1}{2}\right)^{10} = \frac{{}_{10}C_9 + {}_{10}C_{10}}{2^{10}} = \frac{10+1}{1024} = \frac{11}{1024}$$

$$= 0.0107\cdots（約1\%）$$

⬆ テーマ39 ポイント142：確率の加法定理

テーマ41 ポイント149：反復試行の確率

⬇ポイント177：仮説検定の考え方 1

これは有意水準 $\alpha = 0.05$（5%）よりも小さいので，p は小さすぎる。

これより帰無仮説 H_0 は棄却され，**対立仮説 H_1 が正しい**と判断できる。

よって，このコインを投げたときの表裏の出方には偏りがあり，表が出やすいと判断できる。

⬅この仮説検定では，コインを10回投げて表が9回以上出る場合は表が出やすいコインだと判断できるので，表が9回出る場合は表が出やすいコインだと判断できる

数検でるでるテーマ51　三角形の合同条件・相似条件

数検でるでるポイント178　三角形の合同条件　復習　Point

△ABC と△DEF が合同（ごうどう）であることを　**△ABC ≡△DEF**　と表す。

三角形が合同になる条件は次の3つである。

❶ 3辺の長さがそれぞれ等しい

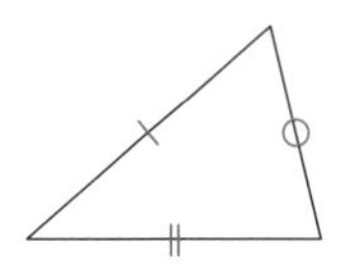
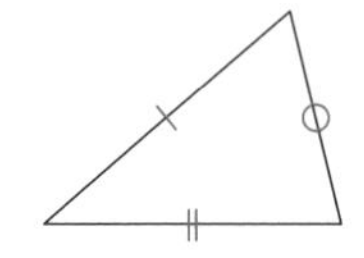

❶, ❷, ❸ のうち1つが成り立てば合同になる
「三角形が合同であることの証明」ではこれらのうちの1つが成り立つことを示せばよい

❷ 2辺の長さとその間の角がそれぞれ等しい

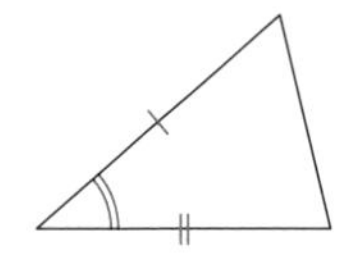
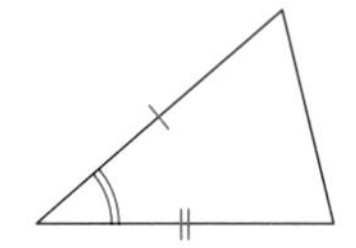

❸ 1辺の長さとその両端の角がそれぞれ等しい

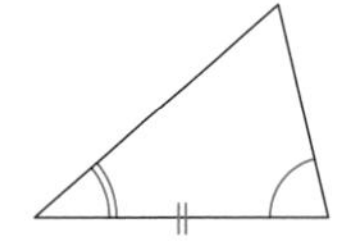
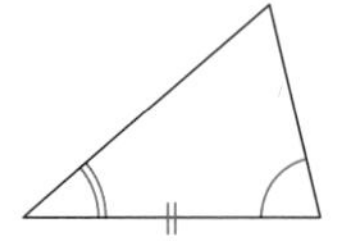

数検でるでるポイント179　直角三角形の合同条件　復習　Point

直角三角形が合同になる条件は次の2つである。

❶ **斜辺**（しゃへん）の長さと1つの**鋭角**（えいかく）がそれぞれ等しい

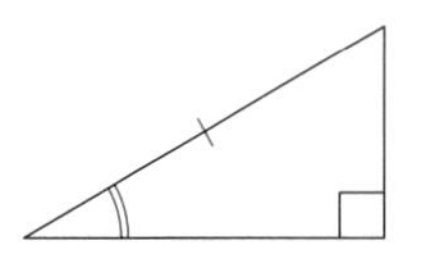
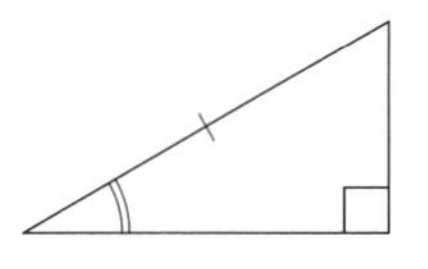

直角三角形は，
テーマ65　三平方の定理
テーマ66　鋭角の三角比
で重要

❷ 斜辺の長さと他の1辺の長さがそれぞれ等しい

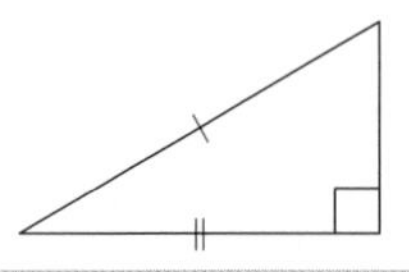
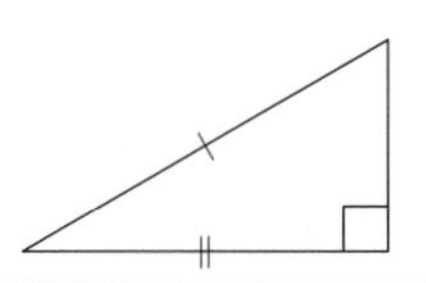

数検でるでるポイント180 三角形の相似条件 Point

△ ABC と△ DEF が**相似**(そうじ)であることを　**△ ABC ∽△ DEF**　と表す。

三角形が相似になる条件は次の３つである。

1　３組の辺の長さの比がすべて等しい

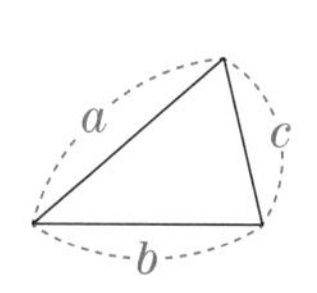

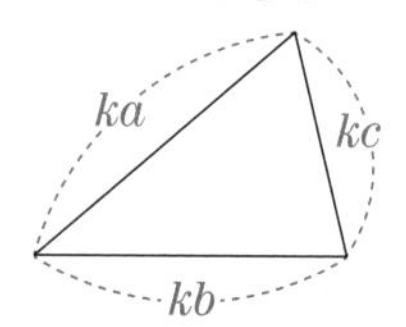

⬅相似比 1 : k

2　２組の辺の長さの比とその間の角がそれぞれ等しい

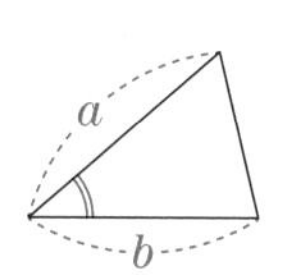

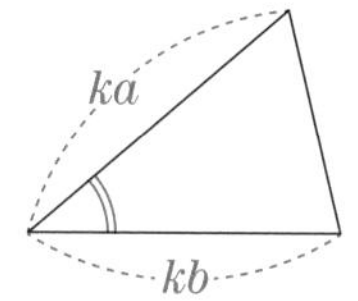

⬅相似比 1 : k

3　２組の角がそれぞれ等しい

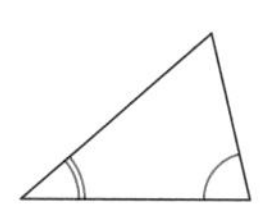

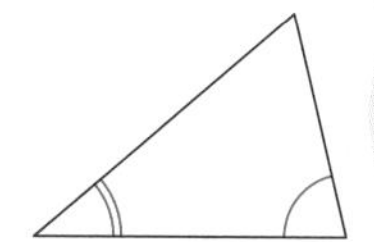

1, **2**, **3** のうち１つが成り立てば相似になる
「三角形が相似であることの証明」ではこれらのうちの１つが成り立つことを示せばよい

数検でるでる 問題

∠ ACB ＝ 90°　である△ ABC があり，点 C から辺 AB へ垂線 CD をおろす。このとき，△ ABC ∽△ CBD であることを証明しなさい。

★

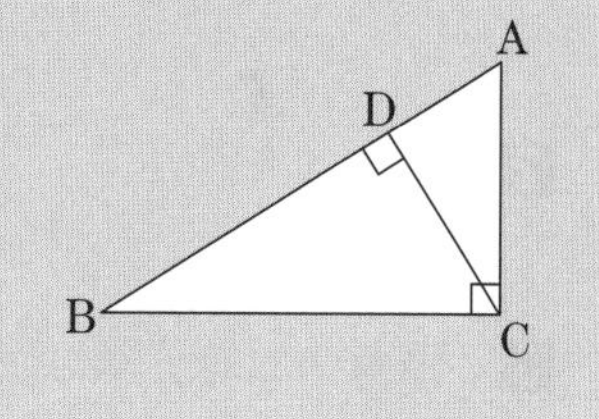

解答例

∠ ACB ＝∠ CDB ＝ 90°　……①

共通の角より　∠ ABC ＝∠ CBD　……②

①，②から２組の角がそれぞれ等しいので，

⬆三角形の相似条件 **3**

△ ABC ∽△ CBD である。　〔証明終〕

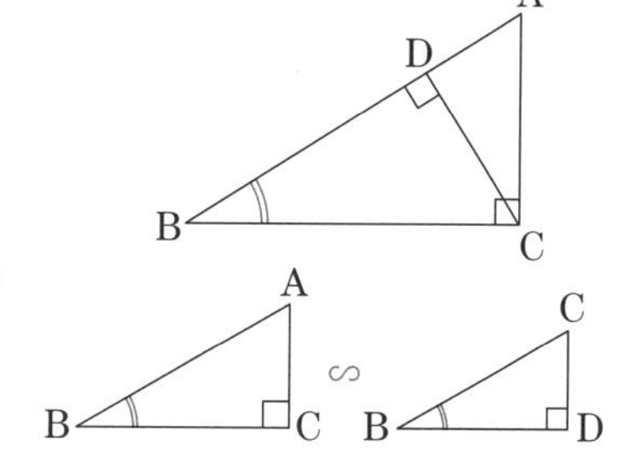

数検でるでるテーマ52 二等辺三角形

数検でるでるポイント181 二等辺三角形 復習 Point

2辺の長さが等しい三角形を**二等辺三角形**(にとうへんさんかくけい)という。

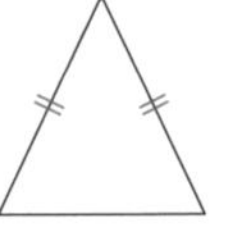

数検でるでるポイント182 二等辺三角形の用語 復習 Point

AB = AC となる**二等辺三角形** ABC において,

1 ∠BAC を**頂角**(ちょうかく)という。

2 ∠ABC と∠ACB を**底角**(ていかく)という。

3 辺 BC を**底辺**(ていへん)という。

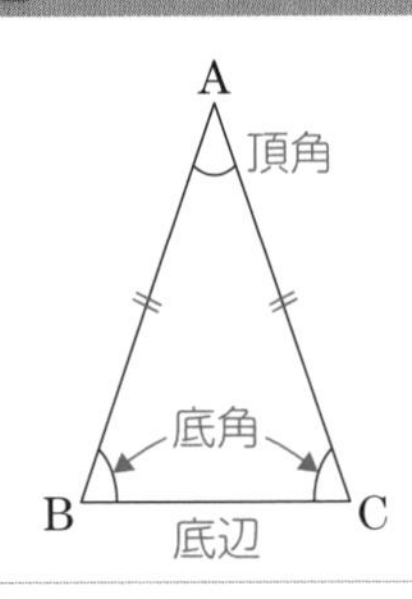

数検でるでるポイント183 二等辺三角形の性質 復習 Point

二等辺三角形には次のような性質がある。

1 2辺の長さが等しい(**定義**)

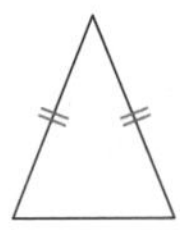

1～5の1つが成り立てば二等辺三角形

2 **底角**は等しい

3 **頂角**の**二等分線**は底辺の**中点**を通る
⬆角の大きさを二等分する直線

4 頂角の二等分線は底辺と垂直に交わる

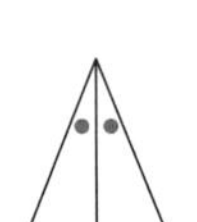

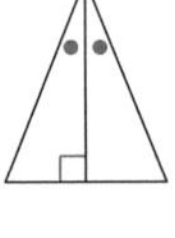

二等辺三角形は4,5から直角がつくられるので,直角三角形にかんする定理が使える

5 **底辺の垂直二等分線**は頂点を通る
⬆底辺の中点を通り,底辺に垂直な直線

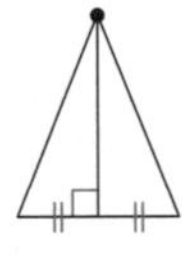

数検でるでるポイント184 二等辺三角形の中線 復習 Point

二等辺三角形の**頂角の二等分線**，頂点から底辺にひいた**中線**と**垂線**，**底辺の垂直二等分線**はすべて一致する。

⬆三角形の頂点とその対辺の中点を結ぶ線分

つまり AB ＝ AC となる**二等辺三角形** ABC において，BC の**中点**を M とすると，中線 AM は，

∠ BAC の二等分線，A から線分 BC にひいた垂線，線分 BC の垂直二等分線になっている。

⬇合同な直角三角形

このとき　△ **ABM** ≡△ **ACM**　である。

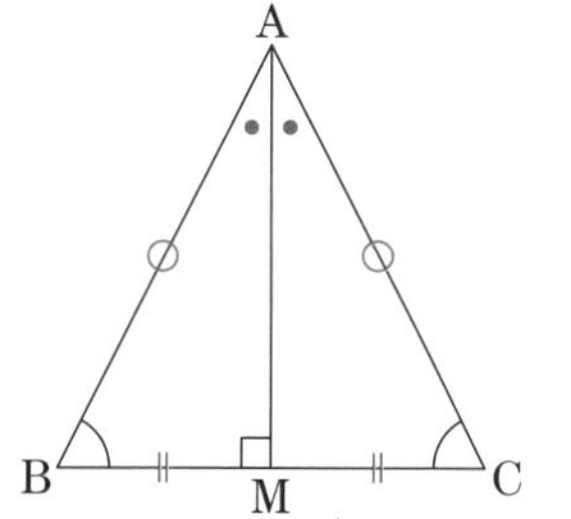

数検でるでる問題

△ ABC は辺の長さが AB ＝ AC ＝ 10，BC ＝ 6 の二等辺三角形です。辺 AC 上に，BC ＝ BD となるように点 D をとるとき，次の問いに答えなさい。 ★★

(1) △ ABC ∽△ BCD であることを証明しなさい。

(2) CD の長さを求めなさい。

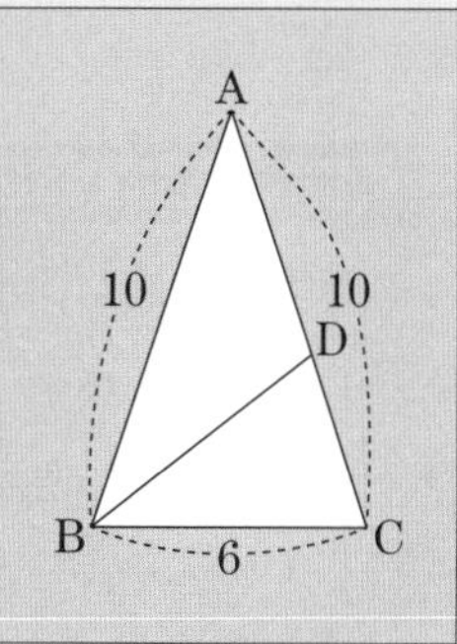

解答例

(1) △ ABC は AB ＝ AC の二等辺三角形，△ BCD は BC ＝ BD の二等辺三角形であるから，∠ ABC ＝ α として

∠ ABC ＝∠ ACB ＝∠ BDC ＝ α ⬅ポイント 183 **2**

2 組の角がそれぞれ等しいので△ ABC ∽△ BCD である。

⬆底角が等しい二等辺三角形

〔証明終〕

(2) 相似比より AB : BC ＝ BC : CD なので

5 : 3 ＝ 6 : CD

よって　CD ＝ $\dfrac{18}{5}$

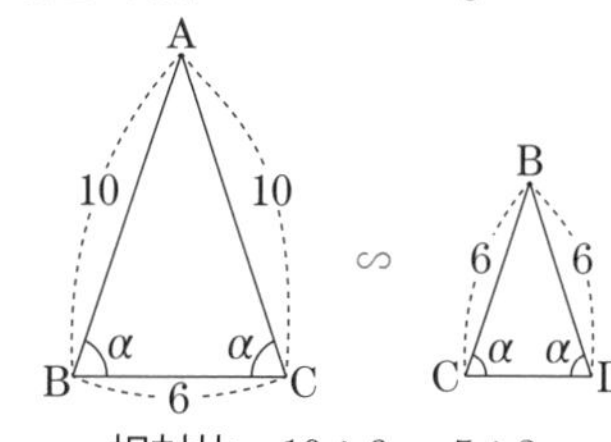

数検でるでるテーマ53　平行線と比

数検でるでるポイント185　対頂角　Point

右の図のように2直線が交わるとき，$\alpha = \beta$
これを対頂角(たいちょうかく)は等しいという。

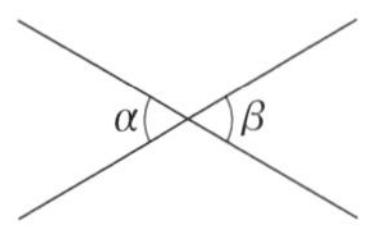

数検でるでるポイント186　同位角　Point

右の図のように平行な2直線とそれらに交わる直線があるとき，$\alpha = \beta$
これを同位角(どういかく)は等しいという。

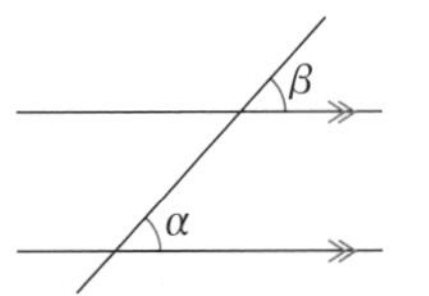

数検でるでるポイント187　錯角　Point

右の図のように平行な2直線とそれらに交わる直線があるとき，$\alpha = \beta$
これを錯角(さっかく)は等しいという。

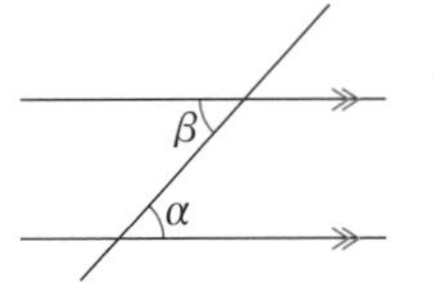

数検でるでるポイント188　三角形と平行線と比　Point

△ABCがあり，直線AB，AC上の点A以外にそれぞれD，Eがあるとき，

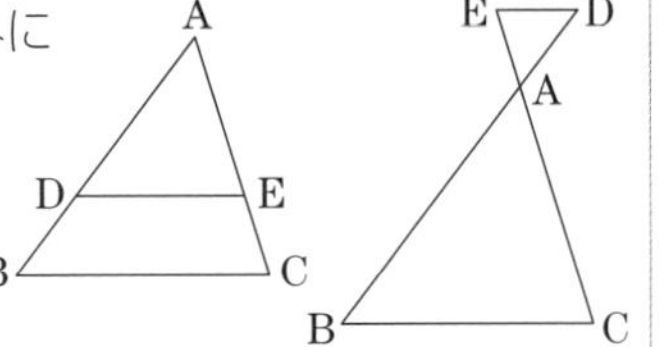

1 **DE // BC ⇔ AD : AB = AE : AC**

2 **DE // BC ⇔ AD : DB = AE : EC**

3 **DE // BC ⇒ AD : AB = DE : BC**　⬅**3**は⇐が成り立たない

考　DE // BCならば
△ADE ∽ △ABC であることから相似比が等しい。
⬆2組の角がそれぞれ等しいことがわかる

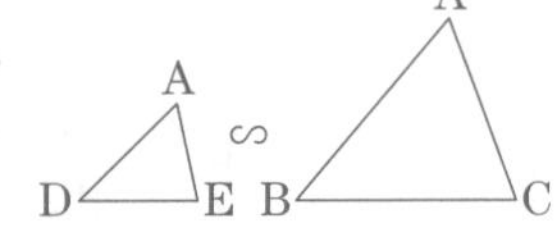

数検でるでるポイント189 平行線と比 Point

右の図のように，平行な3直線 l, m, n があり，その3直線と交わる2直線があり，交点を A，B，C，A′，B′，C′とするとき，

AB：BC ＝ A′B′：B′C′

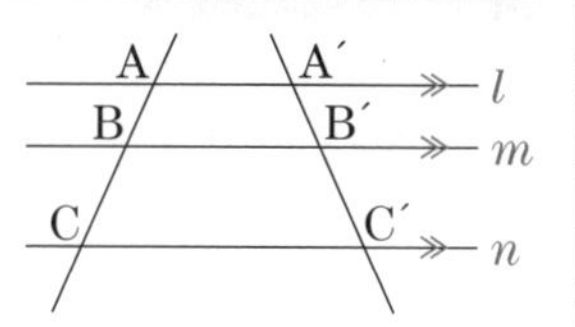

数検でるでるポイント190 中点連結定理 Point

△ABCの辺AB，ACの**中点**をそれぞれM，Nとするとき，

MN // BC　かつ　**MN ＝ $\frac{1}{2}$BC**

「ポイント188：三角形と平行線と比」でD，Eがそれぞれ辺AB，辺ACの中点になっているときにあたる

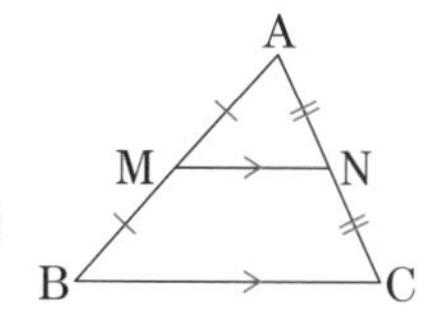

数検でるでる問題

右の図のような△ABCにおいて，辺AB，AC上にそれぞれD，Eをとる。DE // BC，AD ＝ 4，DB ＝ 2，BC ＝ 5とするとき，次の問いに答えなさい。　★★

(1)　△ADE ∽ △ABCであることを証明しなさい。

(2)　DEの長さを求めなさい。

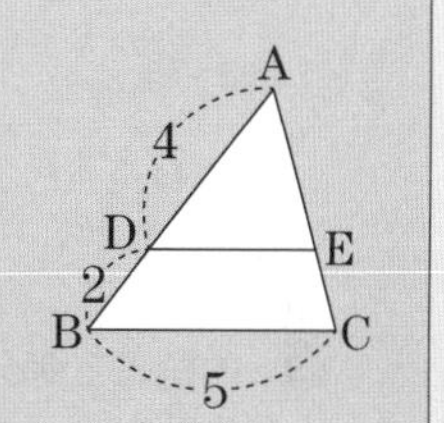

解答例

(1)　共通の角より　∠DAE ＝ ∠BAC

DE // BC　より同位角は等しいので　∠ADE ＝ ∠ABC

テーマ51 ポイント180：三角形の相似条件 3

よって，2組の角がそれぞれ等しいので，△ADE ∽ △ABCである。〔証明終〕

(2)　相似比より　AD：AB ＝ DE：BC　であるから，　←相似比はAD：AB ＝ 4：6 ＝ 2：3

2：3 ＝ DE：5　←ポイント188 3

よって　DE ＝ $\frac{10}{3}$

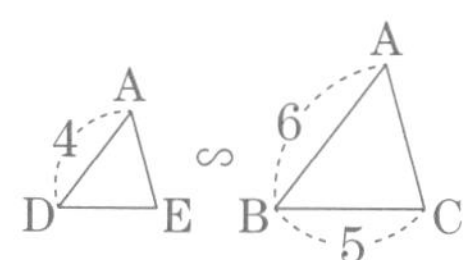

数検でるでるテーマ54 二等分線と比

数検でるでるポイント191 線分の内分点 Point

m, n を正の数とする。

点Pが線分(せんぶん) AB 上にあって　**AP：PB＝m：n**　が成り立つとき，

点 **P** は線分 **AB** を **m：n** に**内分(ないぶん)**する

といい，点Pを**内分点**という。

とくに，点Mが線分ABを1：1に内分する点であるとき，

点Mは線分ABの**中点(ちゅうてん)**という。

数検でるでるポイント192 内角の二等分線と比 Point

△ABCの∠Aの**内角の二等分線**と辺BCとの交点をDとすると，

点 **D** は線分 **BC** を **AB：AC** に**内分**する。

すなわち，

AB：AC＝BD：DC

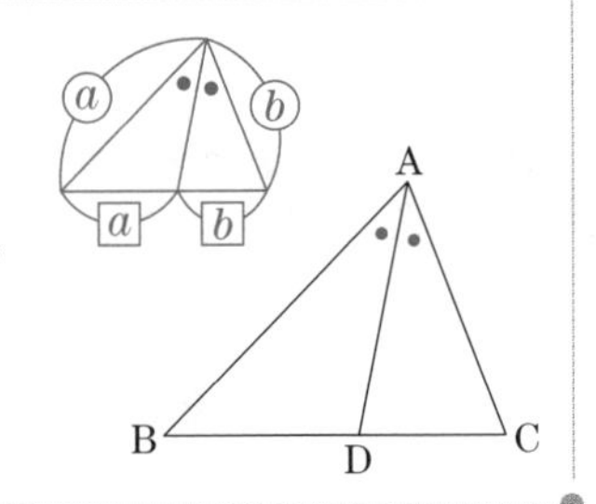

考 内角の二等分線と平行な直線を利用する。

直線ADに平行で点Cを通る直線を l とする。

直線 l と直線BAの交点をEとすると，

直線ADと直線 l は平行なので，⬅右の図のように同位角・錯角が等しい

∠ACE＝∠AEC　であるから　AC＝AE ⬅△ACEは二等辺三角形

AB：AC＝AB：AE＝BD：DC

↑ テーマ53 ポイント188：三角形と平行線の比

補 AB＝AC　のとき

△ABCは二等辺三角形となり，

BD＝DC　であるから

AB：AC＝BD：DC＝1：1

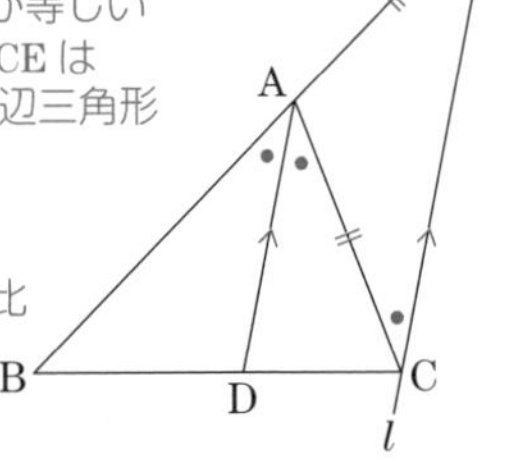

数検でるでるポイント193　線分の外分点　Point

m，n を正の数とする。

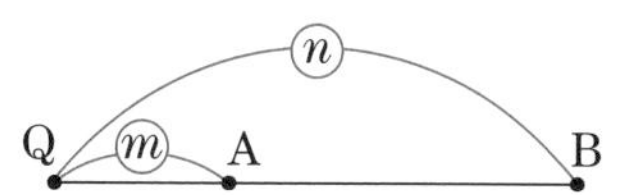

点 Q が線分 AB の延長上にあって，

AQ：QB ＝ m：n

が成り立つとき，

点 **Q** は線分 **AB** を **m：n** に**外分**(がいぶん)する

といい，点 Q を**外分点**という。

数検でるでるポイント194　外角の二等分線と比　発展　Point

AB ≠ AC　とする。

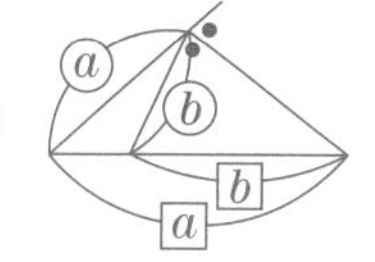

△ ABC の∠ A の**外角の二等分線**と対辺 BC の延長との交点を D とすると，

点 **D** は**線分 BC** を **AB：AC** に**外分**する。

すなわち，

AB：AC ＝ BD：DC

⬆ポイント 192：内角の二等分線と比と同じ式

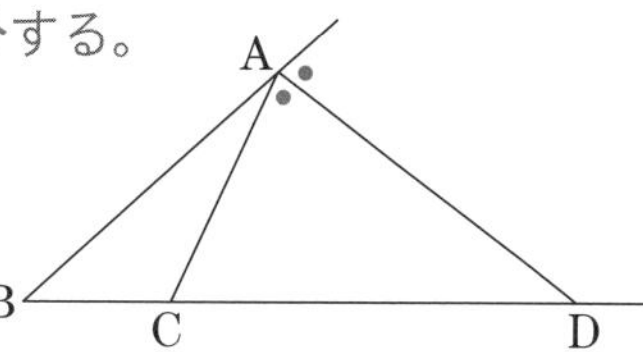

数検でるでる問題

辺 AB，辺 BC，辺 CA の長さがそれぞれ 12，11，10 の△ ABC において，∠ A の二等分線と辺 BC の交点を D とするとき，線分 BD の長さを求めなさい。 ★

解答例

⬇ポイント 192：内角の二等分線と比

AD は∠A の二等分線より，

BD：DC ＝ AB：AC ＝ 12：10 ＝ 6：5

よって　$\mathrm{BD} = \dfrac{6}{11}\mathrm{BC} = \dfrac{6}{11} \times 11 = \underline{6}$

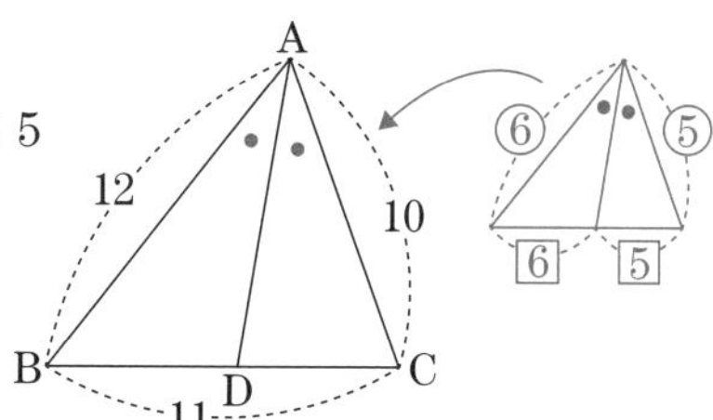

数検でるでるテーマ55 三角形の成立条件

数検でるでるポイント195 三角形の3辺の長さの関係 Point

三角形の3辺の長さについて,

(1辺の長さ)<(残り2辺の長さの和)

が成り立つ。

例 3辺のうち1辺の長さが10である三角形を考える。

残り2辺の長さを1, 2とすると, 三角形をつくることができない。

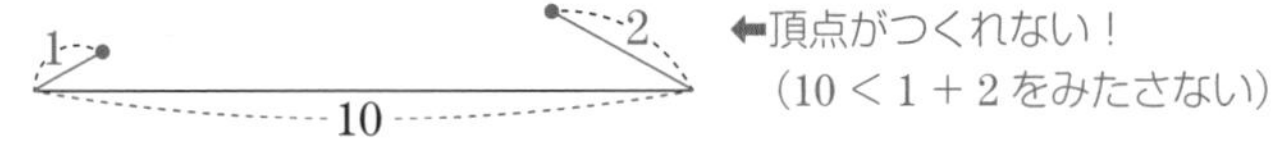

残り2辺の長さが4と6でもつぶれてしまい, 三角形にはならない。

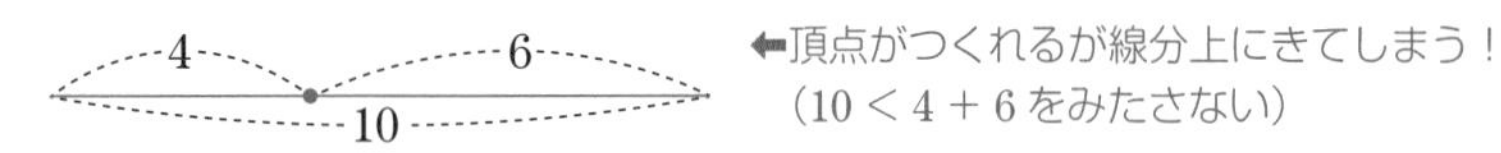

残り2辺の長さを5と6とすると三角形をつくることができる。

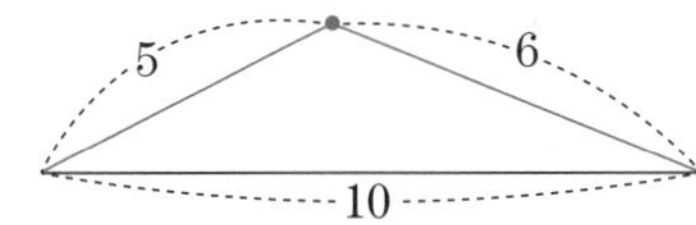

←頂点がつくれる！
(10 < 5 + 6 をみたす)

数検でるでるポイント196 三角形の成立条件 Point

3つの数 a, b, c を3辺の長さとする三角形を作ることができる条件は,

$\boldsymbol{a > 0,\ b > 0,\ c > 0}$ ←長さなので正

のもとで,

↓ポイント195：三角形の3辺の長さの関係

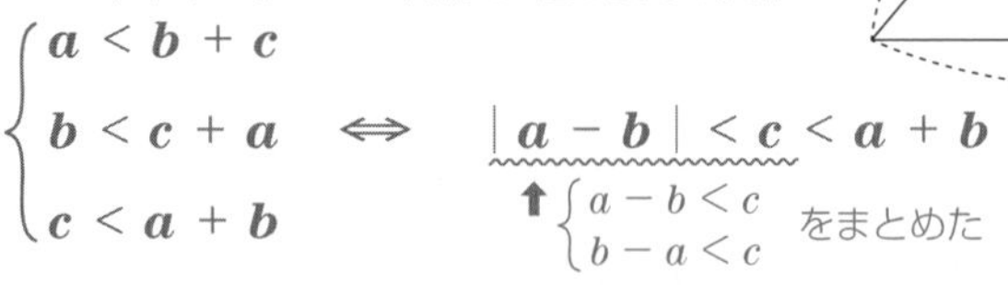

$$\begin{cases} a < b + c \\ b < c + a \\ c < a + b \end{cases} \iff |a - b| < c < a + b$$

↑ $\begin{cases} a - b < c \\ b - a < c \end{cases}$ をまとめた

すなわち, (2辺の長さの差)<(1辺の長さ)<(2辺の長さの和)

とくに, c が最も長い辺の長さになるとき, ← $a \leqq c$ かつ $b \leqq c$ ならば $|a - b| < c$ は必ず成り立つ

$\boldsymbol{c < a + b}$ のみでよい。

数検でるでるポイント197　三角形の辺と角の大小関係　Point

$BC = a$, $CA = b$, $AB = c$, $\angle BAC = A$, $\angle ABC = B$, $\angle BCA = C$

となる△ABCに対して，

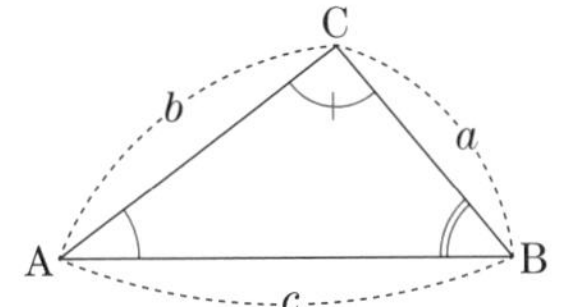

$$\boldsymbol{a < b < c} \iff \boldsymbol{A < B < C}$$

すなわち，三角形において次が成り立つ。

1　(長い辺の**対角**(たいかく))＞(短い辺の**対角**)

2　(大きい角の**対辺**(たいへん))＞(小さい角の**対辺**)

・最大の角は最も長い辺の対角
・最も長い辺は最大の角の対辺

例　右の図の直角三角形について，

$$a < b < c \iff A < B < 90°$$

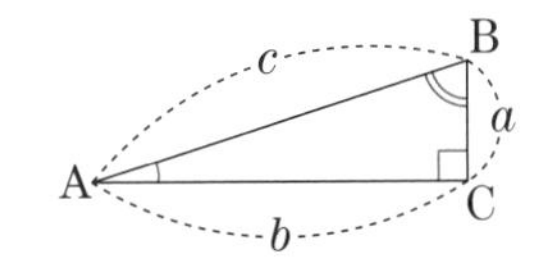

数検でるでる問題

$BC = 5$, $CA = 4$, $AB = x$　をみたす△ABCがあります。

xのとりうる値の範囲を求めなさい。　★★

解答例

(1辺の長さ)＜(残り2辺の長さの和)　より，

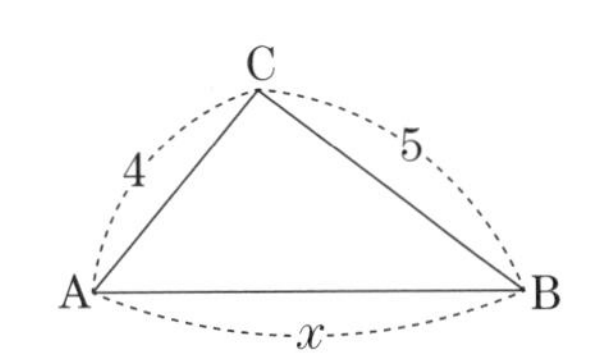

$$\begin{cases} x < 5 + 4 \\ 5 < 4 + x \\ 4 < x + 5 \end{cases} \quad \text{すなわち} \quad \begin{cases} x < 9 \\ 1 < x \\ -1 < x \end{cases}$$

よって　**$1 < x < 9$**

別　三角形の成立条件より，

$$|5 - 4| < x < 5 + 4$$ ⬅(2辺の長さの差)＜x＜(2辺の長さの和)

よって　**$1 < x < 9$**

数検でるでるテーマ 56　平行四辺形

数検でるでるポイント198　平行四辺形　復習　Point

2 組の向かい合う辺がそれぞれ平行である四角形を**平行四辺形**(へいこうしへんけい)という。

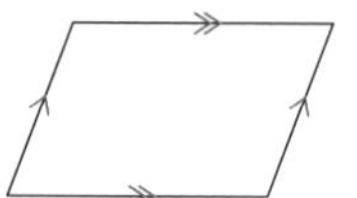

数検でるでるポイント199　平行四辺形の性質　復習　Point

四角形が**平行四辺形**になる条件は次である。

1　2 組の向かい合う辺がそれぞれ**平行**である(**定義**)

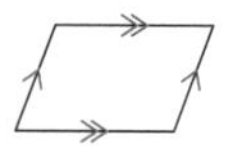

2　2 組の向かい合う辺の長さがそれぞれ等しい

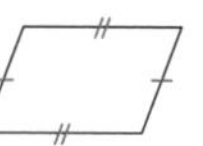

3　2 組の向かい合う角がそれぞれ等しい

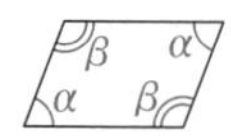

4　**対角線**がそれぞれの**中点**で交わる

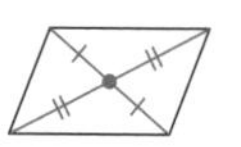

5　1 組の向かい合う辺が平行で長さが等しい

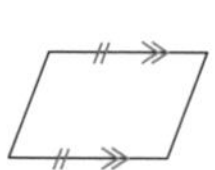

1～**5**のうち1つでも成り立てば，その四角形は平行四辺形になる

数検でるでるポイント200　長方形，ひし形，正方形　復習　Point

1　4 つの角が等しい四角形を**長方形**(ちょうほうけい)という。
⬆等しい角は 90°

2　4 つの辺の長さが等しい四角形を**ひし形**(がた)という。

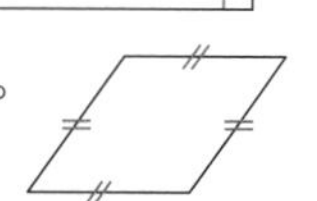

3　4 つの角が等しく，4 つの辺の長さが等しい四角形を**正方形**(せいほうけい)という。
⬆等しい角は 90°
⬆**正四角形**ともいう

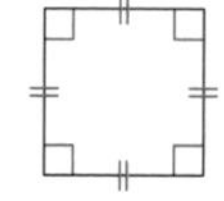

数検でるでるポイント201　四角形の対角線の性質　復習　Point

四角形の**対角線**について，次の性質がある。

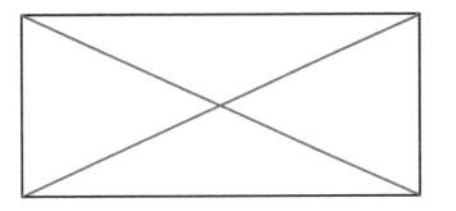

1 **長方形**の対角線の長さは等しい

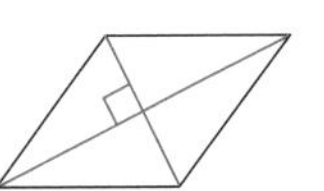

2 **ひし形**の対角線は垂直に交わる

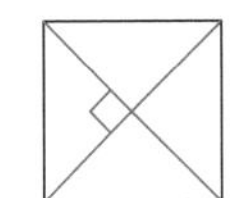

3 **正方形**の対角線の長さは等しく，垂直に交わる

+α ポイント

長方形，ひし形，正方形はすべて平行四辺形である。正方形は長方形かつひし形である。これらのことから，右の図のような**包含関係**（ほうがん）がある。

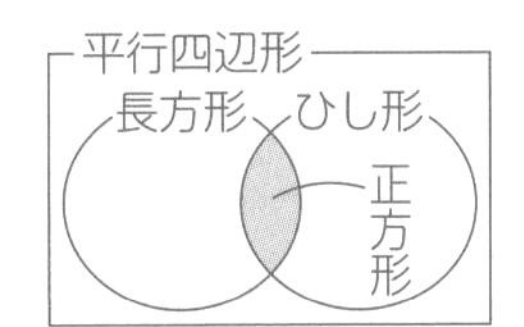

数検でるでる問題

右の図の四角形ABCDにおいて，線分AD，BCの中点をそれぞれP，R，対角線BD，ACの中点をそれぞれQ，Sとします。このとき，四角形PQRSは平行四辺形であることを証明しなさい。　★★

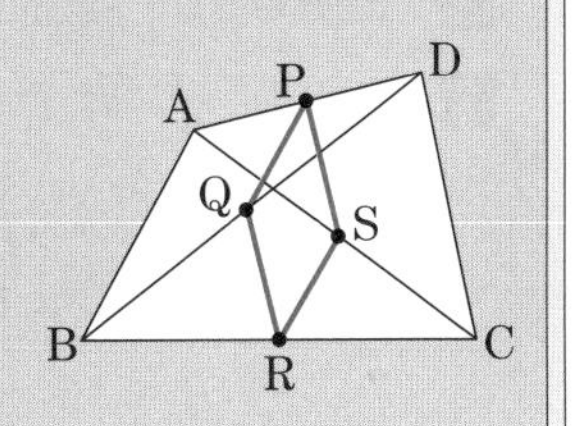

解答例

テーマ53 ポイント190：中点連結定理

△DAB，△CABでそれぞれ中点連結定理を用いて，

「PQ // AB　かつ　$PQ = \frac{1}{2}AB$」

かつ「SR // AB　かつ　$SR = \frac{1}{2}AB$」

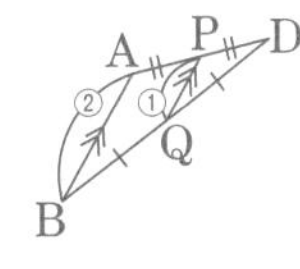

これより　PQ // SR　かつ　PQ = SR

ポイント199：平行四辺形の性質 5

よって，1組の向かい合う辺が平行で長さが等しいから，

四角形PQRSは平行四辺形である。〔証明終〕

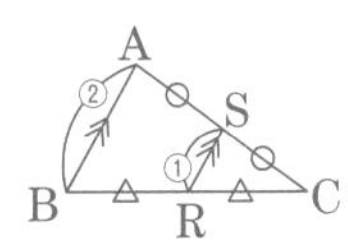

数検でるでるテーマ57　円の性質

数検でるでるポイント202　円周角の定理　Point

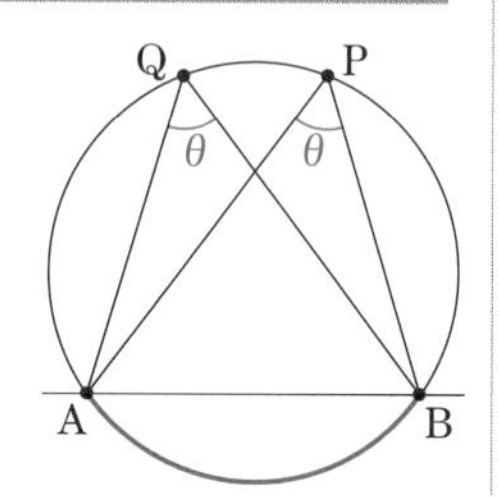

右の図のように円周上に4点A，B，P，Qがあり，

2点P，Qが直線ABにかんして同じ側にあるとき，

$\angle \mathbf{APB} = \angle \mathbf{AQB}$

すなわち，

同じ**弧**（こ）にたいする**円周角**は等しい

数検でるでるポイント203　円と角の大きさ　Point

1つの円周上に3点A，B，Cがある。

この平面上で直線ABにかんして，点Cと同じ側に点Pをとるときの$\angle$APBの大きさについて

1　点Pが 円周上 にあるとき　$\angle \mathbf{APB} = \angle \mathbf{ACB}$　⬅ポイント202：円周角の定理

2　点Pが円の 内部 にあるとき　$\angle \mathbf{APB} > \angle \mathbf{ACB}$

3　点Pが円の 外部 にあるとき　$\angle \mathbf{APB} < \angle \mathbf{ACB}$

点Pが円周上，円の内部，円の外部のときの$\angle$APBをそれぞれ $\boldsymbol{\theta}$，$\boldsymbol{\alpha}$，$\boldsymbol{\beta}$ とすると，

$\boldsymbol{\beta} < \boldsymbol{\theta} < \boldsymbol{\alpha}$

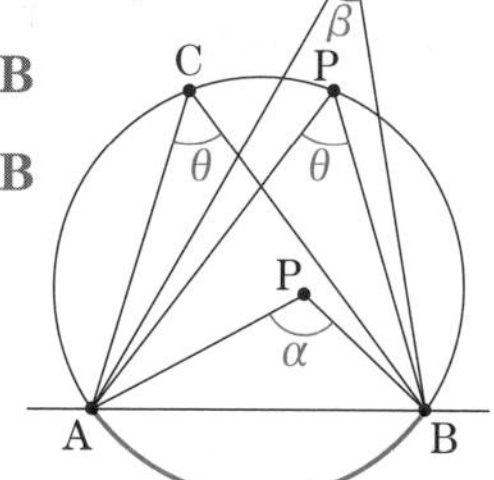

数検でるでるポイント204　円周角と中心角の関係　Point

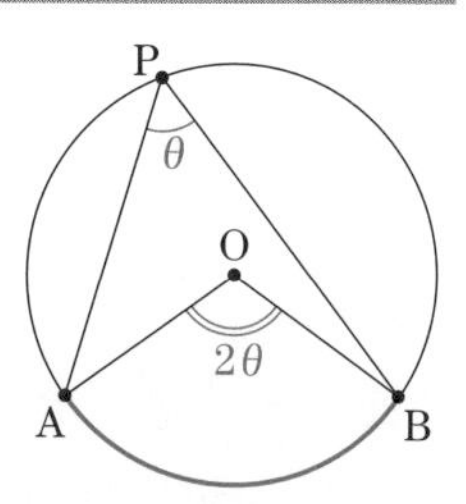

右の図のように点Oを中心とする円周上に3点A，B，Pがあり，弧AB上にPがないとき

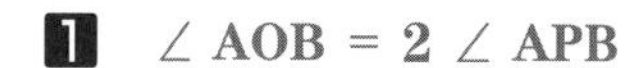

1　$\angle \mathbf{AOB} = \mathbf{2} \angle \mathbf{APB}$

2　$\angle \mathbf{APB} = \dfrac{\mathbf{1}}{\mathbf{2}} \angle \mathbf{AOB}$

すなわち，

同じ**弧**にたいする**円周角**と**中心角**の大きさの比は1：2

数検でるでるポイント205 円に内接する四角形の内角と外角 Point

四角形 ABCD が円に**内接**するとき，

1 四角形 ABCD の**対角**の和は 180°

2 四角形 ABCD の**外角**はそれと隣り合う**内角**の対角に等しい

右の図のように∠BAD = α，∠BCD = β とすると $\alpha + \beta = 180°$

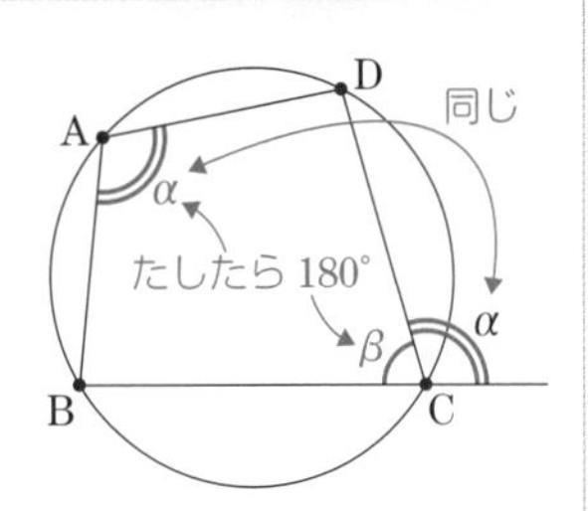

数検でるでるポイント206 直径と円周角 Point

円周上に異なる 3 点 A，B，C があるとき，

線分 BC は**直径** ⟺ ∠BAC = 90°

すなわち，

1 半円の弧にたいする**円周角**は直角

2 △ABC が**直角三角形**であれば**斜辺**は**外接円**の直径 ⬆外接円の中心は斜辺の中点

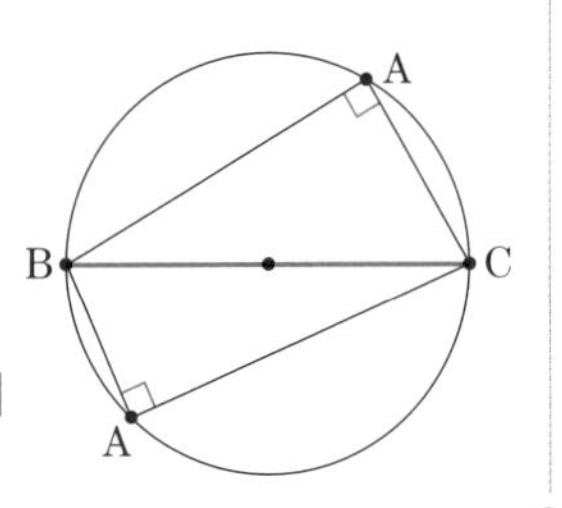

数検でるでる問題

右の図のように円に内接する四角形 ABCD があり，直線 AD と直線 BC の交点を E とします。∠ABC = 68°，∠BEA = 32° のとき，∠BCD を求めなさい。 ★

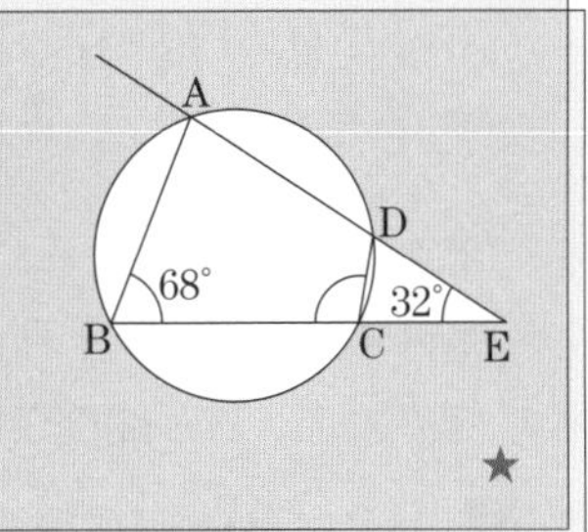

解答例

△ABE の内角より ∠BAE = 180° −(32° + 68°) = 80°

四角形 ABCD は円に内接するので，

∠BCD = 180° −∠BAD = 180° − 80° = **100°**

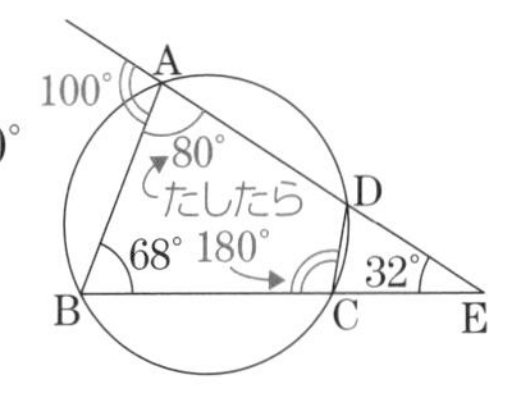

別 ∠BAD の外角は∠ABE +∠AEB = 68° + 32° = 100°

よって ∠BCD = **100°** ⬅ポイント 205：円に内接する四角形の内角と外角 **2**

数検でるでるテーマ58　円と直線

数検でるでるポイント207　円と直線の位置関係　Point

平面上に**円** C と**直線** l がある。

円 C の中心と直線 l の距離を d

円 C の半径を r

とすると，円と直線の位置関係は次のようになる。

円の中心と直線の距離と半径の大小関係で位置関係は決まる。接するときは中心と接点を結ぶ線分は接線に垂直

d と r	$d < r$	$d = r$	$d > r$
位置関係	異なる2点で交わる	1点で接する	共有点をもたない
図			

数検でるでるポイント208　円外の点からの接線　Point

中心がOの円の外部に点Aがあり，点Aから円へ**接線**を2本ひいて接点をP，Qとする。

このとき　△ **OPA** ≡ △ **OQA**

すなわち，次が成り立つ。

1　**AP = AQ**　（接線の長さは等しい）

2　∠ **OAP** = ∠ **OAQ**　（線分AOは∠ PAQの**二等分線**）

3　∠ **AOP** = ∠ **AOQ**　（線分OAは∠ POQの二等分線）

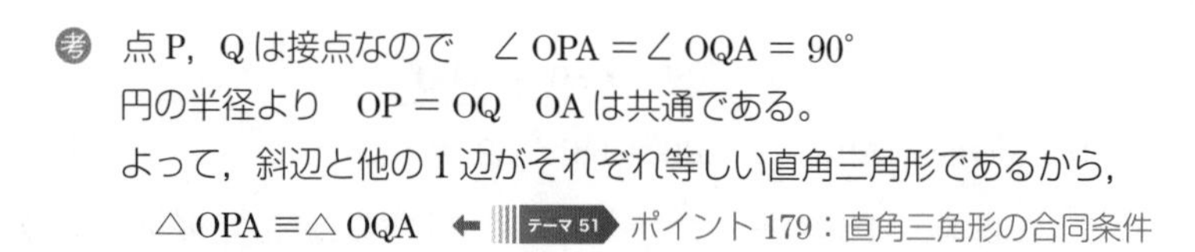

考　点P，Qは接点なので　∠ OPA = ∠ OQA = 90°

円の半径より　OP = OQ　OAは共通である。

よって，斜辺と他の1辺がそれぞれ等しい直角三角形であるから，

△ OPA ≡ △ OQA　⬅ テーマ51 ポイント179：直角三角形の合同条件

数検でるでるポイント209　接弦定理　Point

△ABPの外接円の点Aにおける**接線**をlとし，右の図のように点Cをl上にとるとき，

$$\angle \mathrm{BAC} = \angle \mathrm{APB}$$

が成り立つ。すなわち，円があり，弦ABと点Aにおける接線のなす角は，その角内にある$\overset{\frown}{\mathrm{AB}}$に対する**円周角**に等しい。

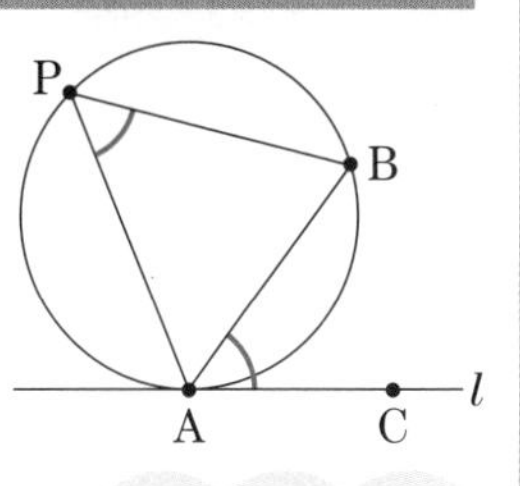

円と接線があるとき
等しい角が出てくる

数検でるでる問題

1 右の図のように，△ABCの内接円が辺BC，CA，ABとそれぞれ3点D，E，Fで接しています。BD = 3，CD = 4，AB = 5とするとき，辺CAの長さを求めなさい。★

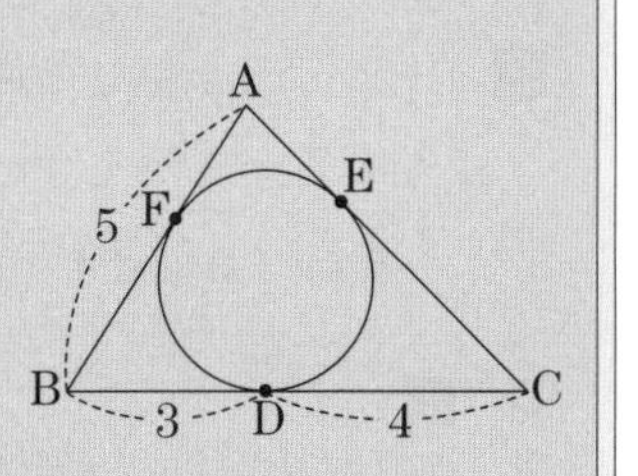

2 右の図のように，円外にある点Pを通る2直線があり，一方は円と2点A，Bで交わり，他方は円と点Tで接しているとします。このとき，△PAT ∽ △PTBであることを証明しなさい。★★

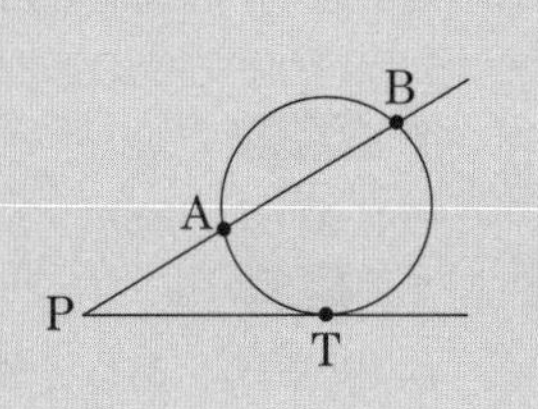

解答例

1 BF = BD = 3，CE = CD = 4　⬅ポイント208：円外の点からの接線 **1**

AF = AB − BF = 5 − 3 = 2

AE = AF = 2

よって　CA = CE + EA = 4 + 2 = **6**

2 接弦定理より∠PTA = ∠PBT

共通の角より　∠APT = ∠TPB

よって，2組の角がそれぞれ等しいので　△PAT ∽ △PTBである。〔証明終〕

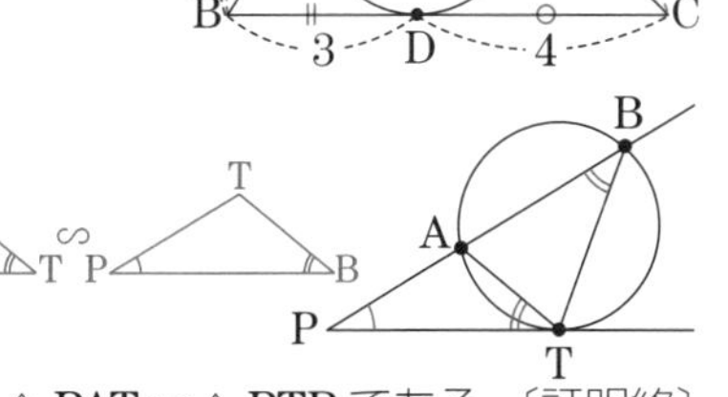

数検でるでるテーマ 59 方べきの定理

数検でるでるポイント210 方べきの定理 Point

1 円上にない点 P を通る 2 直線が円とそれぞれ 2 点 A, B と 2 点 C, D で交わるとき,

PA・PB = PC・PD

[点 P が円内にある]　　[点 P が円外にある]

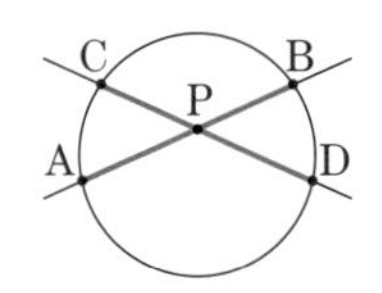

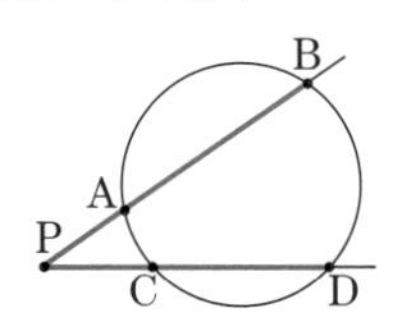

2 円外にある点 P を通る 2 直線が, 一方が円と 2 点 A, B で交わり, もう一方が円と点 T で接するとき,

PA・PB = PT²

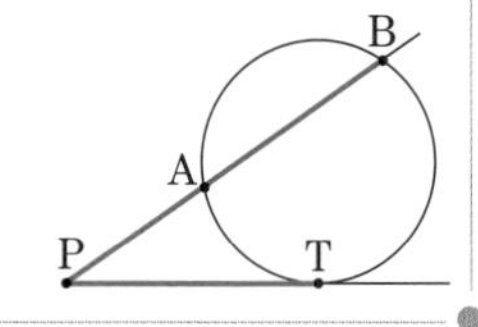

考 **1**

㋐ 点 P が円内にある場合

対頂角が等しいので∠APC＝∠DPB

↑ テーマ 53 ポイント 185：対頂角

円弧 $\overset{\frown}{AD}$ の円周角から∠ACP＝∠DBP

↑ テーマ 57 ポイント 202：円周角の定理

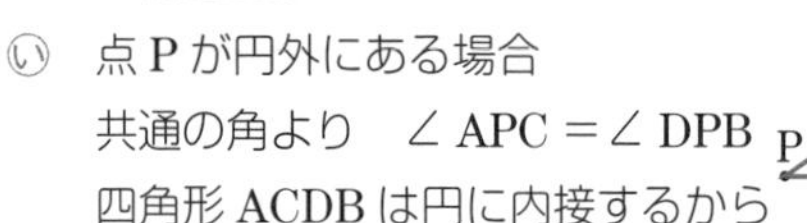

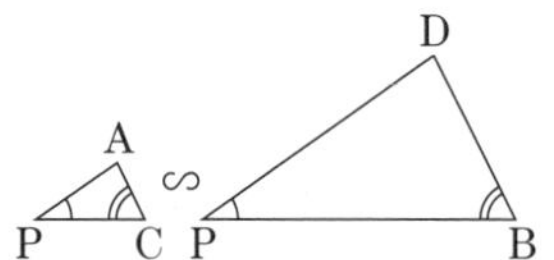

㋑ 点 P が円外にある場合

共通の角より ∠APC＝∠DPB

四角形 ACDB は円に内接するから

∠ACP＝∠DBP ← テーマ 57 ポイント 205：円に内接する四角形の内角と外角

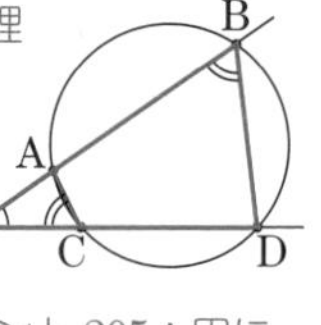

㋐, ㋑のいずれの場合も 2 組の角がそれぞれ等しいので△PAC∽△PDB

相似比より PA：PD＝PC：PB

すなわち PA・PB＝PC・PD

2 △PAT∽△PTB ← テーマ 58「数検でるでる問題」**2**

相似比より PA：PT＝PT：PB

すなわち PA・PB＝PT²

+α ポイント

方べきの定理は，円上にない定点を通る直線と円が 2 つの交点をもつとき，定点と交点の距離の積は直線のとり方によらず一定値になることを表している。この一定値を「方べき」という。

円と直線が接する場合は接点で同じ交点が 2 つあるとみなせばよい。つまり，**1** の点 P が円外にある場合の PA・PB = PC・PD で 2 点 C，D をどちらも T とすると

$$\mathrm{PA}\cdot\mathrm{PB}=\mathrm{PT}\cdot\mathrm{PT}=\mathrm{PT}^2$$

となり **2** になる。

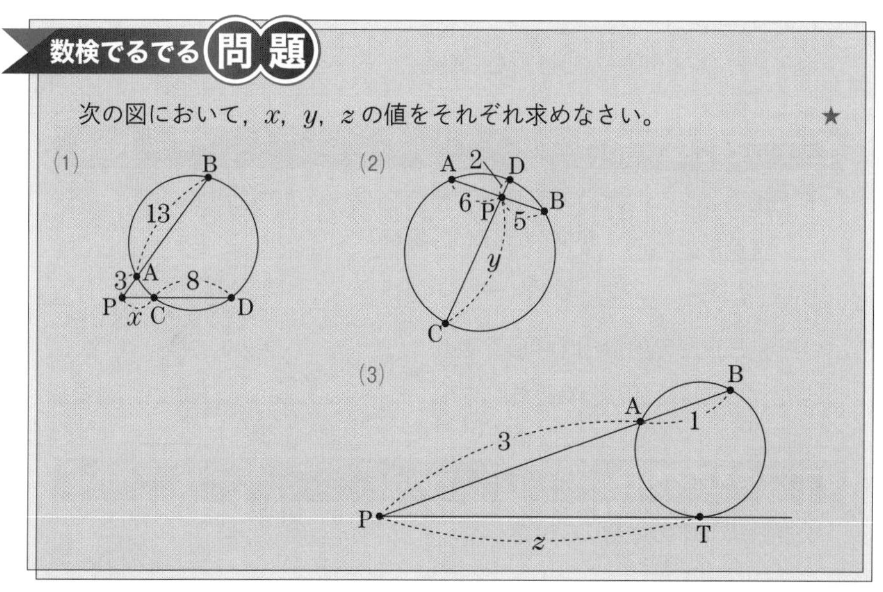

解答例

いずれも方べきの定理を用いる。

(1) $\mathrm{PA}\cdot\mathrm{PB}=\mathrm{PC}\cdot\mathrm{PD}$ より $3\cdot 16=x\cdot(x+8)$ ⬅ $\mathrm{PB}=\mathrm{PA}+\mathrm{AB}=3+13=16$, $\mathrm{PD}=\mathrm{PC}+\mathrm{CD}=x+8$

$x^2+8x-48=0$ すなわち $(x-4)(x+12)=0$

よって **$x=4$**

(2) $\mathrm{PA}\cdot\mathrm{PB}=\mathrm{PC}\cdot\mathrm{PD}$ より $6\cdot 5=y\cdot 2$

よって **$y=15$**

(3) $\mathrm{PA}\cdot\mathrm{PB}=\mathrm{PT}^2$ より $3\cdot 4=z^2$ ⬅ $\mathrm{PB}=\mathrm{PA}+\mathrm{AB}=3+1=4$

よって **$z=2\sqrt{3}$**

数検でるでるテーマ60　三角形の外心・内心・重心・垂心

数検でるでるポイント211　三角形の外心　Point

三角形の3つの辺の**垂直二等分線**の交点を，

三角形の**外心**（がいしん）　↑辺の中点を通り，辺に垂直な直線

という。

外心は三角形の**外接円**の中心である。

また，外心は3頂点から等距離にある。

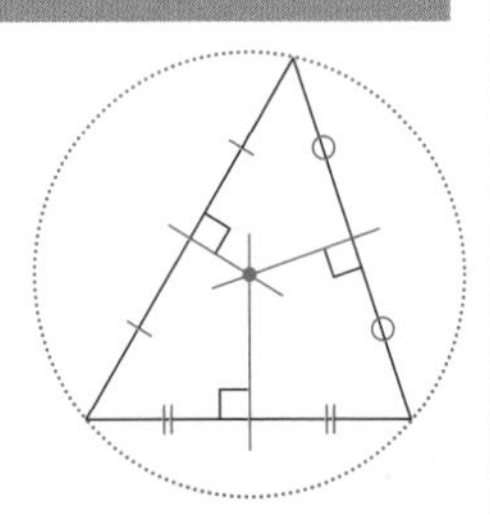

数検でるでるポイント212　三角形の内心　Point

三角形の3つの**内角の二等分線**の交点を，

三角形の**内心**（ないしん）　↑内角を2等分する直線

という。

内心は三角形の**内接円**の中心である。

また，内心は3辺から等距離にある。

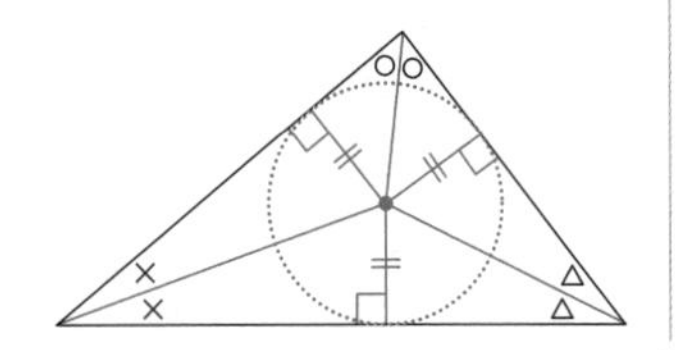

数検でるでるポイント213　三角形の重心　Point

三角形の3本の**中線**の交点を，

三角形の**重心**（じゅうしん）　↖頂点と対辺の中点を結ぶ線分

という。

重心は各中線を右の図のように2：1に内分する。

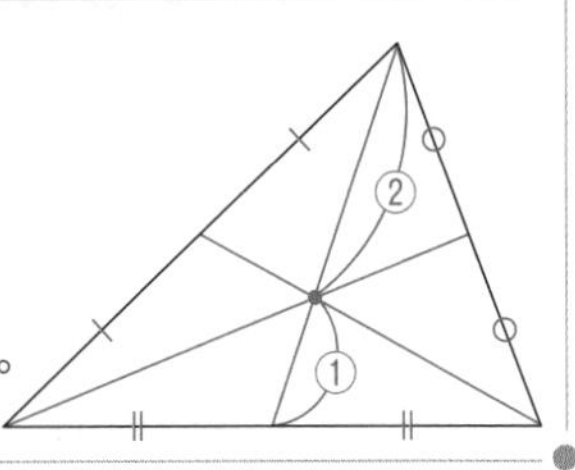

数検でるでるポイント214　三角形の垂心　Point

三角形の各頂点から**対辺**またはその延長におろした

3本の**垂線**の交点を，

↑頂点を通り，対辺に垂直な直線

三角形の**垂心**（すいしん）

という。

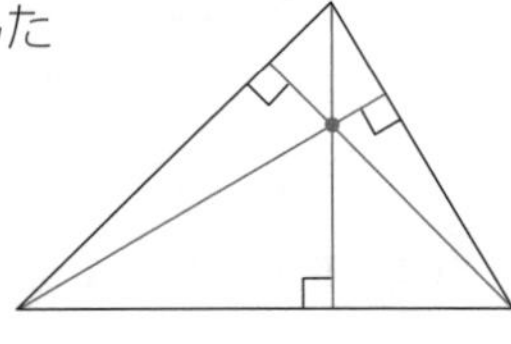

+α ポイント　**鋭角三角形**ではない三角形の**外心**，**垂心**の位置について

直角三角形のとき，外心は**斜辺**の**中点**，垂心は直角の**頂点**となる。

鈍角三角形のとき，外心，垂心は三角形の外部に位置する。

〔∠BAC＝90°の直角三角形 ABC〕

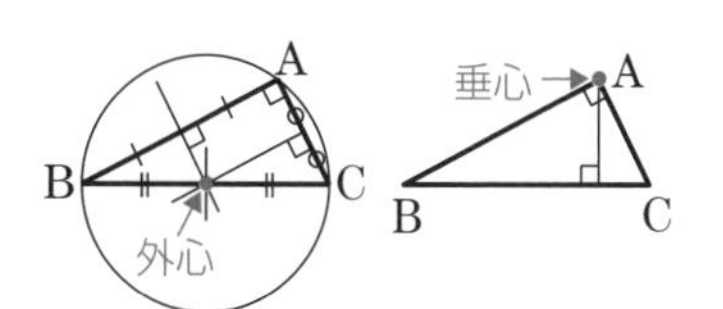

〔∠BAC が鈍角の△ABC〕

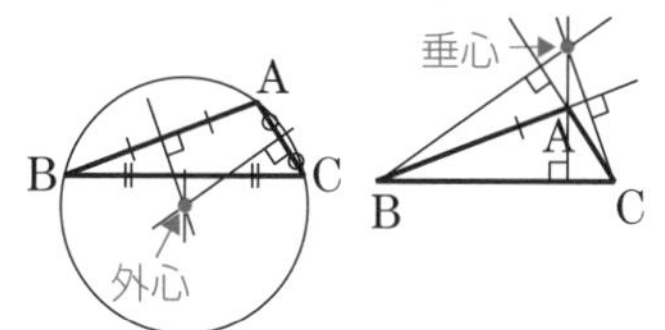

数検でるでる 問題

1　∠BAC ＝ 56°の△ABC の外心を O とします。∠BOC を求めなさい。ただし，0° < ∠BOC < 180° とします。　★★

2　∠BAC ＝ 56°の△ABC の内心を I とします。∠BIC を求めなさい。ただし，0° < ∠BIC < 180° とします。　★★

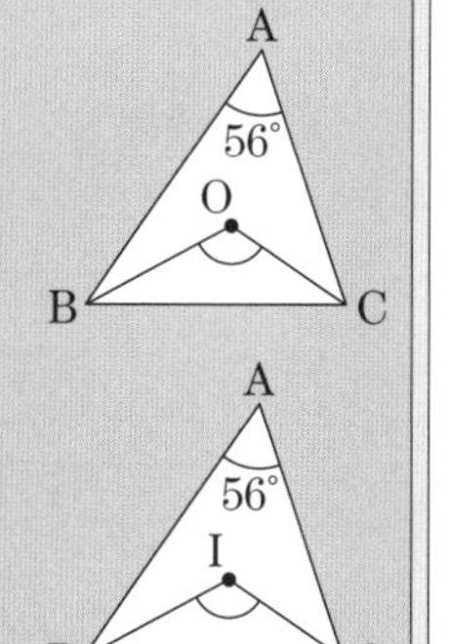

解答例

⬇ポイント 211：三角形の外心

1　外心 O は△ABC の外接円の中心なので，点 A，B，C は同一円周上にある。$\overset{\frown}{BC}$ の中心角と円周角の関係から，

$$\angle BOC = 2\angle BAC = 2 \times 56^\circ = \underline{\mathbf{112^\circ}}$$

⬆ テーマ 57 ポイント 204：円周角と中心角の関係

A　56°　O　B　C

2　点 I は△ABC の内心なので，

⬇ポイント 212：三角形の内心

$\angle ABI = \angle CBI = \boldsymbol{\alpha}$　⬅ BI は∠ABC の二等分線

$\angle BCI = \angle ACI = \boldsymbol{\beta}$　⬅ CI は∠ACB の二等分線

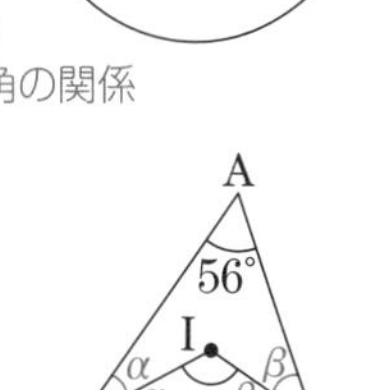

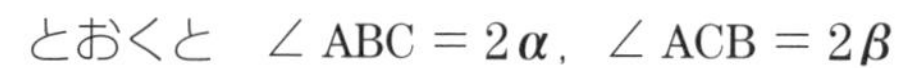

とおくと　$\angle ABC = 2\boldsymbol{\alpha}$，$\angle ACB = 2\boldsymbol{\beta}$

△ABC の内角の和が 180°であることから，

$$56^\circ + 2\boldsymbol{\alpha} + 2\boldsymbol{\beta} = 180^\circ \quad \text{すなわち} \quad \boldsymbol{\alpha} + \boldsymbol{\beta} = 62^\circ$$

よって△IBC の内角の和が 180°であることから，⬅三角形の内角の和に着目！

$$\angle BIC = 180^\circ - (\boldsymbol{\alpha} + \boldsymbol{\beta}) = 180^\circ - 62^\circ = \underline{\mathbf{118^\circ}}$$

数検でるでるテーマ61　チェバの定理，メネラウスの定理

数検でるでるポイント215　チェバの定理　Point

△ABC において，3辺 BC，CA，AB，またはその延長線上にそれぞれ点 P，Q，R があり，3直線 AP，BQ，CR が1点で交わるとき，

$$\frac{BP}{PC}\cdot\frac{CQ}{QA}\cdot\frac{AR}{RB}=1$$

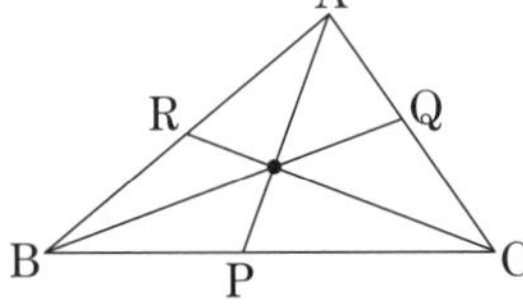

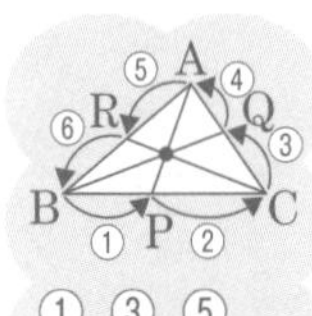

考　3直線 AP，BQ，CR が交わる1点を O として面積比より，

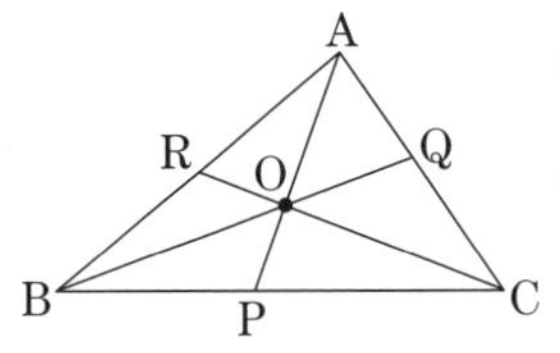

OA を底辺とみると，高さの比が BP：PC より，

$$\frac{\triangle OAB}{\triangle OAC}=\frac{BP}{PC}$$

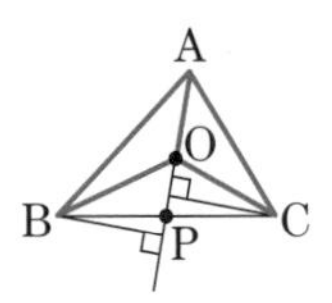

$$\frac{BP}{PC}\cdot\frac{CQ}{QA}\cdot\frac{AR}{RB}=\frac{\triangle OAB}{\triangle OAC}\cdot\frac{\triangle OBC}{\triangle OBA}\cdot\frac{\triangle OCA}{\triangle OCB}=1$$

数検でるでるポイント216　メネラウスの定理　Point

△ABC の3辺 BC，CA，AB，またはその延長線と，△ABC の頂点を通らない直線がそれぞれ点 P，Q，R で交わるとき，

$$\frac{BP}{PC}\cdot\frac{CQ}{QA}\cdot\frac{AR}{RB}=1$$

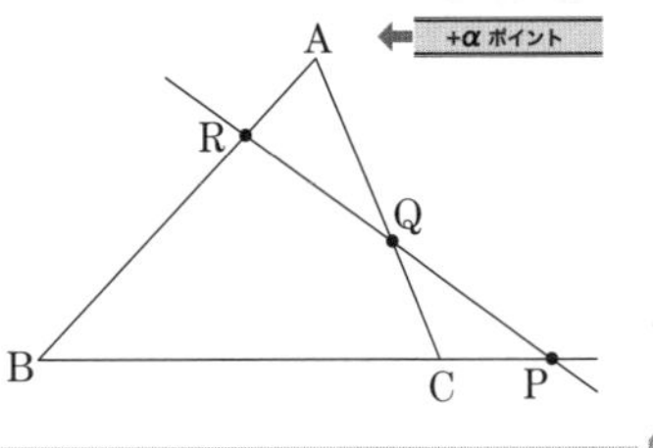

考

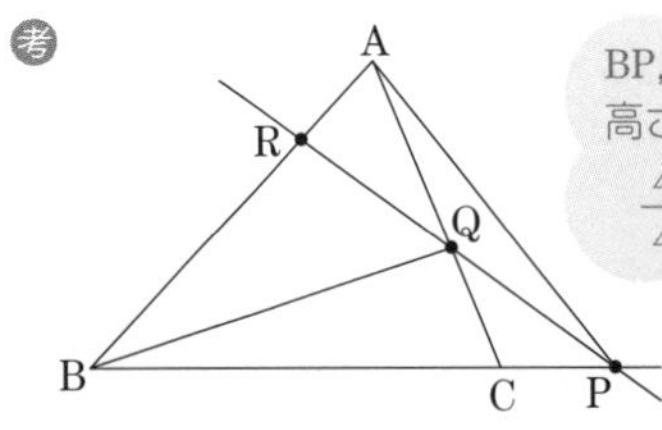

BP，PC を底辺とみると，高さが同じなので，

$$\frac{\triangle QBP}{\triangle QCP}=\frac{BP}{PC}$$

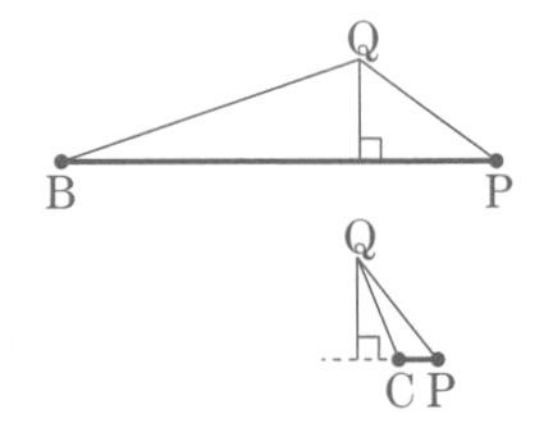

面積比より，

$$\frac{BP}{PC}\cdot\frac{CQ}{QA}\cdot\frac{AR}{RB}=\frac{\triangle QBP}{\triangle QCP}\cdot\frac{\triangle QCP}{\triangle QAP}\cdot\frac{\triangle QAP}{\triangle QBP}=1$$

+α ポイント

メネラウスの定理は，右の図のような場合，点Bから頂点と交点を順に結んで6ターンの一筆書きで点Bに帰ってくる比を考えると，2つの式が成り立つ。

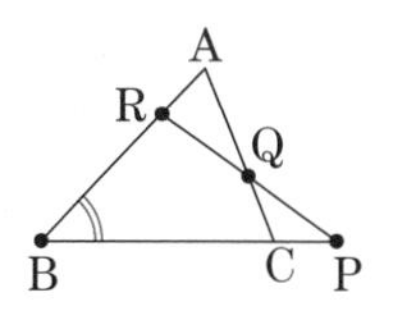

1 $\dfrac{BP}{PC}\cdot\dfrac{CQ}{QA}\cdot\dfrac{AR}{RB}=1$

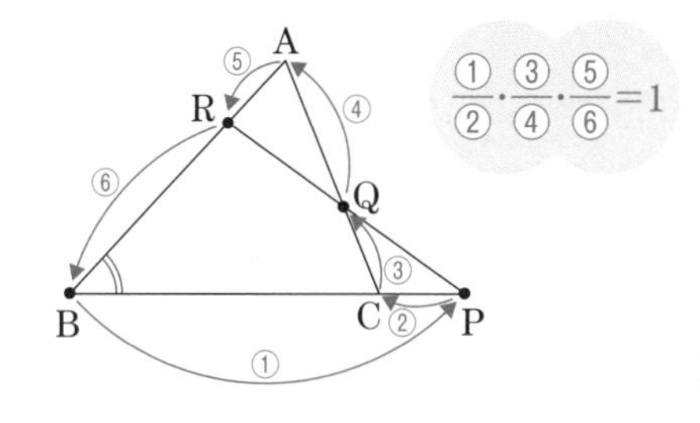

$\dfrac{①}{②}\cdot\dfrac{③}{④}\cdot\dfrac{⑤}{⑥}=1$

2 $\dfrac{BA}{AR}\cdot\dfrac{RQ}{QP}\cdot\dfrac{PC}{CB}=1$

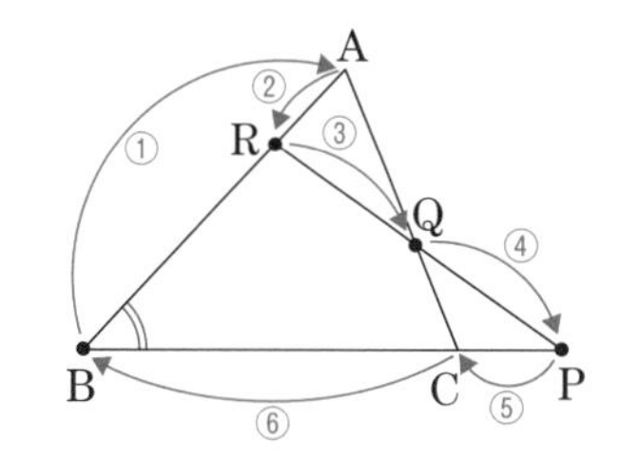

数検でるでる問題

右の図のように△ABCがあり，辺ABを2：1に内分する点をD，辺BCの中点をE，線分AEと線分CDの交点をPとし，直線BPと辺ACの交点をFとします。このとき，次の問いに答えなさい。 ★★

(1) 線分比AF：FCを求めなさい。

(2) 線分比AP：PEを求めなさい。

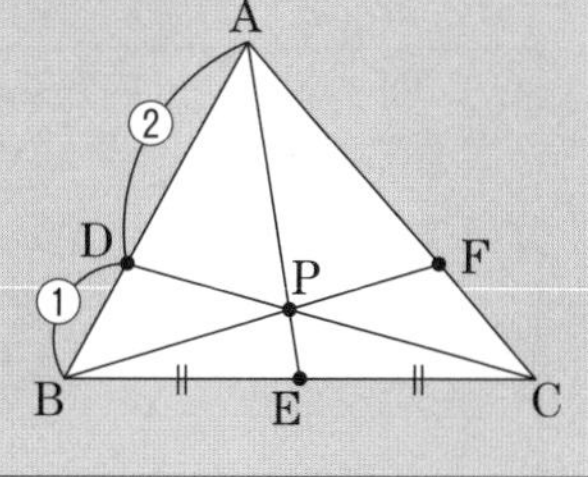

解答例

(1) チェバの定理を用いて，

$$\frac{BE}{EC}\cdot\frac{CF}{FA}\cdot\frac{AD}{DB}=1 \quad より \quad \frac{1}{1}\cdot\frac{FC}{AF}\cdot\frac{2}{1}=1$$

よって $\dfrac{FC}{AF}=\dfrac{1}{2}$ であるから，**AF：FC＝2：1**

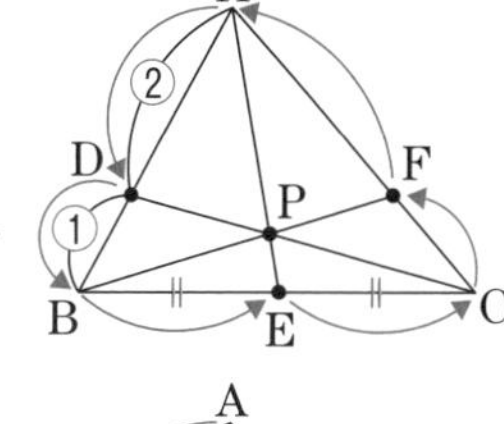

(2) メネラウスの定理を用いて，

$$\frac{BC}{CE}\cdot\frac{EP}{PA}\cdot\frac{AD}{DB}=1 \quad より \quad \frac{2}{1}\cdot\frac{PE}{AP}\cdot\frac{2}{1}=1$$

よって $\dfrac{PE}{AP}=\dfrac{1}{4}$ であるから，**AP：PE＝4：1**

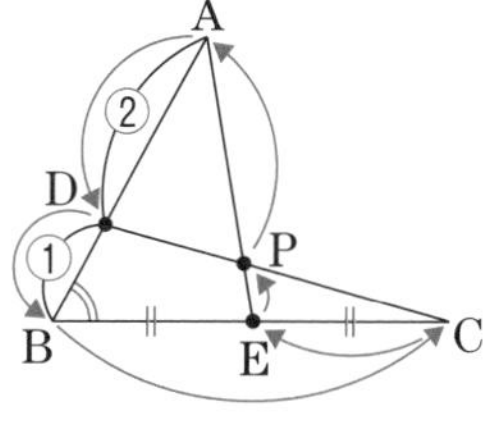

数検でるでるテーマ62 2つの円の位置関係

数検でるでるポイント217 2つの円の位置関係 Point

平面上に2つの円 C_1 と C_2 がある。

2つの円 C_1, C_2 の中心間の距離を d

2つの円 C_1, C_2 の半径をそれぞれ R, r $(R > r)$

とすると，これら2つの円の位置関係は次のようになる。

d と R, r	$d = R - r$	$R - r < d < R + r$	$d = R + r$
2つの円の位置関係	内接する（共有点1個）	異なる2点で交わる（共有点2個）	外接する（共有点1個）
図	C_1, C_2, d, r, R	C_1, C_2, d, R, r	C_1, C_2, d, R, r

d と R, r	$d < R - r$	$R + r < d$
2つの円の位置関係	内包する（共有点0個）	共有点をもたない（共有点0個）
図	C_1, C_2, d, r, R	C_1, C_2, d, R, r

接する（内接する，外接する）ときが等号なので，まずはこの関係式をおさえておくとよい
接するときは2円の中心と接点は同一直線上にある

$R = r$ のときも成り立つが，「内接する」ことや「内包する」ことはない。（C_1 と C_2 は同じ半径の円） ⬆2つの円が重なる

2つの円が共有点をもつ条件は $R - r \leqq d \leqq R + r$ ⬅等号は接するとき

+α ポイント

2つの円の位置関係は中心間の距離と2つの円の半径で決まる。

異なる2点で交わるときは R, r, d を3辺の長さとする三角形があるので，

「テーマ55 ポイント196：三角形の成立条件」から，

$$R - r < d < R + r$$

と考えてもよい。 ⬆（半径の差）<（中心間の距離）<（半径の和）

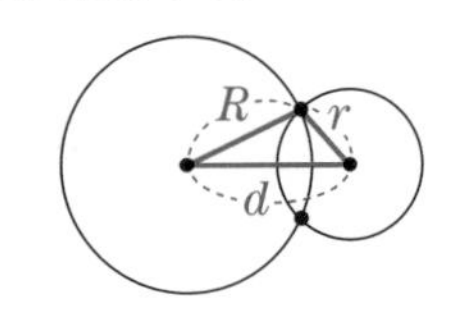

数検でるでる問題

1 点Aを中心とする半径が5の円と，点Bを中心とする半径が3の円があります。このとき，次の問いに答えなさい。 ★

(1) 2つの円が外接するときの中心間の距離ABを求めなさい。

(2) 2つの円が内接するときの中心間の距離ABを求めなさい。

2 半径が異なる2つの円があります。この2つの円は，中心間の距離が9ならば外接し，5ならば内接します。この2つの円の半径を求めなさい。 ★★

3 半径が5と3の2つの円が異なる2点で交わっています。このとき，この2つの円の中心間の距離をdとします。dの範囲を求めなさい。 ★★

解答例

1 (1) 2つの円が外接するときの中心間の距離は半径の和より，

$$AB = 5 + 3 = \underline{\mathbf{8}}$$

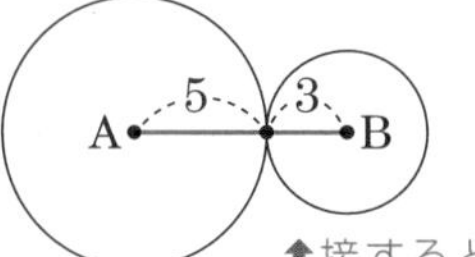

↑接するときは，2円の中心と接点は同一直線上

(2) 2つの円が内接するときの中心間の距離は半径の差より，

$$AB = 5 - 3 = \underline{\mathbf{2}}$$

2 2つの円の半径をR，r $(R > r)$とする。

中心間の距離が9ならば外接し，5ならば内接するので，

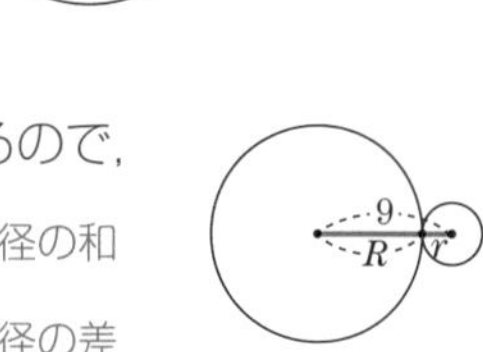

$$\begin{cases} R + r = 9 & \text{⬅外接するときの中心間の距離は半径の和} \\ R - r = 5 & \text{⬅内接するときの中心間の距離は半径の差} \end{cases}$$

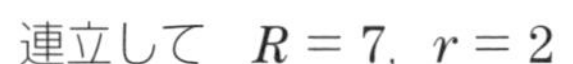

連立して　$R = 7$，$r = 2$

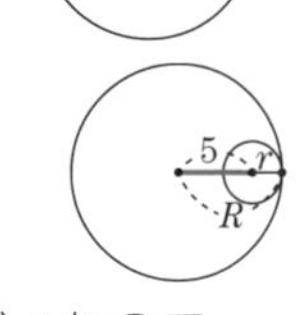

よって，2つの円の半径は$\underline{\mathbf{2}}$と$\underline{\mathbf{7}}$

3 半径が5と3の円が異なる2点で交わり，中心間の距離がdなので，

$$5 - 3 < d < 5 + 3$$

よって，$\underline{\mathbf{2 < d < 8}}$

↑異なる2点で交わるときは　(半径の差)＜(中心間の距離)＜(半径の和)

数検でるでるテーマ63 空間内の垂線

数検でるでるポイント218 直線と平面の位置関係 Point

空間内に**直線** l と**平面** α がある。

これらの位置関係は次のようになる。

1 直線 l と平面 α がただ1つの**共有点** A をもつとき，

l と α は**交わる**といい，共有点 A を l と α の**交点**という。

2 l と α が共有点をもたないとき，

l と α は**平行**であるといい　$l /\!/ \alpha$　とかく。

3 直線 l と平面 α が異なる2点を共有するとき，l は α 上にある。

このとき，直線 l 上のすべての点は平面 α 上にある。

	1	2	3
位置関係	交わる	平行である	直線が平面上にある
図	l A 平面 α	l 平面 α	l 平面 α

数検でるでるポイント219 垂　線 Point

平面 α 上にない点 P を通り，α に垂直な直線がただ1つある。

この直線を，点 P から平面 α におろした**垂線**(すいせん)という。

この垂線と平面 α の交点を H として，

点 P から平面 α へ垂線 PH をおろす

という。

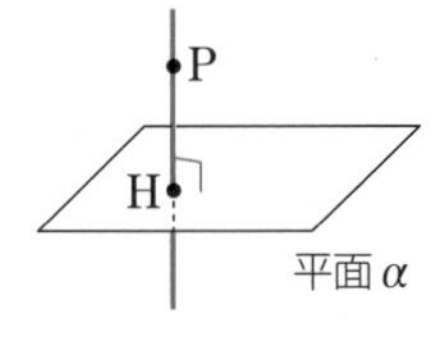

また，点 H を**垂線の足**(あし)という。

数検でるでるポイント220 直線と平面が垂直 Point

直線 l と平面 α がある。

直線 l が平面 α 上のすべての直線に垂直であるとき，l と α は**垂直**である　または　l と α は**直交**(ちょっこう)する　といい　$l \perp \alpha$　とかく。

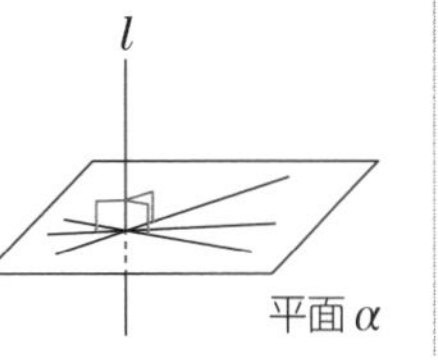

数検でるでるポイント221 3本の脚の長さが等しい四面体と垂線 Point

四面体 OABC があり　**OA = OB = OC**　とする。

このとき，点 O から平面 ABC へ**垂線** OH をおろすと，点 H は △ ABC の**外心**になる。

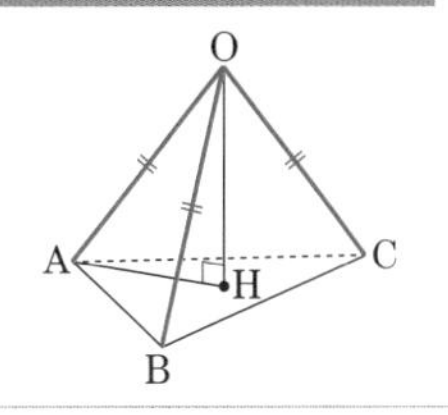

考 下の「数検でるでる問題」で証明している。

数検でるでる 問題

四面体 OABC があり　OA = OB = OC　をみたすとし，点 O から平面 ABC へ垂線 OH をおろします。このとき，点 H が△ ABC の外心になることを証明しなさい。　★★★

解答例

↓問題文にかいてある

OA = OB = OC　……①　　（OH は平面 ABC 上のすべての直線と垂直 ↓）

OH ⊥平面 ABC より　OH ⊥ AH，OH ⊥ BH，OH ⊥ CH

すなわち　∠ OHA =∠ OHB =∠ OHC = 90°　……②

OH は共通　……③

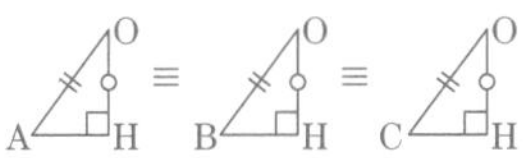
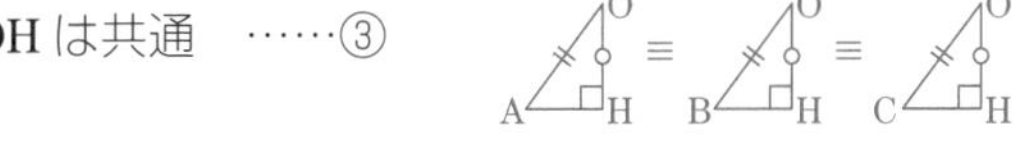

①，②，③より斜辺と他の 1 辺が等しい直角三角形であることから，

△ OAH ≡△ OBH ≡△ OCH　← テーマ51 ポイント 179：直角三角形の合同条件 2

よって　HA = HB = HC　であるから，点 H は△ ABC の外心である。〔証明終〕

↑△ ABC の外接円の半径

↑ テーマ60 ポイント 211：三角形の外心

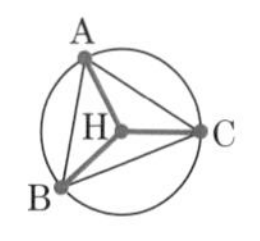

数検でるでるテーマ64　多面体

数検でるでるポイント222　多面体　Point

平面だけで囲まれた立体を**多面体**(ためんたい)といい，へこみのない多面体を**凸多面体**(とつためんたい)という。

n 個の面で囲まれている多面体を **n 面体**(めんたい)という。

例　三角錐，三角柱などを多面体という。
　三角錐は4個の面で囲まれているので四面体，三角柱は三角形2個と，四角形3個の5個の面で囲まれているので五面体という。

〔三角錐〕

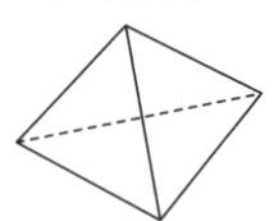

〔三角柱〕

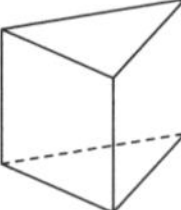

数検でるでるポイント223　オイラーの多面体定理　Point

多面体の頂点(vertex)の数を v，辺(edge)の数を e，面(face)の数を f とするとき，すべての多面体について

$$v - e + f = 2$$

すなわち　(頂点の数)－(辺の数)＋(面の数)＝2

例　三角錐について
　頂点の数は4，辺の数は6，面の数は4
　$v - e + f = 4 - 6 + 4 = 2$

例　三角柱について
　頂点の数は6，辺の数は9，面の数は5
　$v - e + f = 6 - 9 + 5 = 2$

+α ポイント

多面体の頂点の数 v，辺の数 e，面の数 f の3つのうち，2つがわかれば，オイラーの多面体定理から残り1つがわかる。

例えば，辺の数が30，面の数が20の多面体の頂点の数はいくつかを考えると，図を描くのはかなり大変だが，頂点の数を v として，オイラーの多面体定理を用いれば

$v - 30 + 20 = 2$　すなわち　$v = 12$

このことから，図を描かなくても頂点の数は12とわかる。

数検でるでるポイント224 正多面体 Point

2つの条件

1 各面はすべて合同な正多角形である

2 各頂点に集まる面の数はすべて等しい

をみたす凸多面体を**正多面体**という。

これらは次の**5 種類**しかない。

〔正四面体〕 〔正六面体〕 〔正八面体〕 〔正十二面体〕 〔正二十面体〕

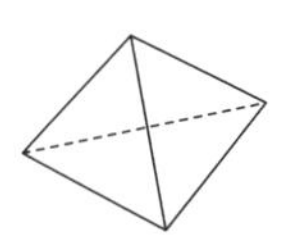
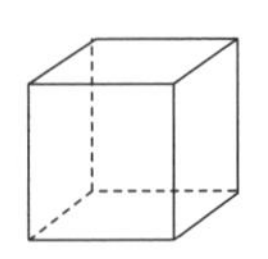
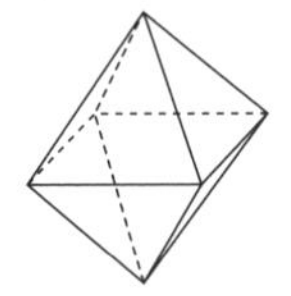
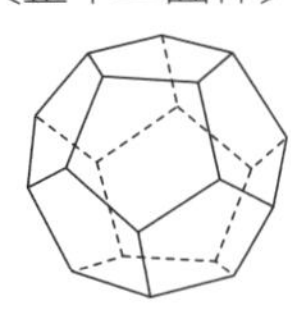
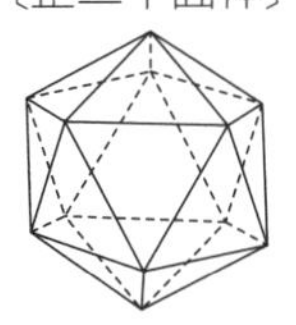

正多面体	正四面体	正六面体	正八面体	正十二面体	正二十面体
面の形	正三角形	正方形	正三角形	正五角形	正三角形
頂点の数	4	8	6	20	12
辺の数	6	12	12	30	30
面の数	4	6	8	12	20
頂点に集まる面の数	3	3	4	3	5

数検でるでる 問題

頂点の数が 12，面の数が 20 である多面体の辺の数を求めなさい。 ★★

解答例

辺の数を e として，オイラーの多面体定理を用いて

$12 - e + 20 = 2$ すなわち $e = 30$

よって，辺の数は **30**

数検でるでるテーマ65　三平方の定理

数検でるでるポイント225　三平方の定理（ピタゴラスの定理）　Point

斜辺（しゃへん）が AB の直角三角形 ABC があるとき，

$$BC^2 + CA^2 = AB^2$$

つまり，

$BC = a$，$CA = b$，$AB = c$，$\angle BCA = 90^\circ$

となる直角三角形 ABC において，

$$a^2 + b^2 = c^2$$ ⬅（直角をはさむ2辺の長さの2乗の和）＝（斜辺の長さの2乗）

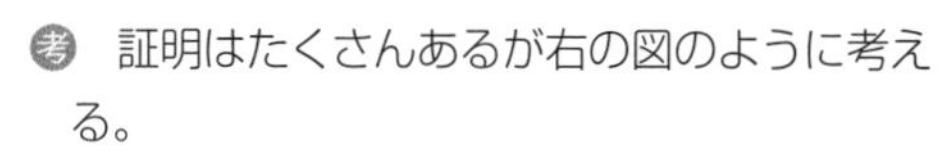

考　証明はたくさんあるが右の図のように考える。

1辺の長さ c の正方形の面積は，1辺の長さが $a+b$ の正方形の面積から，4つの直角三角形の面積の和をひいた面積に等しい。

すなわち，

$$c^2 = (a+b)^2 - \frac{1}{2}ab \times 4$$
$$= a^2 + 2ab + b^2 - 2ab$$
$$= a^2 + b^2$$

よって　$a^2 + b^2 = c^2$

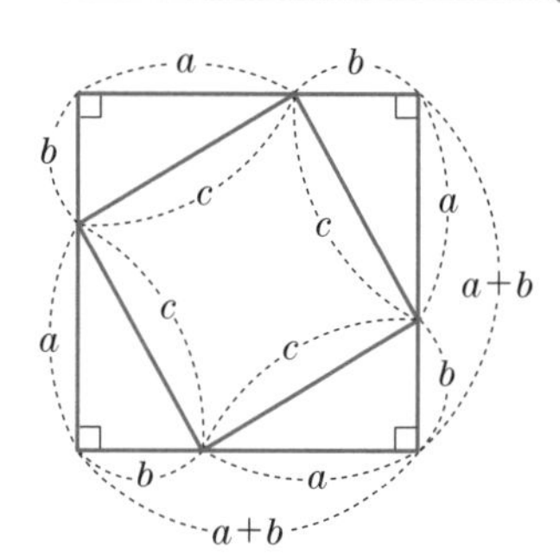

＋α ポイント

⬇三平方の定理はよく使うので，この形で覚えておくと便利

右の図のような直角三角形の1辺の長さは次のように表すこともできる。

1　$a = \sqrt{c^2 - b^2}$　または　$BC = \sqrt{AB^2 - CA^2}$

2　$b = \sqrt{c^2 - a^2}$　または　$CA = \sqrt{AB^2 - BC^2}$

3　$c = \sqrt{a^2 + b^2}$　または　$AB = \sqrt{BC^2 + CA^2}$

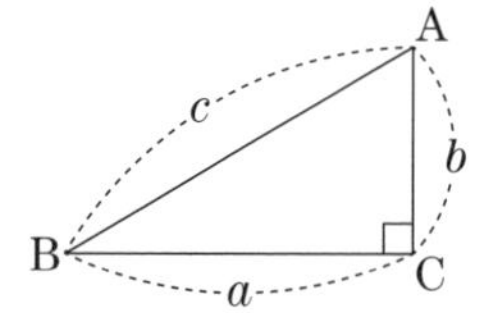

例　右の図の直角三角形 ABC における BC の長さ a について

$a = \sqrt{5^2 - 3^2} = \sqrt{25-9} = \sqrt{16} = 4$

別　$a = \sqrt{5^2 - 3^2} = \sqrt{(5+3)(5-3)} = \sqrt{8 \cdot 2} = \sqrt{16} = 4$

⬆因数分解 $x^2 - y^2 = (x+y)(x-y)$

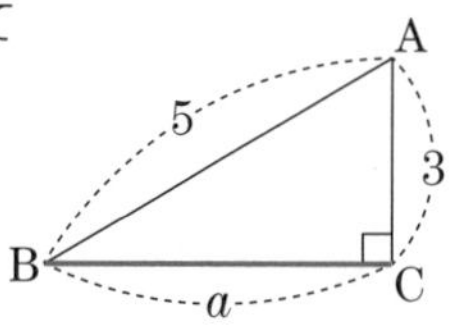

数検でるでるポイント226　直方体の対角線の長さ　Point

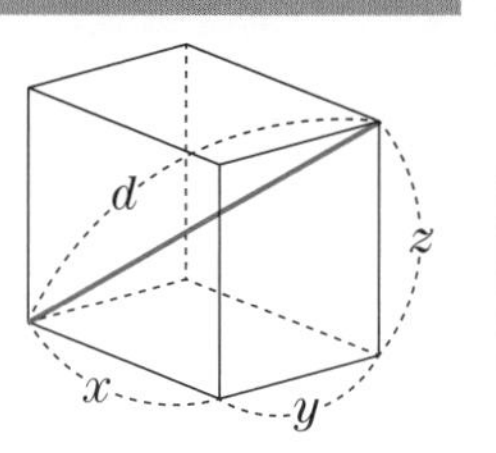

右の図のように，3 つの辺の長さが x，y，z の**直方体の対角線**の長さを d とすると，

⬆すべての面が長方形で構成される六面体

$$\boldsymbol{d = \sqrt{x^2 + y^2 + z^2}}$$

すなわち

（対角線の長さ）＝ $\sqrt{（横）^2 ×（縦）^2 ×（高さ）^2}$

㊜ 右の図のように直方体の頂点を A，B，C，D と設定すると，

$\angle \mathrm{ABC} = 90^\circ$，$\angle \mathrm{ACD} = 90^\circ$，$\mathrm{AB} = x$，$\mathrm{BC} = y$，$\mathrm{CD} = z$，$\mathrm{AD} = d$

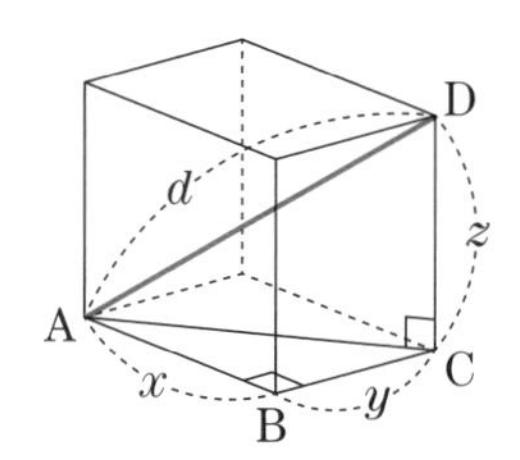

△ABC に三平方の定理を用いて，

$\mathrm{AC}^2 = \mathrm{AB}^2 + \mathrm{BC}^2 = x^2 + y^2$ ……①

△ACD に三平方の定理を用いて，

$\mathrm{AD}^2 = \mathrm{AC}^2 + \mathrm{CD}^2$ 　⬇「なぜなら」の記号

$= x^2 + y^2 + z^2$ 　（∵ ①）

よって　$\mathrm{AD} = d = \sqrt{x^2 + y^2 + z^2}$

数検でるでる問題

1 右の図のように直角三角形 ABC があり，AB ＝ 7，CA ＝ 9，∠ABC ＝ 90° とします。このとき，BC の長さを求めなさい。　★

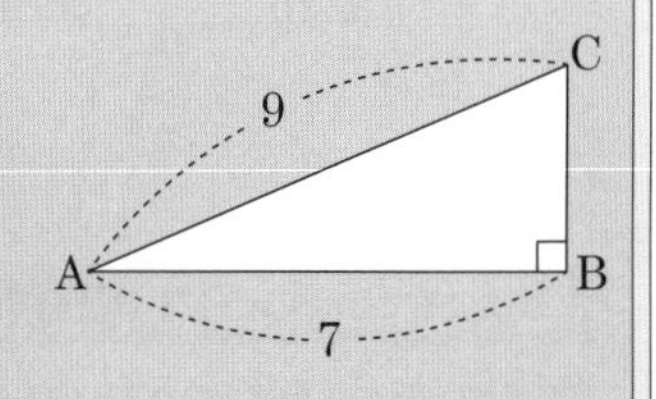

2 1 辺の長さが 1 の立方体の対角線の長さを求めなさい。　★

⬇解答例

1 三平方の定理を用いて，　+α ポイント **2**

$\mathrm{BC} = \sqrt{\mathrm{CA}^2 - \mathrm{AB}^2} = \sqrt{9^2 - 7^2} = \sqrt{81 - 49} = \sqrt{32} = \underline{\boldsymbol{4\sqrt{2}}}$

㊕ $\mathrm{BC} = \sqrt{9^2 - 7^2} = \sqrt{(9+7)(9-7)} = \sqrt{16 \cdot 2} = \sqrt{4^2 \cdot 2} = \underline{\boldsymbol{4\sqrt{2}}}$

⬇辺の長さがすべて等しい直方体

2 1 辺の長さが 1 の立方体の対角線の長さを d とすると，

$d = \sqrt{1^2 + 1^2 + 1^2} = \underline{\boldsymbol{\sqrt{3}}}$ 　⬅ポイント 226：直方体の対角線の長さ

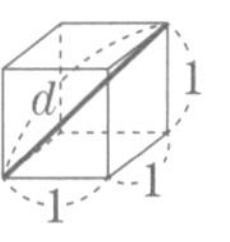

数検でるでるテーマ66　鋭角の三角比

数検でるでるポイント227　直角三角形と三角比　Point

右の図のように　3辺の長さが x，y，r，1つの角が $\boldsymbol{\theta}$ となるような**直角三角形**において，

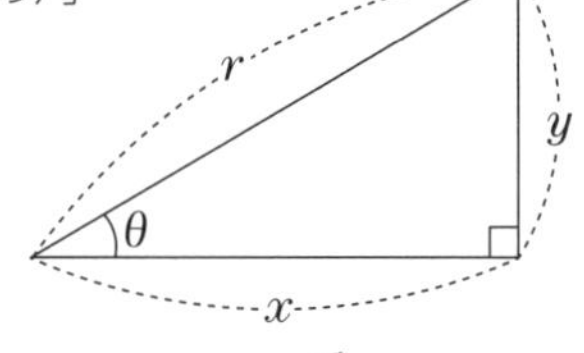

$$\frac{x}{r} = \cos\theta,\ \frac{y}{r} = \sin\theta,\ \frac{y}{x} = \tan\theta$$

と表す。

$\cos\theta$ を θ の**余弦**(よげん)または**コサイン**(cosine)

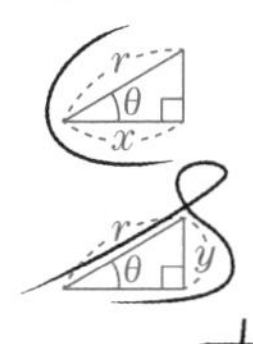

$\sin\theta$ を θ の**正弦**(せいげん)または**サイン**(sine)

$\tan\theta$ を θ の**正接**(せいせつ)または**タンジェント**(tangent)

といい，これらをまとめて**三角比**(さんかくひ)という。

例　右の図の直角三角形において，

$$\cos\theta = \frac{4}{5},\ \sin\theta = \frac{3}{5},\ \tan\theta = \frac{3}{4}$$

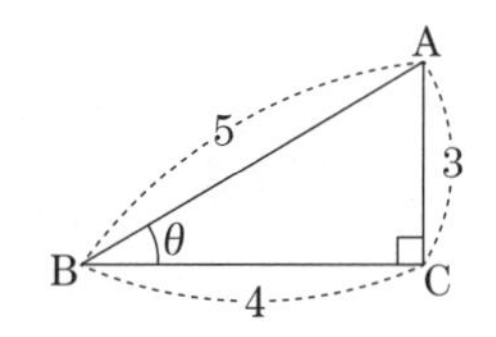

数検でるでるポイント228　三角比と直角三角形の辺の長さ　Point

右の図のように3辺の長さが x，y，r，1つの角が $\boldsymbol{\theta}$ となるような**直角三角形**において，

$x = r\cos\theta$　⬅ $\frac{x}{r} = \cos\theta$

$y = r\sin\theta$　⬅ $\frac{y}{r} = \sin\theta$

$y = x\tan\theta$　⬅ $\frac{y}{x} = \tan\theta$

とくに　$r = 1$　とすると，

$x = \cos\theta$

$y = \sin\theta$

$y = x\tan\theta$

斜辺の長さが1の右の直角三角形は，
横の長さが $\cos\theta$
縦の長さが $\sin\theta$
となる！

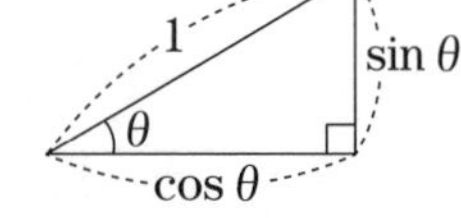

数検でるでるポイント229　30°, 45°, 60°の三角比　Point

三角定規の三角比。
この値は覚えておきたい

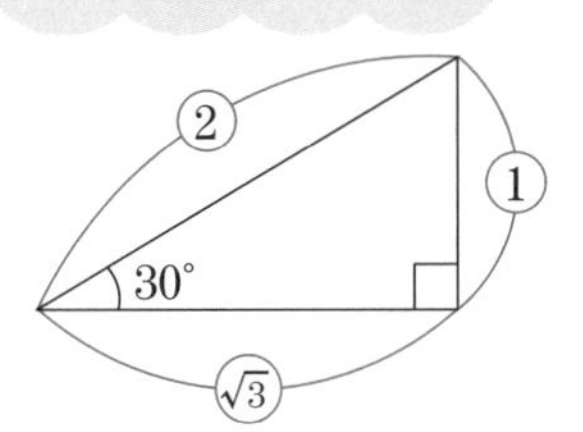

45°：$\sqrt{2}$, 1, 1
60°：2, $\sqrt{3}$, 1

θ	30°	45°	60°
$\cos\theta$	$\frac{\sqrt{3}}{2}$	$\frac{1}{\sqrt{2}}$	$\frac{1}{2}$
$\sin\theta$	$\frac{1}{2}$	$\frac{1}{\sqrt{2}}$	$\frac{\sqrt{3}}{2}$
$\tan\theta$	$\frac{1}{\sqrt{3}}$	1	$\sqrt{3}$

斜辺の長さを1とすると

30°：1, $\frac{1}{2}$, $\frac{\sqrt{3}}{2}$　45°：1, $\frac{1}{\sqrt{2}}$, $\frac{1}{\sqrt{2}}$　60°：1, $\frac{\sqrt{3}}{2}$, $\frac{1}{2}$

$\frac{1}{\sqrt{2}}=\frac{\sqrt{2}}{2}$, $\frac{1}{\sqrt{3}}=\frac{\sqrt{3}}{3}$

← テーマ6 ポイント29：基本的な分母の有理化

数検でるでる問題

1 次の値を求めなさい。 ★

$\sin30° + \cos60° + \tan45°$

2 右の図のような直角三角形ABCがあり，∠ACB = 90°，∠BAC = 55°，AB = 100とします。このとき2つの線分BC，ACの長さをそれぞれ求めなさい。
ただし，sin55° = 0.8192，cos55° = 0.5736とします。 ★

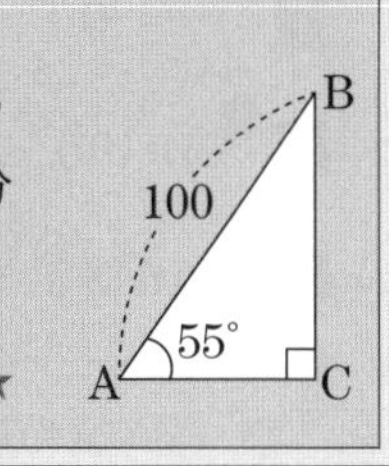

解答例

1 $\sin30° + \cos60° + \tan45° = \frac{1}{2} + \frac{1}{2} + 1 = \underline{2}$　← 30°，45°，60°の三角比

2 $BC = AB\sin55° = 100 \times 0.8192 = \underline{\mathbf{81.92}}$　← $\frac{BC}{AB} = \sin55°$

$AC = AB\cos55° = 100 \times 0.5736 = \underline{\mathbf{57.36}}$　← $\frac{AC}{AB} = \cos55°$

↑ポイント228（$r = 100$，$\theta = 55°$）

数検でるでるテーマ67　三角比の相互関係

数検でるでるポイント230　三角比の相互関係　Point

1　$\tan\theta = \dfrac{\sin\theta}{\cos\theta}$　$(\cos\theta \neq 0)$　← $\tan\theta$，$\cos\theta$，$\sin\theta$ の関係式

2　$\cos^2\theta + \sin^2\theta = 1$　← $\sin\theta$，$\cos\theta$ の関係式

3　$1 + \tan^2\theta = \dfrac{1}{\cos^2\theta}$　$(\cos\theta \neq 0)$　← $\tan\theta$ と $\cos\theta$ の関係式

注　三角比では　$(\cos\theta)^2 = \cos^2\theta$　と表す。　← 2乗の位置に注意

考　右の図の直角三角形において，

正接の定義より　$\tan\theta = \dfrac{\sin\theta}{\cos\theta}$　……①

三平方の定理より　$\cos^2\theta + \sin^2\theta = 1$　……②

②の両辺を $\cos^2\theta\ (\neq 0)$ でわって，

$$1 + \left(\frac{\sin\theta}{\cos\theta}\right)^2 = \frac{1}{\cos^2\theta}$$

①を代入して　$1 + \tan^2\theta = \dfrac{1}{\cos^2\theta}$

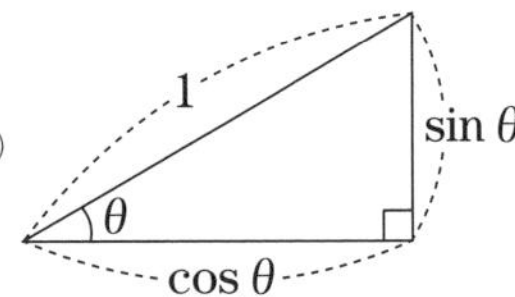

↑ テーマ66 ポイント228：三角比と直角三角形の辺の長さ

数検でるでるポイント231　$90° - \theta$ の三角比　Point

1　$\cos(90° - \theta) = \sin\theta$

2　$\sin(90° - \theta) = \cos\theta$

3　$\tan(90° - \theta) = \dfrac{1}{\tan\theta}$

●＋■＝90°のとき，

cos ●＝ sin ■（たしたら 90°）

sin ●＝ cos ■（たしたら 90°）

tan ●＝ $\dfrac{1}{\tan ■}$（たしたら 90°）

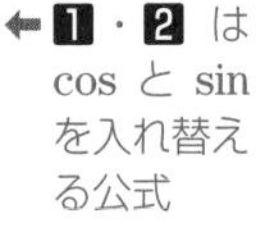

考　右の図の直角三角形において，

$$\frac{y}{r} = \cos(90° - \theta) = \sin\theta$$

$$\frac{x}{r} = \sin(90° - \theta) = \cos\theta$$

$$\tan(90° - \theta) = \frac{x}{y} = \frac{1}{\frac{y}{x}} = \frac{1}{\tan\theta}$$

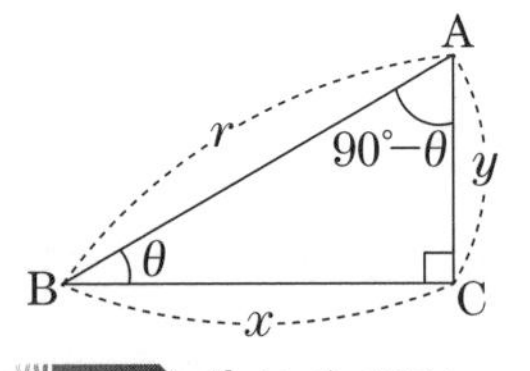

← テーマ66 ポイント227：直角三角形と三角比 例

例　$\cos 60° = \sin 30°$，$\cos 80° = \sin 10°$，$\sin 72° = \cos 18°$，$\tan 50° = \dfrac{1}{\tan 40°}$

（それぞれ たしたら 90°）

数検でるでる問題

1 次の値を求めなさい。 ★

$(\sin\theta+\cos\theta)^2+(\sin\theta-\cos\theta)^2$

2 $\sin\theta\cos\theta=\dfrac{1}{3}$ のとき，次の値を求めなさい。 ★★

$\tan\theta+\dfrac{1}{\tan\theta}$

3 右の三角関数表を用いて，次の値を小数第4位までそれぞれ求めなさい。 ★★

(1) $\sin 80^\circ$

(2) $\cos 70^\circ$

θ	$\sin\theta$	$\cos\theta$	$\tan\theta$
5°	0.0872	0.9962	0.0875
10°	0.1736	0.9848	0.1763
15°	0.2588	0.9659	0.2679
20°	0.3420	0.9397	0.3640
25°	0.4226	0.9063	0.4663
30°	0.5000	0.8660	0.5774

解答例

1 $(\sin\theta+\cos\theta)^2+(\sin\theta-\cos\theta)^2$ ⬅テーマ2 ポイント10：乗法公式❶

$=\sin^2\theta+2\sin\theta\cos\theta+\cos^2\theta+\sin^2\theta-2\sin\theta\cos\theta+\cos^2\theta$ ⬅展開した

$=2(\sin^2\theta+\cos^2\theta)$ ⬅ポイント230：三角比の相互関係 **2**

$=\underline{2}$

2 $\sin\theta\cos\theta=\dfrac{1}{3}$ のとき，

$\tan\theta+\dfrac{1}{\tan\theta}=\dfrac{\sin\theta}{\cos\theta}+\dfrac{\cos\theta}{\sin\theta}$ ⬅ポイント230：三角比の相互関係 **1**

$=\dfrac{\sin^2\theta+\cos^2\theta}{\sin\theta\cos\theta}$ ⬅通分

$=\underline{3}$ ⬅ $\sin^2\theta+\cos^2\theta=1$， $\dfrac{1}{\sin\theta\cos\theta}=3$

3 $90^\circ-\theta$ の三角比をそれぞれ利用する。

(1) $\sin 80^\circ=\cos 10^\circ=\underline{0.9848}$ ⬅ $80^\circ+10^\circ=90^\circ$

(2) $\cos 70^\circ=\sin 20^\circ=\underline{0.3420}$ ⬅ $70^\circ+20^\circ=90^\circ$

$\sin 80^\circ=\cos 10^\circ$
たしたら90°
$\cos 70^\circ=\sin 20^\circ$
たしたら90°

数検でるでるテーマ68 三角比の拡張

数検でるでるポイント232 座標を用いた三角比の定義 Point

右の図のように座標平面上で中心が原点O, 半径1の半円上に定点A(1, 0)と動点Pをとる。

このとき ∠AOP = θ ($0^\circ \leqq \theta \leqq 180^\circ$)とすると, P($\cos\theta$, $\sin\theta$)

直線OPの傾きは  $\dfrac{\sin\theta}{\cos\theta} = \tan\theta$

直線OP : $y = (\tan\theta)x$ と直線 $x = 1$ の交点をTとすると, T(1, $\tan\theta$)となる。

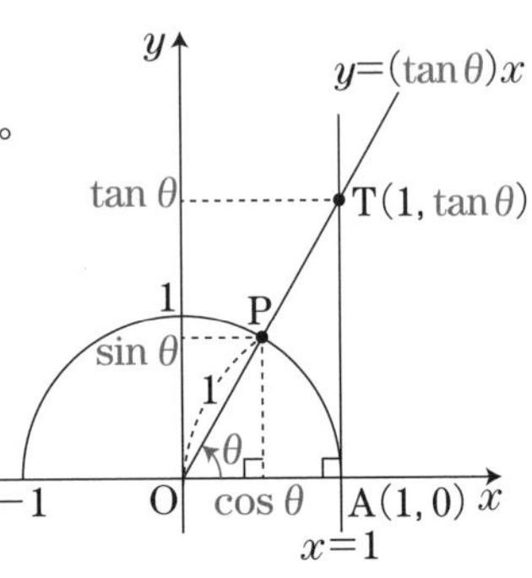

例 $\theta = 60^\circ$ のとき

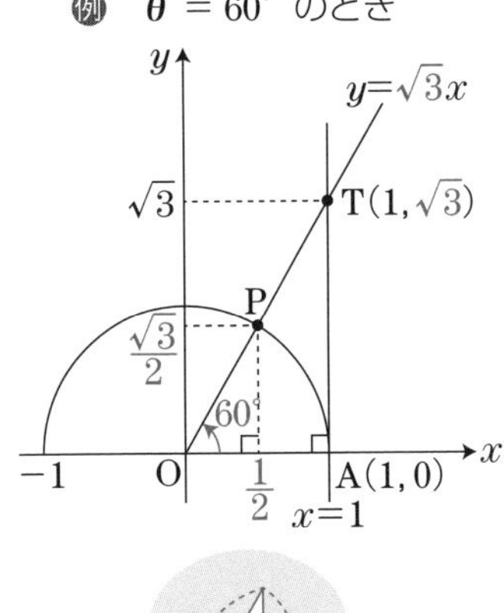

$\theta = 120^\circ$ のとき

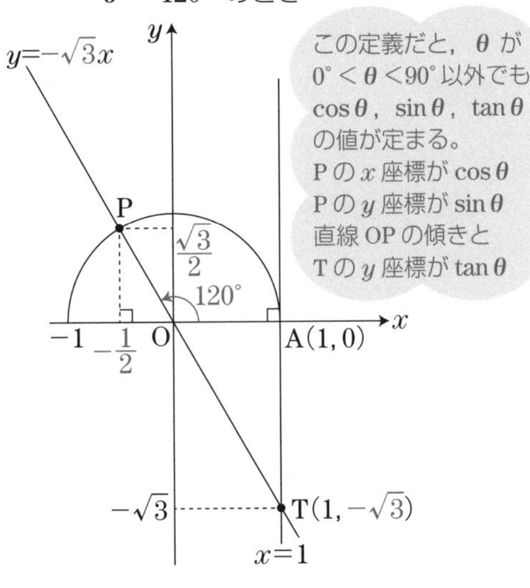

点Pの座標は,

$(\cos60^\circ, \sin60^\circ) = \left(\dfrac{1}{2}, \dfrac{\sqrt{3}}{2}\right)$

つまり $\cos60^\circ = \dfrac{1}{2}$, $\sin60^\circ = \dfrac{\sqrt{3}}{2}$

直線OPの傾きは $\tan60^\circ = \sqrt{3}$

点Tの座標は$(1, \tan60^\circ) = (1, \sqrt{3})$

点Pの座標は,

$(\cos120^\circ, \sin120^\circ) = \left(-\dfrac{1}{2}, \dfrac{\sqrt{3}}{2}\right)$

つまり $\cos120^\circ = -\dfrac{1}{2}$, $\sin120^\circ = \dfrac{\sqrt{3}}{2}$

直線OPの傾きは $\tan120^\circ = -\sqrt{3}$

点Tの座標は$(1, \tan120^\circ) = (1, -\sqrt{3})$

数検でるでるポイント233　$0^\circ \leqq \theta \leqq 180^\circ$ の有名角の三角比　Point

θ	0°	30°	45°	60°	90°	120°	135°	150°	180°
$\cos\theta$	1	$\frac{\sqrt{3}}{2}$	$\frac{1}{\sqrt{2}}$	$\frac{1}{2}$	0	$-\frac{1}{2}$	$-\frac{1}{\sqrt{2}}$	$-\frac{\sqrt{3}}{2}$	-1
$\sin\theta$	0	$\frac{1}{2}$	$\frac{1}{\sqrt{2}}$	$\frac{\sqrt{3}}{2}$	1	$\frac{\sqrt{3}}{2}$	$\frac{1}{\sqrt{2}}$	$\frac{1}{2}$	0
$\tan\theta$	0	$\frac{1}{\sqrt{3}}$	1	$\sqrt{3}$	×	$-\sqrt{3}$	-1	$-\frac{1}{\sqrt{3}}$	0

考 右の図を考える。
角 θ は円周上近くにかくことにする。
角 θ にたいして円上の点の，
x 座標が $\cos\theta$
y 座標が $\sin\theta$
傾きが $\tan\theta$
$\theta = 90^\circ$ のとき，$\tan\theta$ は定義されない。

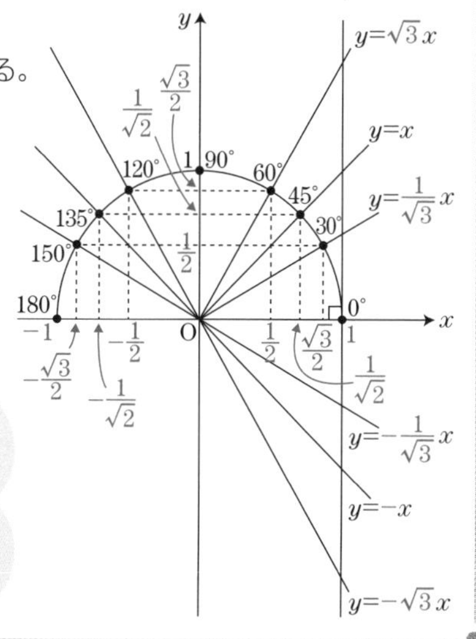

$0^\circ \leqq \theta \leqq 90^\circ$ でまず考えて，
y 軸対称のイメージで $90^\circ \leqq \theta \leqq 180^\circ$ を考えるとよい。
「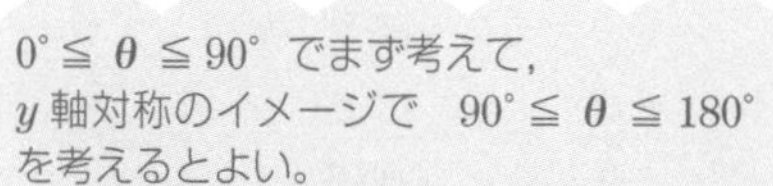テーマ66 ポイント229：30°，45°，60° の三角比」も確認する
上表の値は自力で導き出せるようにしたい

数検でるでる問題

次の値を求めなさい。

$\cos 120^\circ + \sin 150^\circ + \tan 135^\circ$ ★

解答例

$$\cos 120^\circ + \sin 150^\circ + \tan 135^\circ = \left(-\frac{1}{2}\right) + \frac{1}{2} + (-1) = \underline{-1}$$

⬅ポイント233：$0^\circ \leqq \theta \leqq 180^\circ$ の有名角の三角比

数検でるでるテーマ69　拡張された三角比の相互関係

数検でるでるポイント234　$180^\circ - \theta$ の三角比　Point

1 $\cos(180^\circ - \theta) = -\cos\theta$

2 $\sin(180^\circ - \theta) = \sin\theta$

3 $\tan(180^\circ - \theta) = -\tan\theta$

●＋■＝180°
cos ●＝−cos ■　　tan ●＝−tan ■
たしたら 180°　　たしたら 180°
sin ●＝ sin ■
たしたら 180°

考　右の図において A(1, 0), 点 B(−1, 0)とおくと, $\angle AOP = \theta$, $\angle BOQ = \theta$, $\angle AOQ = 180^\circ - \theta$

$P(\cos\theta,\ \sin\theta)$,

$Q(\cos(180^\circ - \theta),\ \sin(180^\circ - \theta))$

点 P と点 Q は y 軸にかんして対称なので,

$P(c,\ s)$とすると $Q(-c,\ s)$

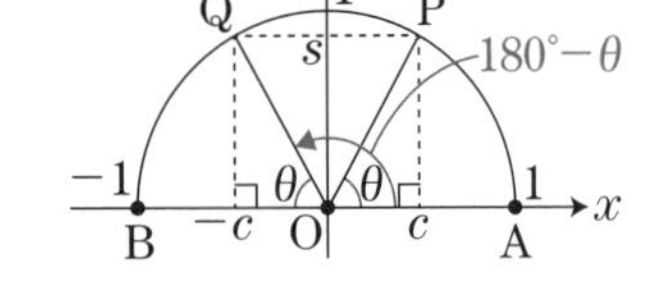

よって　$\cos(180^\circ - \theta) = -\cos\theta$　⬅ P と Q の x 座標は異符号

$\sin(180^\circ - \theta) = \sin\theta$　⬅ P と Q の y 座標は等しい

$$\tan(180^\circ - \theta) = \frac{\sin(180^\circ - \theta)}{\cos(180^\circ - \theta)} = -\frac{\sin\theta}{\cos\theta} = -\tan\theta$$

⬆ テーマ67　ポイント230：三角比の相互関係 1

例　$\cos 120^\circ = -\cos 60^\circ$, $\cos 170^\circ = -\cos 10^\circ$, $\sin 130^\circ = \sin 50^\circ$, $\tan 140^\circ = -\tan 40^\circ$
たしたら 180°　たしたら 180°　たしたら 180°　たしたら 180°

数検でるでるポイント235　三角比の値の正負　Point

〔$\cos\theta$ の正負〕

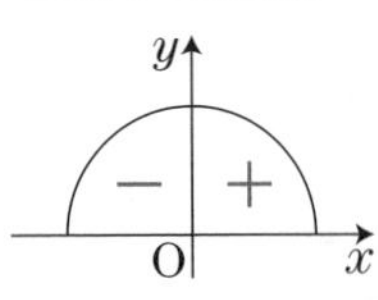

〔$\sin\theta$ の正負〕

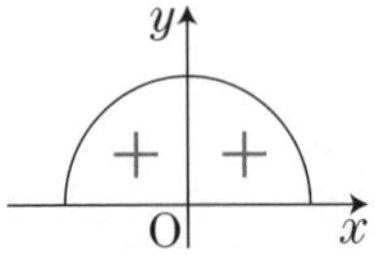

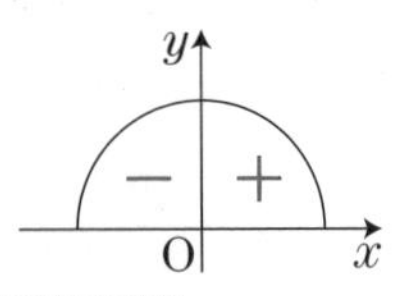

〔$\tan\theta$ の正負〕

θ	0°	$0^\circ < \theta < 90^\circ$	90°	$90^\circ < \theta < 180^\circ$	180°
$\cos\theta$	**1**	+	**0**	−	**−1**
$\sin\theta$	**0**	+	**1**	+	**0**
$\tan\theta$	**0**	+	＼	−	**0**

⬅ $0^\circ \leqq \theta \leqq 180^\circ$ のとき, $\sin\theta \geqq 0$ （$\sin\theta$ は負にならない）

数検でるでる問題

1 θ を鈍角とします。$\sin\theta = \dfrac{3}{5}$ のとき，$\cos\theta$ と $\tan\theta$ の値をそれぞれ求めなさい。 ★★

2 右の三角関数表を用いて，次の値を小数第 4 位までそれぞれ求めなさい。 ★★

(1) $\sin 170^\circ$

(2) $\cos 160^\circ$

(3) $\tan 165^\circ$

θ	$\sin\theta$	$\cos\theta$	$\tan\theta$
5°	0.0872	0.9962	0.0875
10°	0.1736	0.9848	0.1763
15°	0.2588	0.9659	0.2679
20°	0.3420	0.9397	0.3640
25°	0.4226	0.9063	0.4663
30°	0.5000	0.8660	0.5774

解答例

1 $\sin\theta = \dfrac{3}{5}$ と $\cos\theta^2 + \sin\theta^2 = 1$ より，

⬇ テーマ67 ポイント230：三角比の相互関係 2

$$\cos^2\theta = 1 - \sin^2\theta = 1 - \left(\frac{3}{5}\right)^2 = \frac{16}{25}$$

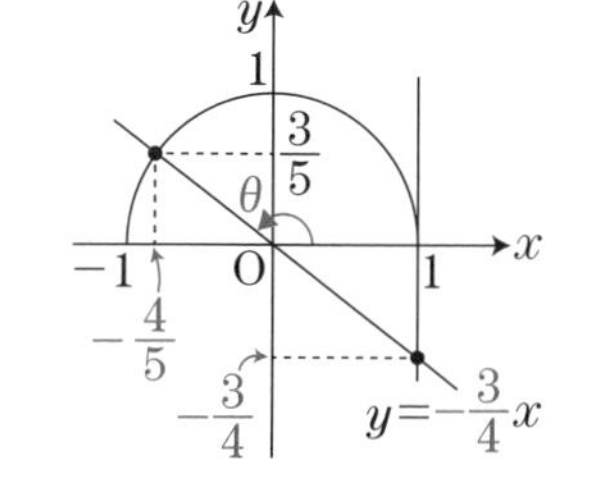

θ は鈍角なので $\cos\theta < 0$ であるから，

⬆ $90^\circ < \theta < 180^\circ$　⬆ポイント235：三角比の値の正負

$$\underline{\cos\theta = -\frac{4}{5}}$$

また $\tan\theta = \dfrac{\sin\theta}{\cos\theta} = \dfrac{\frac{3}{5}}{-\frac{4}{5}}$ ⬅ テーマ67 ポイント230：三角比の相互関係 1

よって $\underline{\tan\theta = -\dfrac{3}{4}}$

2 $180^\circ - \theta$ の三角比をそれぞれ利用する。

(1) $\sin 170^\circ = \sin 10^\circ = \underline{\mathbf{0.1736}}$ ⬅ $170^\circ + 10^\circ = 180^\circ$

(2) $\cos 160^\circ = -\cos 20^\circ = \underline{\mathbf{-0.9397}}$ ⬅ $160^\circ + 20^\circ = 180^\circ$

(3) $\tan 165^\circ = -\tan 15^\circ = \underline{\mathbf{-0.2679}}$ ⬅ $165^\circ + 15^\circ = 180^\circ$

$\sin 170^\circ = \sin 10^\circ$ たしたら 180°

$\cos 160^\circ = -\cos 20^\circ$ たしたら 180°

$\tan 165^\circ = -\tan 15^\circ$ たしたら 180°

数検でるでるテーマ70　正弦定理

数検でるでるポイント236　正弦定理　Point

$\mathrm{BC}=a$，$\mathrm{CA}=b$，$\mathrm{AB}=c$，$\angle\mathrm{BAC}=A$，$\angle\mathrm{ABC}=B$，$\angle\mathrm{BCA}=C$とする$\triangle\mathrm{ABC}$の外接円の半径をRとするとき，

$$\frac{a}{\sin A}=\frac{b}{\sin B}=\frac{c}{\sin C}=\mathbf{2R}$$

外接円の直径

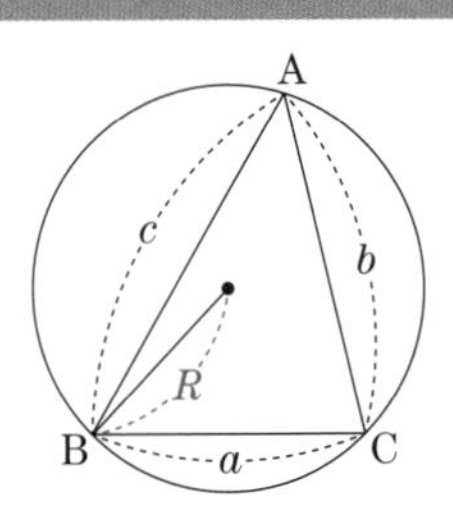

+α ポイント

三角形において，3つの辺の長さとそれらの対角の正弦の比の関係

$$a:b:c=\sin A:\sin B:\sin C$$

が成り立つことを表したものが**正弦定理**である。

正弦定理を使うときは，次のような関係式をつくることが多い。

❶ $\dfrac{a}{\sin A}=\dfrac{b}{\sin B}$

（2つの辺の長さとそれらの辺の対角の関係）

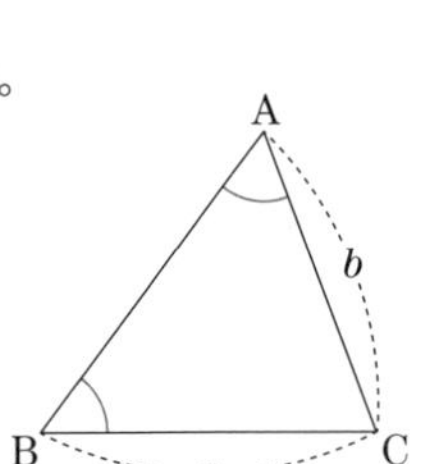

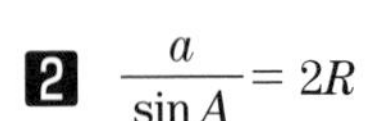

❷ $\dfrac{a}{\sin A}=2R$

（1つの辺の長さとその辺の対角と外接円の半径の関係）

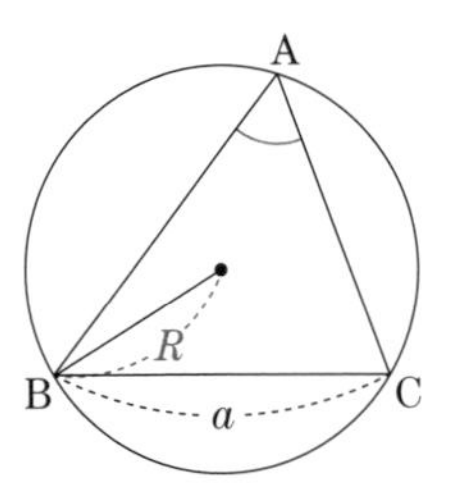

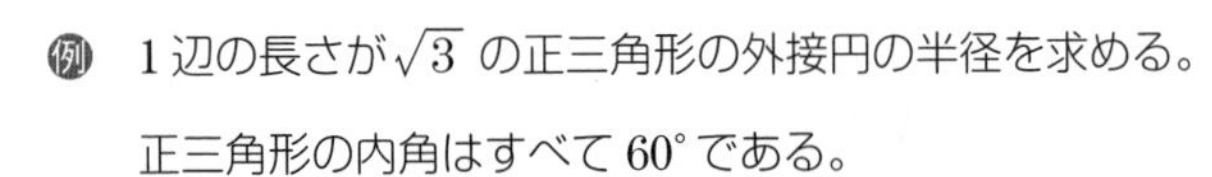

例　1辺の長さが$\sqrt{3}$の正三角形の外接円の半径を求める。

正三角形の内角はすべて60°である。

外接円の半径をRとして正弦定理を用いて，

$$\frac{\sqrt{3}}{\sin 60^\circ}=2R$$

よって　$R=\dfrac{\sqrt{3}}{2}\cdot\dfrac{2}{\sqrt{3}}=1$　⬅ $\sin 60^\circ=\dfrac{\sqrt{3}}{2}$

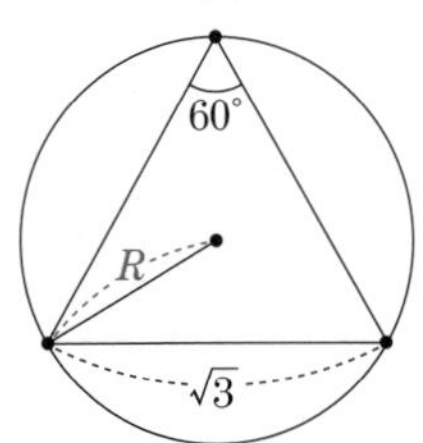

数検でるでる問題

1 △ABCにおいて　$AB=\sqrt{6}$，$\angle ABC=60°$，$\angle ACB=45°$　のとき，ACの長さと△ABCの外接円の半径 R をそれぞれ求めなさい。　★★

2 △ABCにおいて　$AB=\sqrt{6}$，$AC=2$，$\angle ABC=45°$　のとき，∠ACBの大きさを求めなさい。　★★

解答例

1 △ABCに正弦定理を用いて，

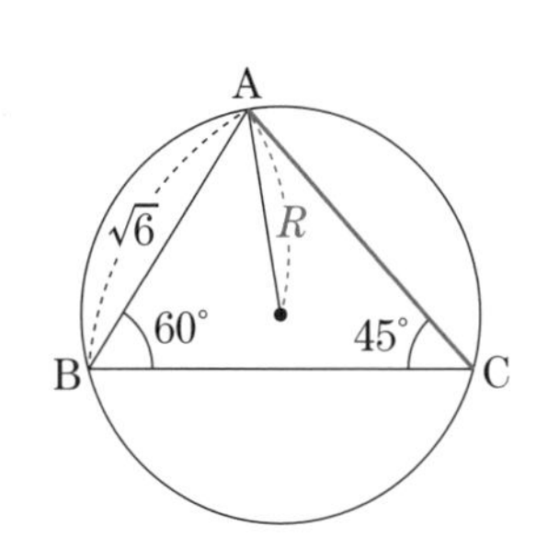

$$\frac{AC}{\sin 60°}=\frac{\sqrt{6}}{\sin 45°}$$

よって　$AC=\sqrt{6}\cdot\frac{1}{\sin 45°}\cdot\sin 60°$

$=\sqrt{6}\cdot\sqrt{2}\cdot\frac{\sqrt{3}}{2}$　⬅ $\sin 45°=\frac{1}{\sqrt{2}}$

$=\underline{\mathbf{3}}$　　$\sin 60°=\frac{\sqrt{3}}{2}$

また　$\frac{\sqrt{6}}{\sin 45°}=2R$

よって　$R=\frac{\sqrt{6}}{2}\cdot\sqrt{2}=\underline{\sqrt{\mathbf{3}}}$

2 $\angle ACB=C$　とする。

$\angle ABC=45°$　より　$0°<C<135°$

⬆△ABCの内角の和は180°

△ABCに正弦定理を用いて，

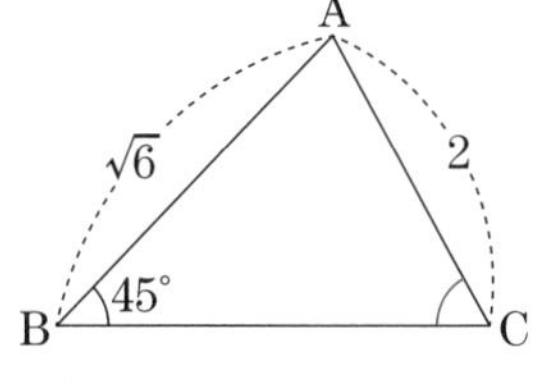

$$\frac{2}{\sin 45°}=\frac{\sqrt{6}}{\sin C}$$

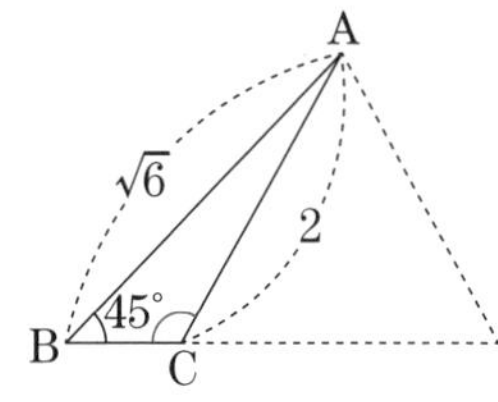

すなわち　$\sin C=\frac{\sqrt{6}}{2}\cdot\sin 45°$

$=\frac{\sqrt{6}}{2}\cdot\frac{1}{\sqrt{2}}$　⬅ $\sin 45°=\frac{1}{\sqrt{2}}$

$=\frac{\sqrt{3}}{2}$

これより　$C=60°,\ 120°$　⬅ テーマ68 ポイント233：$0°\leqq\theta\leqq180°$ の有名角の三角比

よって　∠ACB＝$\underline{\mathbf{60°,\ 120°}}$　⬅右の図のように2つある

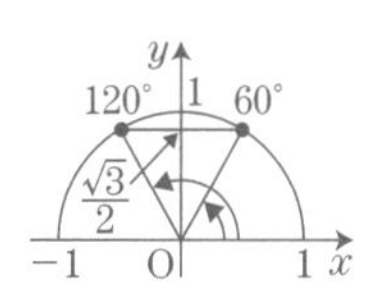

数検でるでるテーマ71　余弦定理

数検でるでるポイント237　余弦定理❶　Point

BC $= a$, CA $= b$, AB $= c$, ∠BAC $= A$, ∠ABC $= B$, ∠BCA $= C$

とする△ABCにたいして，次の式が成り立つ。

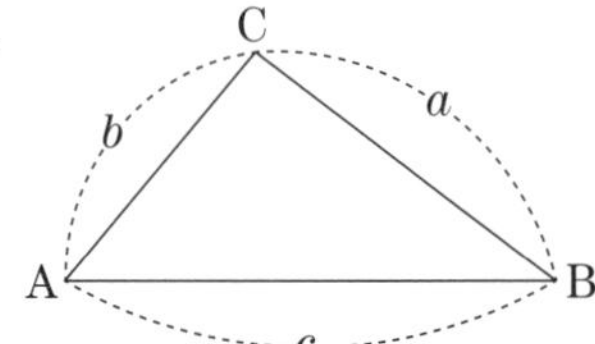

1 $a^2 = b^2 + c^2 - 2bc\cos A$

2 $b^2 = c^2 + a^2 - 2ca\cos B$

3 $c^2 = a^2 + b^2 - 2ab\cos C$

数検でるでるポイント238　余弦定理❷　Point

BC $= a$, CA $= b$, AB $= c$, ∠BAC $= A$, ∠ABC $= B$, ∠BCA $= C$

とする△ABCにたいして，次の式が成り立つ。

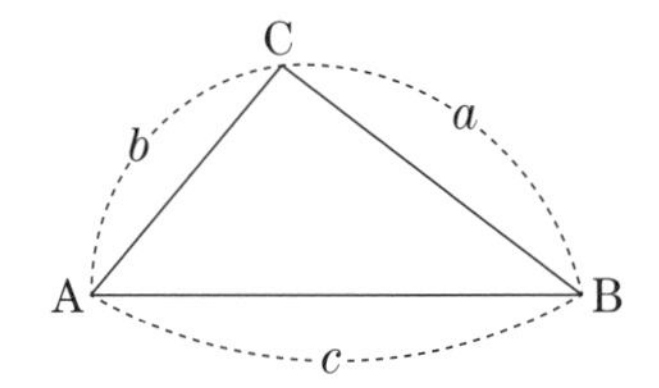

1 $\cos A = \dfrac{b^2 + c^2 - a^2}{2bc}$

2 $\cos B = \dfrac{c^2 + a^2 - b^2}{2ca}$

3 $\cos C = \dfrac{a^2 + b^2 - c^2}{2ab}$

考「余弦定理❶」を変形する。

+α ポイント

三角形において，3辺の長さと1つの内角の関係を表したものが余弦定理である。

1～**3**は，同じことを表しているので，位置関係で理解するとよい。

右の図のように，3辺の長さが x, y, z，内角の1つが θ のとき，

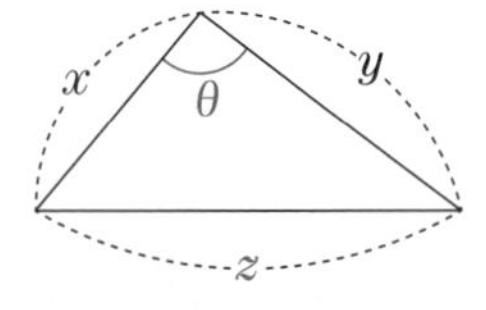

❶ $z^2 = x^2 + y^2 - 2xy\cos\theta$

❷ $\cos\theta = \dfrac{x^2 + y^2 - z^2}{2xy}$

❶と❷は同じ式である。

長さを求める問題は❶，角や余弦の値を求める問題は❷と使い分ける。

数検でるでる 問題

1 △ABC において　AB = 5，BC = 8，∠ABC = 60°　のとき，AC の長さを求めなさい。　★★

2 △ABC において　AB = 3，BC = 7，CA = 5　とするとき，∠BAC を求めなさい。　★★

解答例

1 △ABC に「余弦定理❶」を用いて，

$$AC^2 = AB^2 + BC^2 - 2 \cdot AB \cdot BC \cdot \cos 60^\circ$$
$$= 5^2 + 8^2 - 2 \cdot 5 \cdot 8 \cdot \frac{1}{2} = 49$$

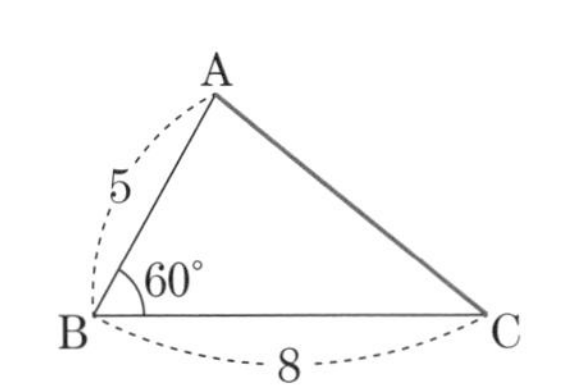

よって　AC = **7**

別 点 A から辺 BC へ垂線 AH を下ろすと

$$AH = AB\sin 60^\circ = 5 \cdot \frac{\sqrt{3}}{2} = \frac{5\sqrt{3}}{2}$$

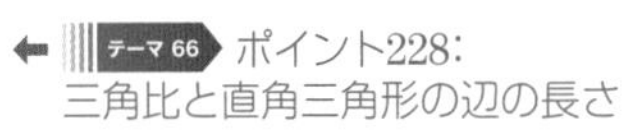

ポイント228：三角比と直角三角形の辺の長さ

$$BH = AB\cos 60^\circ = 5 \cdot \frac{1}{2} = \frac{5}{2}$$

であり，

$$CH = BC - BH = 8 - \frac{5}{2} = \frac{11}{2}$$

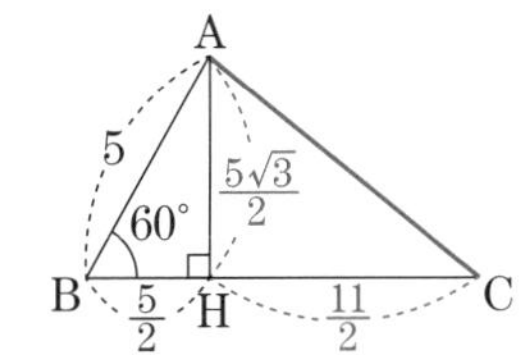

△ACH に三平方の定理を用いて

$$AC^2 = CH^2 + AH^2 = \left(\frac{11}{2}\right)^2 + \left(\frac{5\sqrt{3}}{2}\right)^2 = \frac{121}{4} + \frac{75}{4} = 49$$

よって　AC = **7**

2 ∠BAC = A　として，△ABC に「余弦定理❷」を用いて，

$$\cos A = \frac{5^2 + 3^2 - 7^2}{2 \cdot 5 \cdot 3} = -\frac{1}{2}$$

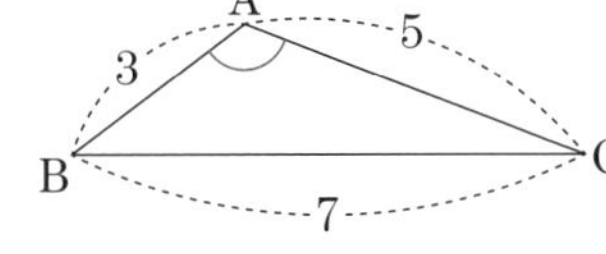

$0^\circ < A < 180^\circ$　なので　$A = 120^\circ$

よって　∠BAC = **120°**

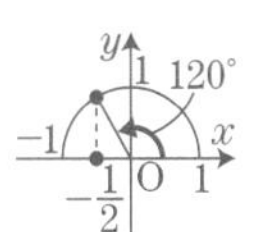

テーマ 68 ポイント233：$0^\circ \leqq \theta \leqq 180^\circ$ の有名角の三角比

数検でるでるテーマ72　三角形の面積と内接円の半径

数検でるでるポイント239　三角形の面積　Point

BC = a, CA = b, AB = c, ∠BAC = A, ∠ABC = B, ∠BCA = C とする△ABCの**面積**を S とするとき,

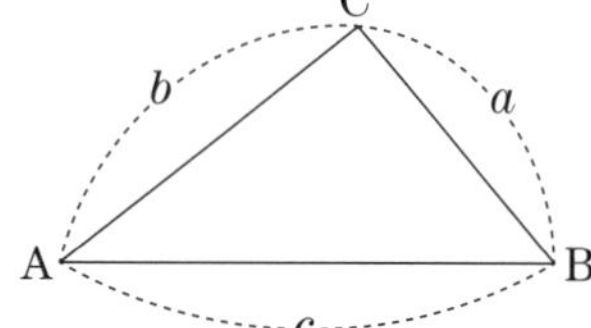

$$S = \frac{1}{2}bc\sin A,\quad S = \frac{1}{2}ca\sin B$$

$$S = \frac{1}{2}ab\sin C$$

+α ポイント

三角形の面積は，2辺の長さとその2辺ではさまれる角の正弦の値がわかれば求まる。右の図のように，2辺の長さが x と y，その2辺の間の角が θ の三角形について，

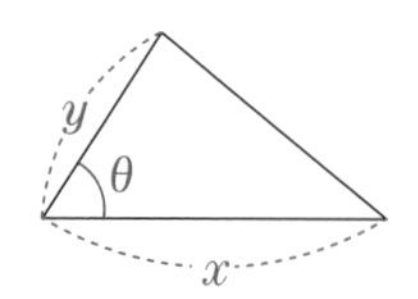

$$(\text{三角形の面積}) = \frac{1}{2}xy\sin\theta$$

⬅ xy は θ をはさむ辺の長さの積

数検でるでるポイント240　三角形の内接円の半径　Point

BC = a, CA = b, AB = c とする△ABCの面積を S, **内接円**の半径を r とするとき,

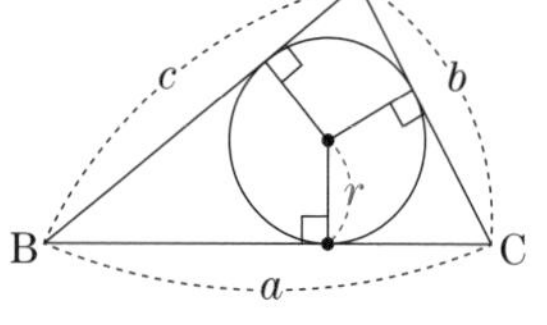

❶ $S = \dfrac{r}{2}(a + b + c)$

❷ $r = \dfrac{2S}{a + b + c}$　⬅ $r = \dfrac{2 \times (\text{三角形の面積})}{(3\text{辺の長さの和})}$

考　内接円の中心をIとして，面積の関係から,

$$\triangle ABC = \triangle IBC + \triangle ICA + \triangle IAB$$

△ABCを，内心Iを頂点とする3つの三角形に分ける
それぞれの三角形は底辺が△ABCの辺の長さ，高さが r となる

すなわち,

$$S = \frac{ar}{2} + \frac{br}{2} + \frac{cr}{2}$$

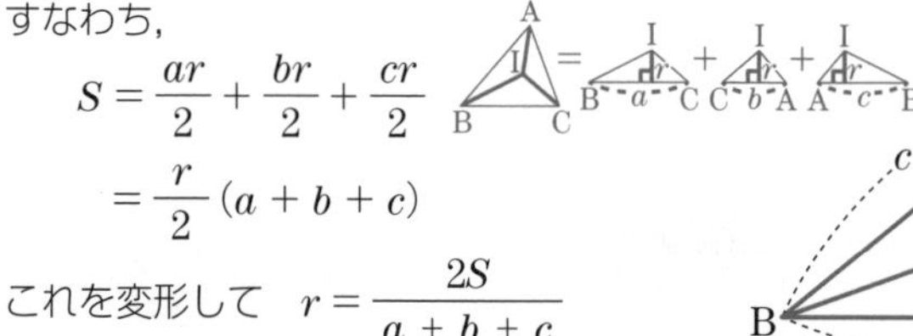

$$= \frac{r}{2}(a + b + c)$$

これを変形して　$r = \dfrac{2S}{a + b + c}$

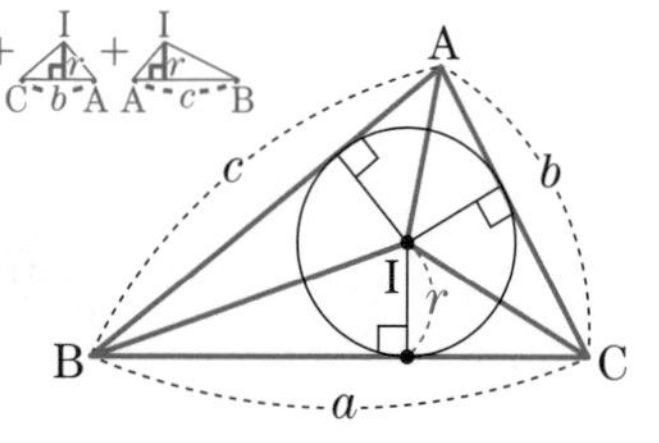

数検でるでる問題

1 $\triangle$ABC において，AB = 5，BC = 8，$\angle$ABC = 60° のとき，$\triangle$ABC の面積 S を求めなさい。 ★

2 $\triangle$ABC において，AB = 5，BC = 8，$\angle$ABC = 60° のとき，$\triangle$ABC の内接円の半径 r を求めなさい。 ★★

解答例

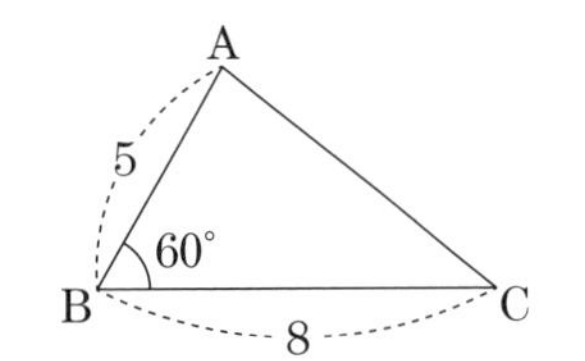

1 $S = \dfrac{1}{2}\mathrm{BC}\cdot\mathrm{AB}\cdot\sin 60^\circ = \dfrac{1}{2}\cdot 8\cdot 5\cdot\dfrac{\sqrt{3}}{2}$

$= \underline{\mathbf{10\sqrt{3}}}$

別　点 A から辺 BC へ垂線 AH を下ろすと

$\mathrm{AH} = \mathrm{AB}\sin 60^\circ = 5\cdot\dfrac{\sqrt{3}}{2} = \dfrac{5\sqrt{3}}{2}$　⬅ テーマ66 ポイント 228：三角比と直角三角形の辺の長さ

よって

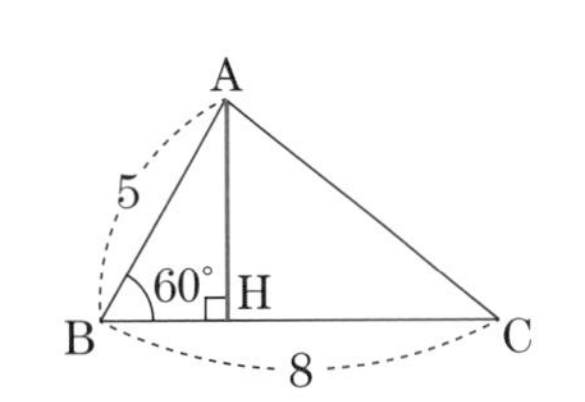

$S = \dfrac{1}{2}\mathrm{BC}\cdot\mathrm{AH}$　⬅底辺を BC 高さを AH として $\dfrac{1}{2}$ ×(底辺)×(高さ)

$= \dfrac{1}{2}\cdot 8\cdot\dfrac{5\sqrt{3}}{2}$

$= \underline{\mathbf{10\sqrt{3}}}$

2 AC = 7　⬅ テーマ71「でるでる問題」**1** で求めている

$S = \dfrac{r}{2}(\mathrm{BC}+\mathrm{CA}+\mathrm{AB})$　⬅ S は **1** で求めている

⬆ポイント 240：三角形の内接円の半径 **1**

ゆえに　$10\sqrt{3} = \dfrac{r}{2}(8+7+5)$

よって　$r = \underline{\mathbf{\sqrt{3}}}$

別　$r = \dfrac{2S}{\mathrm{BC}+\mathrm{CA}+\mathrm{AB}} = \dfrac{2\cdot 10\sqrt{3}}{8+7+5} = \dfrac{20\sqrt{3}}{20} = \underline{\mathbf{\sqrt{3}}}$

⬆ポイント 240：三角形の内接円の半径 **2**

数検でるでるテーマ73 円，おうぎ形，球

数検でるでるポイント241 円の周の長さと面積 復習 Point

半径 r の円の周の長さを l，面積を S とすると，

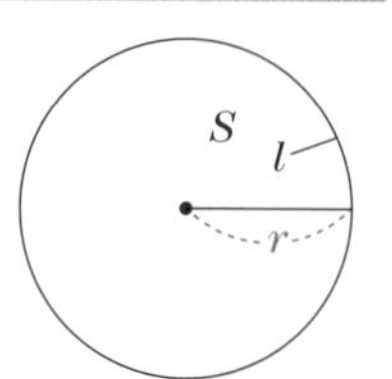

1 $l = 2\pi r =$ (直径) $\times \pi$ ←円周率 π とは，$\pi = \dfrac{(\text{円周の長さ})}{(\text{直径})} = 3.14\cdots\cdots$

2 $S = \pi r^2 =$ (半径)$^2 \times \pi$

数検でるでるポイント242 おうぎ形の弧の長さと面積 Point

半径が r，中心角 θ° のおうぎ形の弧（こ）の長さを l，面積を S とするとき，

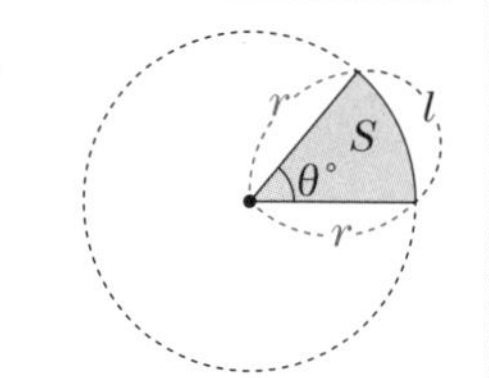

1 $l = 2\pi r \times \dfrac{\theta}{360}$

2 $S = \pi r^2 \times \dfrac{\theta}{360}$

3 $S = \dfrac{1}{2} rl = \dfrac{1}{2} \times$ (半径) $\times$ (弧の長さ) ← θ を使わずに表せる

㊟ 同じ円のおうぎ形の弧の長さや面積は，中心角に比例する。

㊥ 半径が 2，中心角が 60° のおうぎ形の弧の長さを l，面積を S とすると，

$$l = 2\pi \cdot 2 \times \frac{60}{360} = \frac{2}{3}\pi, \quad S = \pi \cdot 2^2 \times \frac{60}{360} = \frac{2}{3}\pi$$

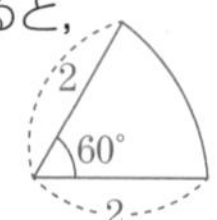

数検でるでるポイント243 球の表面積と体積 復習 Point

半径が r の球の表面積を S，体積を V とすると，

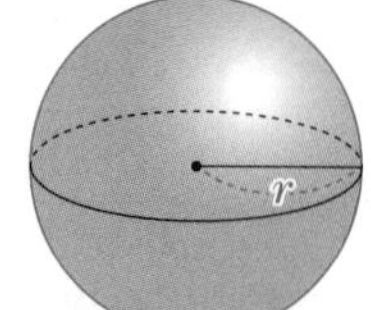

1 $S = 4\pi r^2 = 4\pi \times$ (半径)^2

2 $V = \dfrac{4}{3}\pi r^3 = \dfrac{4}{3}\pi \times$ (半径)^3

㊥ 半径が 3 の球の表面積を S，体積を V とすると，

$$S = 4\pi \cdot 3^2 = 36\pi, \quad V = \frac{4}{3}\pi \cdot 3^3 = 36\pi$$

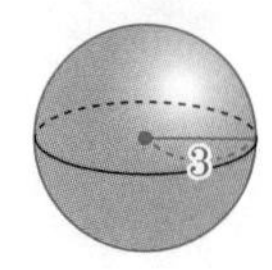

数検でるでる問題

1 右の図のように，半径が 3，中心角が 60° のおうぎ形 OAB の弧と線分 AB で囲まれた部分（斜線部）の面積を求めなさい。

★★

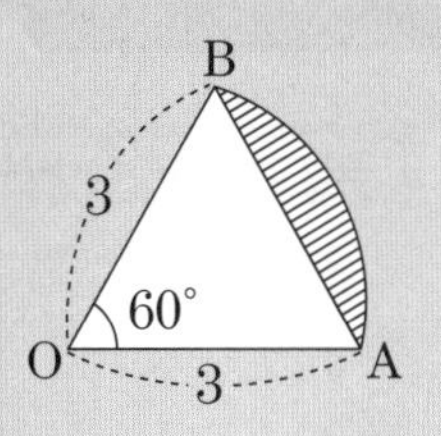

2 中心が O の球と球面上に異なる 3 点 A，B，C があり，点 O から平面 ABC へ垂線 OH をおろします。△ ABC の外接円の半径を 3，OH = 2 とするとき，この球の体積 V を求めなさい。

★★★

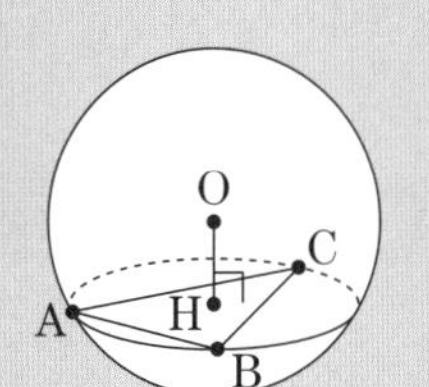

解答例

1 おうぎ形OABの面積をSとすると

$$S = \pi \cdot 3^2 \cdot \frac{60}{360} = \frac{3}{2}\pi$$

⬆ポイント 242：おうぎ形の弧の長さと面積

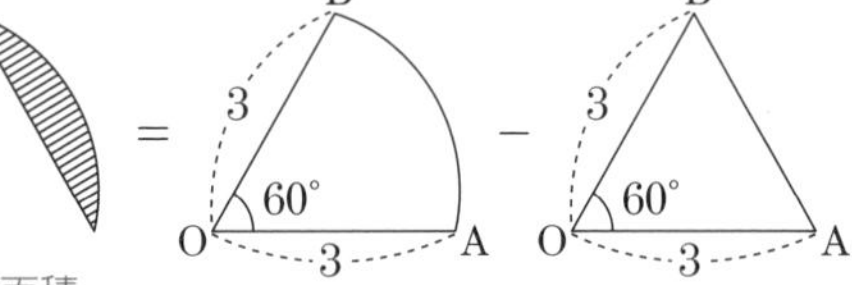

三角形 OAB の面積を T とすると

$$T = \frac{1}{2} \cdot 3^2 \sin 60^\circ = \frac{1}{2} \cdot 9 \cdot \frac{\sqrt{3}}{2} = \frac{9}{4}\sqrt{3}$$

⬅ テーマ 72 ポイント 239：三角形の面積

よって，求める面積は

$$S - T = \frac{3}{2}\pi - \frac{9}{4}\sqrt{3}$$

2 球の半径を r とすると，OA = OB = OC = r

OH は，四面体 OABC の頂点 O から底面へおろした垂線であるから点 H は△ ABC の外接円の中心である。

⬅ テーマ 63 ポイント 221：3 本の脚の長さが等しい四面体と垂線

この外接円の半径が 3 であるから，

AH = BH = CH = 3

△ OHA に三平方の定理を用いて，

$$r = \sqrt{AH^2 + OH^2} = \sqrt{3^2 + 2^2} = \sqrt{13}$$

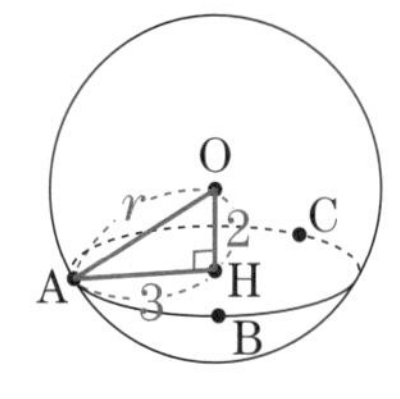

よって $V = \frac{4}{3}\pi(\sqrt{13})^3 = \frac{52}{3}\sqrt{13}\pi$

⬅ポイント 243：球の表面積と体積 **2** $V = \frac{4}{3}\pi r^3$ $(r = \sqrt{13})$

数検でるでるテーマ74　相似比と面積比と体積比

数検でるでるポイント244　柱体の体積　Point

底面積がS，高さがhの**柱体**(ちゅうたい)(円柱，三角柱，四角柱など)の**体積**をVとすると，

$$V = Sh = (\text{底面積}) \times (\text{高さ})$$

数検でるでるポイント245　錐体の体積　Point

底面積がS，高さがhの**錐体**(すいたい)(円錐，三角錐，四角錐など)の**体積**をVとすると，

$$V = \frac{1}{3}Sh = \frac{1}{3} \times (\text{底面積}) \times (\text{高さ})$$ ⬅(柱体の体積)×$\frac{1}{3}$

例　円柱

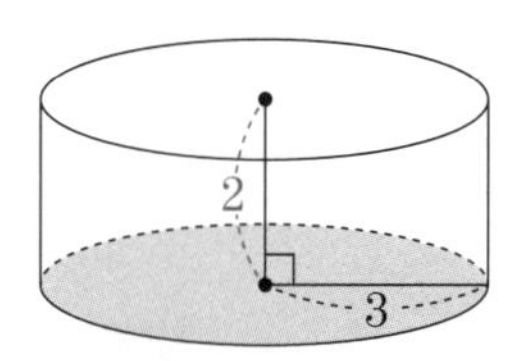

円錐

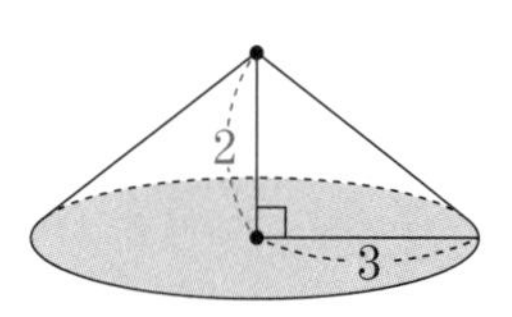

底面の円の半径が3，高さが2の円柱の体積をV_1とすると，

$$V_1 = \pi \cdot 3^2 \cdot 2 = 18\pi$$

底面の円の半径が3，高さが2の円錐の体積をV_2とすると，

$$V_2 = \frac{1}{3} \cdot \pi \cdot 3^2 \cdot 2 = 6\pi$$

(V_1からV_2へ：×$\frac{1}{3}$)

数検でるでるポイント246　相似比と面積比　Point

平面上で**相似比**$a:b$となる2つの図形は，**面積比**$a^2:b^2$

⬆相似比の2乗が面積比

数検でるでるポイント247　相似比と表面積比，体積比　Point

空間内で相似比$a:b$となる2つの立体は，

1 **表面積比**　$a^2:b^2$　⬅相似比の2乗が表面積比

2 **体積比**　$a^3:b^3$　⬅相似比の3乗が体積比

数検でるでる問題

1 球の半径を2倍にしたとき，表面積は何倍されますか。 ★

2 球の半径を2倍にしたとき，体積は何倍されますか。 ★

3 右の図のように△ABCがあり，線分AB，AC上にそれぞれ点P，QがありPQ // BC，AP：PB = 1：2 とします。△ABCの面積が1のとき，台形PBCQの面積を求めなさい。★★★

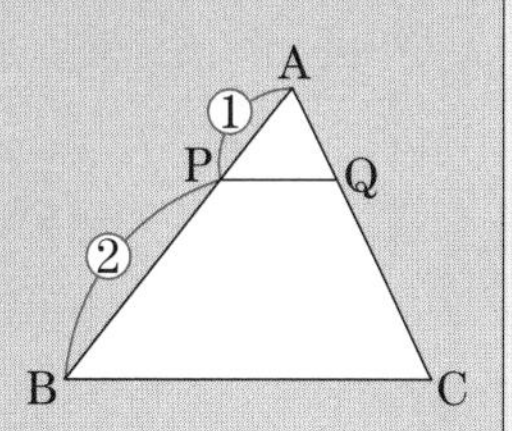

解答例

1 半径rの球の表面積をSとすると $S = 4\pi r^2$ ⬅

ポイント243：球の表面積と体積 **1**

球の半径を2倍の$2r$とすると球の表面積は，

$$4\pi(2r)^2 = 4\cdot 4\pi r^2 = 4S$$

相似比	1	：	2
表面積比	1^2	：	$2^2 = 1:4$
体積比	1^3	：	$2^3 = 1:8$

よって，表面積は**4倍**される。

2 半径rの球の体積をVとすると $V = \frac{4}{3}\pi r^3$ ⬅ テーマ73 ポイント243：球の表面積と体積 **2**

球の半径を2倍の$2r$とすると球の体積は，

$$\frac{4}{3}\pi(2r)^3 = 8\cdot\frac{4}{3}\pi r^3 = 8V$$

よって，体積は**8倍**される。

3 PQ // BC より ∠APQ =∠ABC ⬅ テーマ53 ポイント186：同位角

共通の角より ∠PAQ =∠BAC

2組の角がそれぞれ等しいから △APQ ∽△ABC

AP：PB = 1：2 から相似比は，

AP：AB = 1：(1 + 2) = 1：3

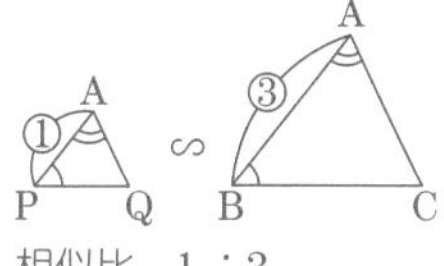

相似比 1：3
面積比 $1^2 : 3^2 = 1:9$

これより，面積比は △APQ：△ABC = $1^2 : 3^2 = 1:9$

△ABCの面積が1より，△APQの面積は$\frac{1}{9}$

よって，台形PBCQの面積は(△ABCの面積) − (△APQの面積)より，

$$1 - \frac{1}{9} = \frac{8}{9}$$

数検でるでるテーマ75　座標の考え方

数検でるでるポイント248　座標平面　Point

平面上に直交する2つの座標軸（ざひょうじく）を定めると，その平面上の点Pの位置は右下の図のように2つの実数の組$(a,\ b)$で表される。　⬅よく使う座標

これを点Pの座標（ざひょう）といい，$P(a,\ b)$とかく。

また座標軸の交点を原点（げんてん）といい，$O(0,\ 0)$とかく。

座標軸の定められた平面を座標平面（ざひょうへいめん）という。

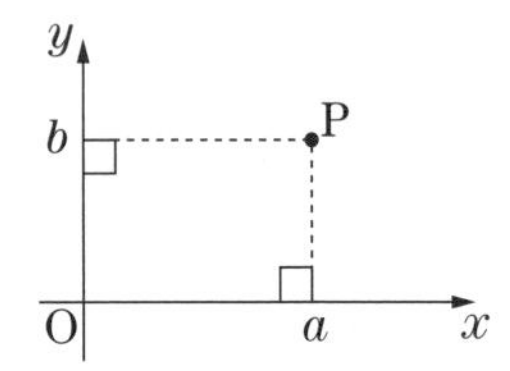

数検でるでるポイント249　座標空間　Point

空間に点Oをとり，Oで互いに直交する3つの座標軸を定める。

これらをそれぞれ**x軸**，**y軸**，**z軸**という。　⬆よく使う座標で軸が1つ増えた

またOを原点という。

さらに

1　x軸とy軸で定まる平面を**xy平面**という。

2　y軸とz軸で定まる平面を**yz平面**という。

3　z軸とx軸で定まる平面を**zx平面**という。

1，**2**，**3**をまとめて**座標平面**（ざひょうへいめん）という。

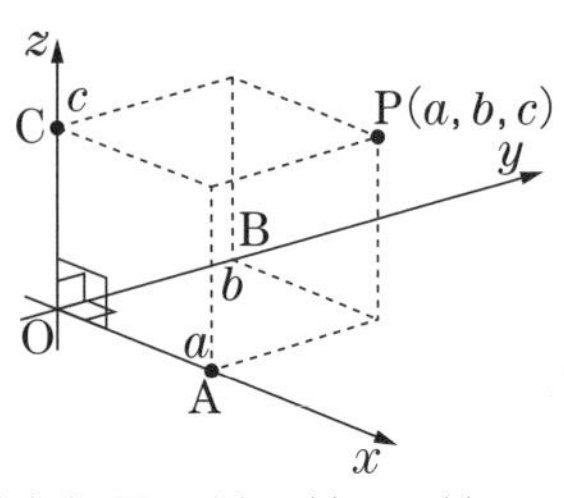

空間の点Pに対して，点Pを通り各座標軸に垂直な平面がx軸，y軸，z軸と交わる点を，それぞれA，B，Cとする。

A，B，Cの各座標軸上での座標がそれぞれa，b，cのとき，3つの実数の組$(a,\ b,\ c)$を点Pの座標といい，$P(a,\ b,\ c)$とかく。

このときaをx座標，bをy座標，cをz座標という。

また$O(0,\ 0,\ 0)$，$A(a,\ 0,\ 0)$，$B(0,\ b,\ 0)$，$C(0,\ 0,\ c)$である。

座標軸の定められた空間を**座標空間**（ざひょうくうかん）という。

数検でるでるポイント250 座標平面での原点との距離 Point

座標平面上で原点 O(0, 0)と点 P(a, b)の距離 OP は

$$OP = \sqrt{a^2 + b^2}$$

すなわち，原点と点 P の距離は

$$\sqrt{(点Pのx座標)^2 + (点Pのy座標)^2}$$

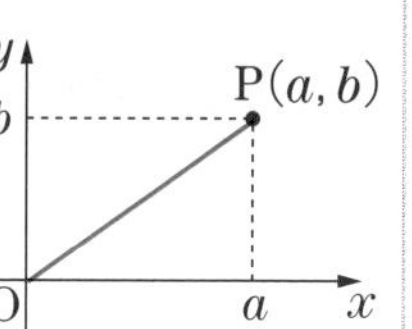

考 $a > 0$ かつ $b > 0$ とする。H(a, 0)とすると OH $= a$，PH $= b$，△OPH に三平方の定理を用いて

$$OP = \sqrt{OH^2 + PH^2} = \sqrt{a^2 + b^2}$$

補 $a \leqq 0$ または $b \leqq 0$ のときも成り立つ。

例 2 点 O(0, 0)，P(3, 2)の距離は

$$OP = \sqrt{3^2 + 2^2} = \sqrt{13}$$

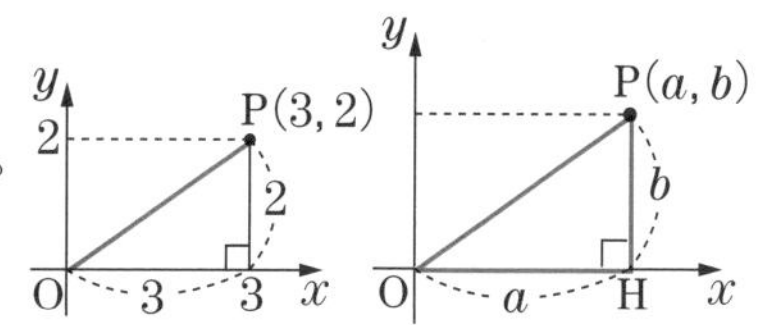

数検でるでるポイント251 座標空間での原点との距離 Point

座標空間内で原点 O(0, 0, 0)と点 P(a, b, c)の距離 OP は

$$OP = \sqrt{a^2 + b^2 + c^2}$$

すなわち，原点と点 P の距離は

$$\sqrt{(点Pのx座標)^2 + (点Pのy座標)^2 + (点Pのz座標)^2}$$

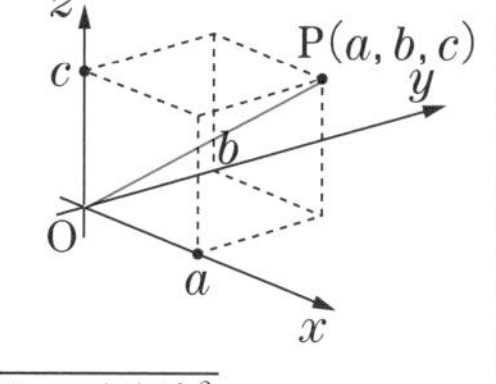

考 $a > 0$ かつ $b > 0$ かつ $c > 0$ とする。Q(a, b, 0)とすると，OQ $= \sqrt{a^2 + b^2}$，PQ $= c$，△OPQ に三平方の定理を用いて

$$OP = \sqrt{OQ^2 + PQ^2} = \sqrt{a^2 + b^2 + c^2}$$

⬆ テーマ65 ポイント 226：直方体の対角線の長さ

補 $a \leqq 0$ または $b \leqq 0$ または $c \leqq 0$ のときも成り立つ。

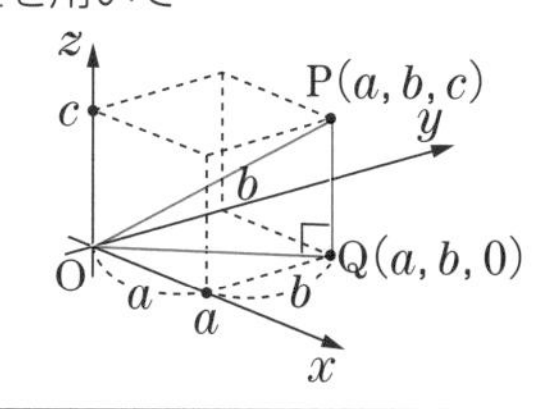

数検でるでる問題

座標空間内の 2 点 O(0, 0, 0)，P(3, 2, 1)の距離を求めなさい。 ★

解答例

$$OP = \sqrt{3^2 + 2^2 + 1^2} = \underline{\sqrt{14}}$$

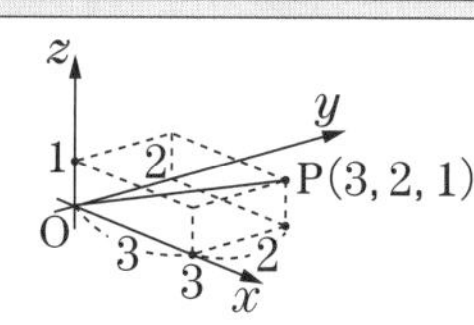

数検でるでるテーマ 76　計算技能検定(1次検定)

確認 第8章　計 算 技 能　〈7技能について ➡ p.9～〉

- 計算技能……計算力はもちろん,基本的な定理や公式の扱いが問われる

数検でるでる問題 〈数学検定過去問題〉

次の式を展開して計算しなさい。　★★

$(2x-1)^3$

1次検定では，シンプルな計算問題が出題される。

解答例

$(2x-1)^2=(2x)^2-2\cdot 2x\cdot 1+1^2=4x^2-4x+1$

↑ テーマ2 ポイント10：乗法公式❶❷

これより，

$(2x-1)^3=(2x-1)^2(2x-1)$

$=(4x^2-4x+1)(2x-1)$ ⬅展開

$=8x^3-8x^2+2x-4x^2+4x-1$

$=\underline{\boldsymbol{8x^3-12x^2+6x-1}}$ ⬅降べきの順に整理

別　$(2x-1)^3=(2x)^3-3\cdot(2x)^2\cdot 1+3\cdot 2x\cdot 1^2-1^3$ ⬅下にある3乗の展開公式を使ってもよい

$=\underline{\boldsymbol{8x^3-12x^2+6x-1}}$

数検でるでるポイント252　3乗の展開公式　Point

❶ $(a+b)^3=a^3+3a^2b+3ab^2+b^3$

❷ $(a-b)^3=a^3-3a^2b+3ab^2-b^3$

（b を $-b$ とする）

現行課程では，**3乗の展開公式**は高校の「数学Ⅱ」で学習することになっているので，テーマ2には載せなかった。しかし，知っておいても損はない内容である。

数検でるでる問題〈数学検定過去問題〉

点 O を中心とする円において，弦 AB の長さが 6cm，O と弦 AB との距離が 2cm であるとき，円 O の半径を求めなさい。 ★★

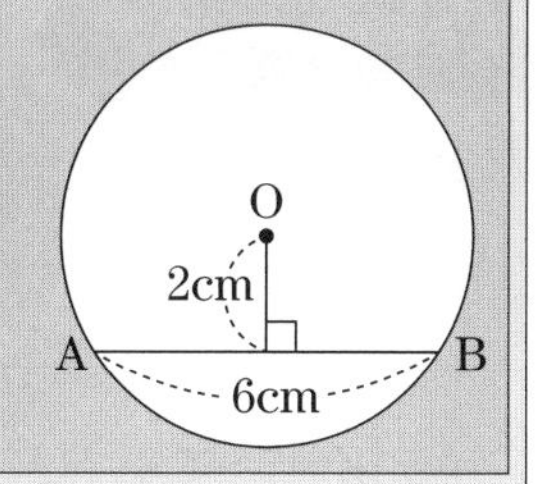

1 次検定では，このような図形問題も出題されることがある。

OA ＝ OB（半径） より，△ OAB が二等辺三角形になることに気づくとよい。「**二等辺三角形**の性質」から，AB の中点を M とすると，△ OAM，△ OBM は直角三角形になるので，「**三平方の定理**」を用いることができる。

解答例

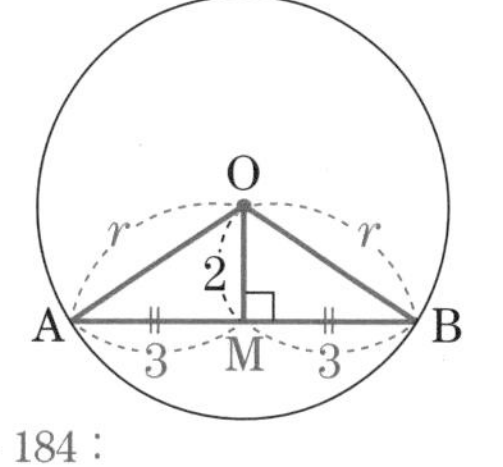

半径を r(cm)とおくと，

$$OA = OB = r$$

△ OAB は二等辺三角形なので，

AB の中点を M とすると，

$$OM \perp AB,\ AM = BM = 3(\text{cm})$$ ← テーマ 52 ポイント 184：二等辺三角形の中線

図より　$OM = 2(\text{cm})$　↑ AB ＝ 6 の半分

△ OBM に三平方の定理を用いて，← テーマ 65 三平方の定理 +α ポイント

$$r = OB = \sqrt{BM^2 + OM^2} = \sqrt{3^2 + 2^2} = \sqrt{13}$$

よって，円の半径は　**$\sqrt{13}$ cm**　←単位の cm を忘れずに！

このように，1 次検定は計算技能検定であるが，計算だけなく，基本的な定理や公式などの数学力も試され，いろいろな分野から出題される。注意点として，電卓，ものさし，コンパスを使用することができない。また，「解答用紙に答えだけを書く」形式であり，計算間違いやケアレスミスをすると無得点になる。

数検でるでるテーマ77　数理技能検定(2次検定)❶

「**数理技能検定**」では，計算力だけでなく，数学の深い理解力と応用力が試される。注意点として，2次検定では電卓が使用できるので，複雑な計算では電卓を使うとよい。

「解答用紙に答えだけを書く」問題もあるが，1次検定にはなかった「解法の過程がわかるように記述する」問題もある。どのように答えを出したのかを論述・論証することも求められる。

確認 第8章　測定技能　〈7技能について ➡ p.9～〉

• **測定技能**……長さや面積，体積などの測定の能力が問われる

数検でるでる問題　〈数学検定過去問題〉

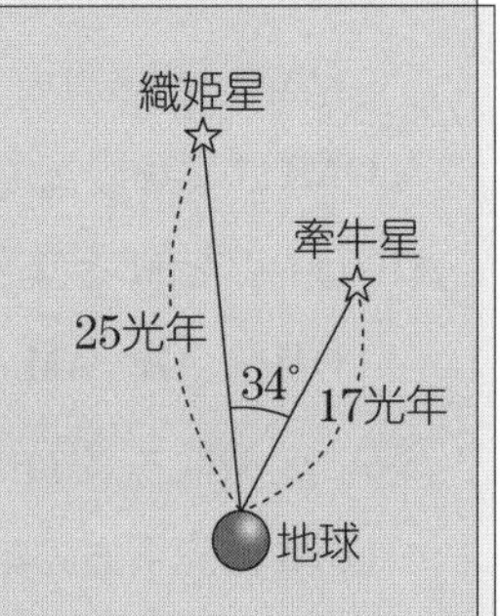

こと座のベガとわし座のアルタイルという星は，七夕伝説では織姫星（おりひめ）と牽牛星（けんぎゅう）として知られています。地球からの距離はそれぞれ25光年と17光年で，これら2つの星と地球を結んでできる角は34°です。これについて，次の問いに答えなさい。ただし，織姫星，牽牛星，地球のそれぞれの大きさは考えなくてよいものとします。

(1) 織姫星と牽牛星の間の距離をx光年とします。このとき，x^2の値を求めなさい。ただし，$\cos 34^\circ = 0.83$　とします。

(2) 織姫星と牽牛星の間の距離は何光年ですか。下の①～④の中から最も近いものを選び，その番号で答えなさい。この問題は答えだけを書いてください。

①　14.3光年　②　14.4光年　③　14.5光年　④　14.6光年

★★★(測定技能)

測定技能の問題である。1光年とは「光が1年間に進む距離」である。光は1秒間に約30万km進み，地球1周は約4万kmなので，光は1秒間で地球を7周半する。

見た目が難しそうにみえる問題は，自分が解ける問題に持ち込もう。

地球を点A，織姫星を点B，牽牛星を点Cとすると次のような問題になる。

数検でるでる問題

右の図のように△ABCがあり，AB = 25，AC = 17，BC = x，∠BAC = 34° とします。このとき，次の問いに答えなさい。

(1) x^2 の値を求めなさい。ただし，$\cos 34^\circ = 0.83$ とします。

(2) 辺BCの長さにもっとも近いものを下の①～④の中から選び，その番号で答えなさい。この問題は答えだけを書いてください。

① 14.3　② 14.4　③ 14.5　④ 14.6　★★

B
x
C
25
34°
17
A

織姫星と牽牛星の距離が△ABCの辺BCの長さを求める問題と考えると，「**余弦定理**（よげん）」を用いることに気づくだろう。2次検定では電卓も使える。

解答例

(1) 地球を点A，織姫星を点B，牽牛星を点Cとする。

△ABCに余弦定理を用いて，

$$x^2 = AB^2 + AC^2 - 2 \cdot AB \cdot AC \cdot \cos 34^\circ$$ ← テーマ71 ポイント237：余弦定理❶

$$= 25^2 + 17^2 - 2 \cdot 25 \cdot 17 \cdot 0.83$$

$$= 625 + 289 - 705.5$$ ←電卓使用可

$$= \underline{208.5}$$

(2) $BC = x = \sqrt{208.5} = 14.43\cdots\cdots$ ←電卓使用可

$\fallingdotseq 14.4$ ← テーマ10 ポイント38：近似値 小数第2位を四捨五入

よって　<u>②</u>

数検でるでるテーマ78　数理技能検定(2次検定)②

確認 ▶▶ 第8章　表現技能　〈7技能について ➡ p.9～〉

- 表現技能……与えられた情報を数式で表現する能力が問われる

数検でるでる問題 〈数学検定過去問題〉

1辺の長さが $a$cm の正三角形があります。この正三角形の面積は $\dfrac{\sqrt{3}}{4}a^2\ \mathrm{cm}^2$ です(このことを証明する必要はありません)。各辺を 2cm ずつのばして，この正三角形を大きくすると，その面積はどれだけ増えますか。a を用いて表しなさい。　★★★(表現技能)

表現技能の問題である。問題文に「証明する必要はありません」とあることは証明しても点数はもらえない。もちろん，1辺の長さが $a$cm の**正三角形**の面積が $\dfrac{\sqrt{3}}{4}a^2\mathrm{cm}^2$ であることは証明できてほしいが，この問題ではその面積の式が使えるかどうかが問われている。

解答例

⬇正三角形の面積は a の2次関数

1辺の長さが $a$cm の正三角形の面積を $S(a)\mathrm{cm}^2$ とすると　$S(a)=\dfrac{\sqrt{3}}{4}a^2$

1辺の長さが $a$cm の正三角形の各辺を 2cm ずつのばすと，1辺の長さが $(a+2)$cm の正三角形になる。

a　a　a　各辺を 2cm ずつのばす　$a+2$　$a+2$　$a+2$

1辺の長さが $(a+2)$cm の正三角形の面積は，

$$S(a+2)=\frac{\sqrt{3}}{4}(a+2)^2=\frac{\sqrt{3}}{4}(a^2+4a+4)$$

$$S(a+2)-S(a)=\frac{\sqrt{3}}{4}(a^2+4a+4)-\frac{\sqrt{3}}{4}a^2=\frac{\sqrt{3}}{4}(4a+4)$$

$$=\sqrt{3}(a+1)$$

よって　$\boldsymbol{\sqrt{3}(a+1)\ \mathrm{cm}^2}$ だけ増える。　⬅差の値が増えた面積

確認 ▶▶ 第8章 **統計技能** 〈7技能について ➡ p.9〜〉

・**統計技能**……与えられたデータを分析する統計の能力が問われる

数検でるでる問題 〈数学検定過去問題〉

次のデータは，6人ずつのグループA，Bについて，縄跳びの二重跳びの回数を記録したものです。

A：13，15，8，10，9，17　　B：9，12，11，7，12，15

これについて，次の問いに答えなさい。

(1) A，Bそれぞれのデータについて，平均値を求めなさい。この問題は答えだけを書いてください。

(2) A，Bそれぞれのデータについて，分散を求め，どちらのほうが回数にばらつきがあるかを答えなさい。 ★★(統計技能)

統計技能の問題である。**分散**はばらつき度合いを表すもので，分散が大きいほどばらつきがあるということになる。

解答例

(1) A，Bの平均値をそれぞれ $\bar{a}$，$\bar{b}$ とすると，

$$\bar{a} = \frac{13+15+8+10+9+17}{6} = \frac{72}{6} = \underline{\mathbf{12}}$$

← テーマ45 ポイント158：平均値

$$\bar{b} = \frac{9+12+11+7+12+15}{6} = \frac{66}{6} = \underline{\mathbf{11}}$$

(2) A，Bの分散をそれぞれ v_a，v_b とすると，

$$v_a = \frac{(13-12)^2+(15-12)^2+(8-12)^2+(10-12)^2+(9-12)^2+(17-12)^2}{6}$$

$$= \frac{1+9+16+4+9+25}{6} = \underline{\mathbf{\frac{32}{3}}}$$

↑ テーマ48 ポイント169：分散と標準偏差

$$v_b = \frac{(9-11)^2+(12-11)^2+(11-11)^2+(7-11)^2+(12-11)^2+(15-11)^2}{6}$$

$$= \frac{4+1+0+16+1+16}{6} = \underline{\mathbf{\frac{19}{3}}}$$

$v_a > v_b$ であるから<u>**Aのほうが回数にばらつきがある。**</u>

数検でるでるテーマ79　数理技能検定(2次検定)③

確認 第8章　作図技能　〈7技能について ➡ p.9～〉

- 作図技能……定規やコンパスを使って作図する能力が問われる

数検でるでるポイント253　作図　復習　Point

定規や**コンパス**を使って図を描くことを**作図**(さくず)という。

定規は「目盛りのないものさし」のことで，1本の直線をひくことだけに使う。

コンパスは，円弧を描いたり，等しい長さをとったりすることに使う。

数検でるでる問題　〈数学検定過去問題〉

$a>0$，$b>0$　とします。

このとき，2次関数　$y=ax^2+bx$　のグラフについて，次の問いに答えなさい。

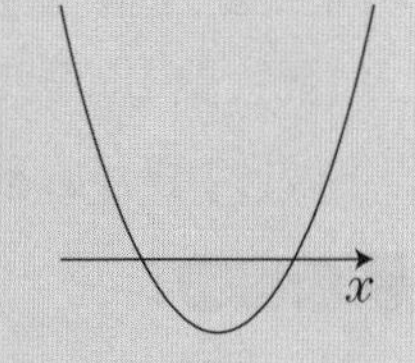

(1)　x 軸との交点の座標を求めなさい。この問題は答えだけを書いてください。

(2)　y 軸を，下の〈注〉に従って作図しなさい。作図をする代わりに，作図の方法を言葉で説明してもかまいません。

〈注〉　ⓐ　コンパスとものさしを使って作図してください。ただし，ものさしは直線を引くことだけに用いてください。

ⓑ　コンパスの線は，はっきりと見えるようにかいてください。コンパスの針をさした位置に，・の印をつけてください。

ⓒ　作図に用いた線は消さないで残しておき，線を引いた順に①，②，③，……の番号を書いてください。　★★(作図技能)

作図技能の問題。まれに作図の問題も出題される。

この問題では，y 軸を作図するのだが，y 軸は直線である。原点 O を通り，x 軸に垂直な直線を作図することになる。垂直二等分線や二等辺三角形を考えるとよい。

基本的に，直線の作図は直線が通る 2 点を求め，その 2 点を通る直線を定規でひけばよい。

もし作図の問題が出題されたら，図形の性質を考えることになる。

解答例

(1) $y = ax^2 + bx = x(ax + b) \quad (a > 0,\ b > 0)$

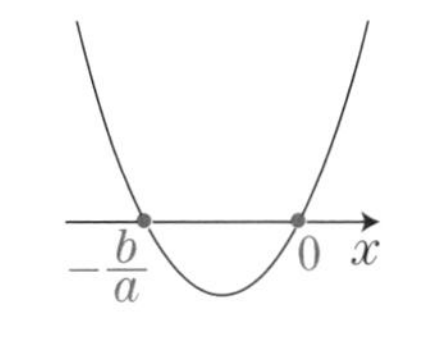

$y = 0$ とすると $x(ax + b) = 0$ であるから

$$x = -\frac{b}{a},\ 0$$

$a > 0$，$b > 0$ より

$$-\frac{b}{a} < 0$$

よって，x 軸との交点の座標は $\left(-\frac{b}{a},\ 0\right)$，$(0,\ 0)$

(2) (1)で求めた 2 つの交点のうち，x 座標が大きいほうが原点 O である。

y 軸の作図を言葉で説明すると，次のとおりとなる。

❶ 原点 O を中心に円を描き，x 軸と交わる 2 点を A，B とする。

❷ 2 点 A，B を中心とする半径が等しい 2 つの円を描き，交点の 1 つを P とする。

❸ 2 点 O，P を通る直線を引く。

この直線が y 軸である。作図は右図となる。

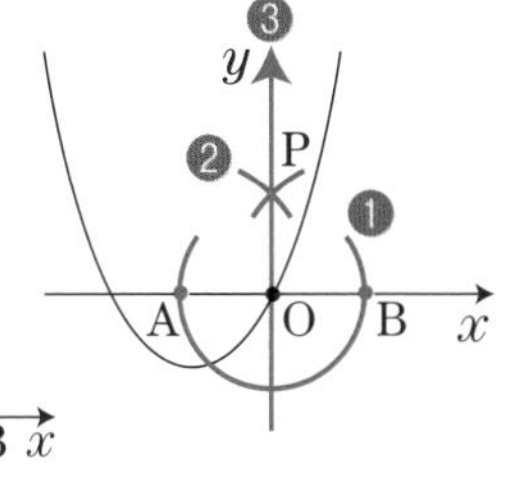

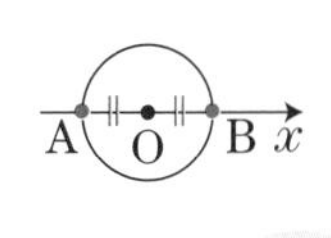

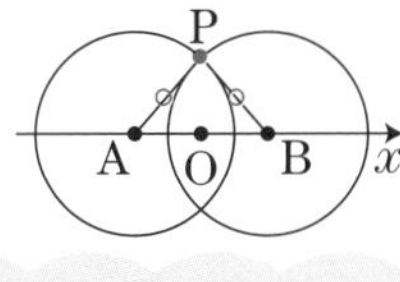

P
A O B x

❶：線分 AB の中点が O
❷：半径が等しい 2 つの円より，PA = PB　△PAB は二等辺三角形
❸：線分 AB の垂直二等辺分線
↑ テーマ 52 ポイント 184：二等辺三角形の中線

数検でるでるテーマ80 数理技能検定(2次検定)④

確認 第8章 証明技能 〈7技能について ➡ p.9～〉

- 証明技能……数学的に正しいことを論証する能力が問われる

数検でるでる問題 〈数学検定過去問題〉

連続する2つの整数があります。大きい数の2乗から小さい数の2乗をひいた数は奇数となることを証明しなさい。 ★★★(証明技能)

証明技能の問題である。

連続する2つの整数は1と2，2と3，3と4のような数である。

大きい数の2乗から小さい数の2乗をひくと，

$$2^2 - 1^2 = 4 - 1 = 3$$

$$3^2 - 2^2 = 9 - 4 = 5$$

$$4^2 - 3^2 = 16 - 9 = 7$$

たしかに奇数になるが，これだけでは証明にはならない。連続する整数はほかにもたくさんあるからである。「どのような連続する整数にたいしても成り立つ」ことを論証しないといけないので，次の「ポイント254」を確認しておこう。

数検でるでるポイント254 文字式の活用 Point

未知数や変数，一般的な数は文字を使って表す。

連続する2つの整数は，整数 n を用いて n，$n+1$ のように文字を使って表せる。どのような整数 n にたいしても成り立つことを証明すればよい。

解答例

連続する2つの整数は，整数 n を用いて，n，$n+1$ と表せる。

大きい数 $n+1$ の2乗から小さい数 n の2乗をひくと，

$$(n+1)^2 - n^2 = (n^2 + 2n + 1) - n^2 = 2n + 1$$

⬅すべての連続する2つの整数の2乗の差が奇数であることがいえる

よって，$2n+1$ は奇数なので証明された。 〔証明終〕

確認 ▶▶ 第8章 **整理技能** 〈7技能について ➡ p.9〜〉

- **整理技能**……与えられた情報を整理する能力が問われる

数検でるでる問題

「01：23」「23：01」のように，時と分をそれぞれ2個の数字によって表す24時間制のデジタル時計があります(秒の表示はありません)。この時計がA時B分を表示した瞬間からちょうどx分後に，B時A分を表示しました。時計が正常に作動しているとき，xとして考えられる最小の正の整数を求めなさい。この問題は答えだけを書いてください。 ★★★(整理技能)

整理技能の問題。このような思考力を試す問題が出題されることもある。

数検でるでるポイント255 整理技能の問題の原則 Point

整理技能の問題を解くには次のような原則がある。

1. 具体的な例で実験や考察をして，状況を把握する。
2. **対称性**に着目したり，規則的に配列するなど工夫して整理する。
3. 図や表を用いて整理する。

24時間制のデジタル時計は，「00：00」から「23：59」まで表示される。「A時B分」のx分後に「B時A分」になることについて，具体的な例で実験して最小の正の整数xを調べてみる。

ここで$A=0$，1，…，23，$B=0$，1，…，23である。

たとえば，$A=0$ とすると「0時B分」のx分後に「B時0分」となる。 ← 1

このとき

$B=1$のとき「0時1分」のx分後が「1時0分」

$B=2$のとき「0時2分」のx分後が「2時0分」

$B=3$のとき「0時3分」のx分後が「3時0分」

⋮

となることからもわかるように，「0 時 B 分」と「B 時 0 分」が最も近いとき x は最小で，それは $B=1$　のときであるとわかる。

つまり，「0 時 1 分」の 59 分後に「1 時 0 分」となり，このとき x は最小で 59 となる。

同じように考えて，$A=1$　とすると「1 時 2 分」の 59 分後に「2 時 1 分」となり，このとき x は最小で 59 となる。

$A=2, \cdots, 22$　でも同様に考えられるので，答えは「59」となりそうである。

ただし，$A=23$　とすると，「23 時 24 分」の 59 分後は「24 時 23 分」ではなく，「0 時 23 分」になることに注意する。

解答例

$A=0,\ 1,\ \cdots,\ 23,\ B=0,\ 1,\ \cdots,\ 23$ である。

㋐ $A=0,\ 1,\ \cdots,\ 22$　の場合

0 時 0 分を 0 分として A 時 B 分は $(60A+B)$ 分，B 時 A 分は $(60B+A)$ 分となる。

⬆ 1 時間が 60 分であることから単位を「分」に合わせた。
たとえば 1 時 23 分は　$60 \cdot 1+23=83$ 分

「A 時 B 分」の x 分後が「B 時 A 分」なので，

$(60A+B)+x=60B+A$　であるから　$x=59(B-A)$

$B-A$ は整数なので，x は 59 の倍数である。　⬅ $x=59\times$(整数)

x は正の整数であるから，$B-A$ も正の整数であり，$B-A=1$ のとき x は最小で 59 となる。このとき　$(A,\ B)=(0,\ 1),\ (1,\ 2),\ \cdots,\ (22,\ 23)$

㋑ $A=23$　の場合

「23 時 B 分」の x 分後に「B 時 23 分」となる。⬅ $B=24$　にはならない

「23 時 B 分」と「B 時 23 分」が最も近い場合に x は最小で，$B=0$　の場合が最小とわかる。

つまり，「23 時 0 分」の 83 分後に「0 時 23 分」となり，このとき x は最小で 83 となるが，59 よりは大きい。

よって，㋐，㋑より，x として考えられる最小の整数は，

59　⬅答えだけを書く問題なので，どのような求め方でも合っていれば正解となる

第2部

実践編

１次：計算技能検定

解答・解説➡ p.212 ～

1

次の問いに答えなさい。

(1) 次の式を展開して計算しなさい。

$$x(x+6)-(x+3)^2$$

(2) 次の式を因数分解しなさい。

$$x^2-6x+5$$

(3) 次の方程式を解きなさい。

$$(x-4)^2-5=0$$

(4) 次の計算をしなさい。

$$(\sqrt{3}+2\sqrt{2})^2$$

(5) 関数 $y=ax^2$ において，$x=-10$ のとき $y=5$ です。このとき，a の値を求めなさい。

次の問いに答えなさい。

(6) 右の図の直角三角形の面積を求めなさい。

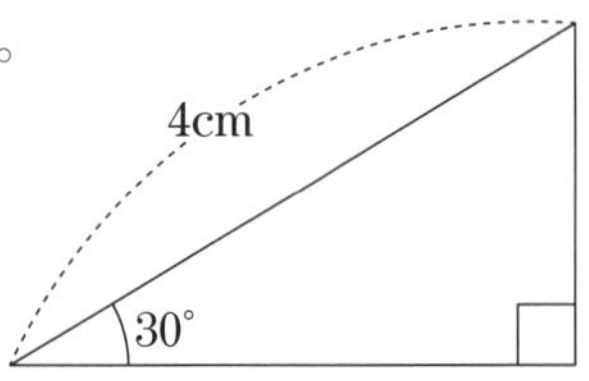

(7) 右の図で $l \parallel m$ のとき，x の値を求めなさい。

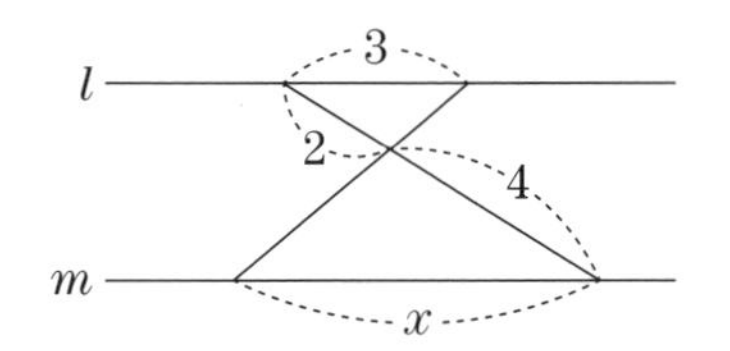

(8) 次の式を展開して計算しなさい。

$$(2a + b + c)^2 - (2a + b - c)^2$$

(9) 次の式を因数分解しなさい。

$$2x^2 - 3x + 1$$

(10) 次の計算をしなさい。答えが分数になるときは，分母を有理化して答えなさい。

$$\frac{1}{\sqrt{2}+1} + \frac{1}{\sqrt{3}+\sqrt{2}} + \frac{1}{2+\sqrt{3}}$$

次の問いに答えなさい。

⑾ 2次関数 $y = 3x^2 + 3x - 2$ の最小値を求めなさい。

⑿ 次の方程式を解きなさい。

$$|2x + 1| = 4$$

⒀ 右の図で，△ABCは円に内接し，lは点Cにおける円の接線です。lと直線ABの交点をPとし，∠APC = 30°，∠BAC = 70°のとき，∠BCAの大きさを求めなさい。

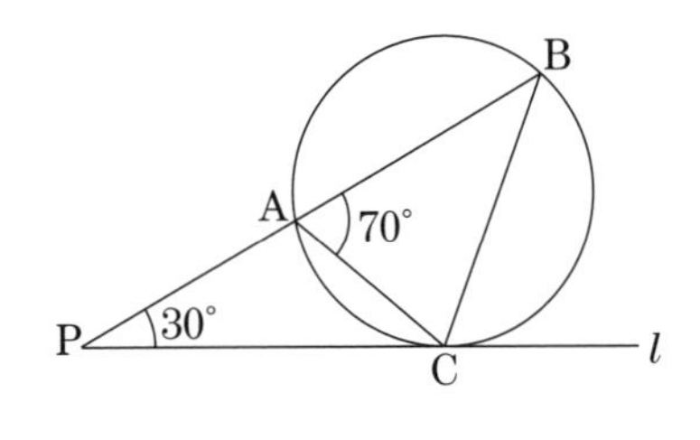

⒁ 0，1，2，3，4 の 5 個の数字を使って 3 けたの整数をつくるとき，次の問いに答えなさい。

① 各位の数字が異なる整数は全部で何個できますか。

② 各位に重複を許してできる整数は全部で何個できますか。

⒂ $90° < \theta < 180°$ で $\sin\theta = \dfrac{3}{7}$ のとき，次の問いに答えなさい。

① $\cos\theta$ の値を求めなさい。

② $\tan\theta$ の値を求めなさい。

２次：数理技能検定

解答・解説➡ p.222 〜

1

右の図のような正四角錐ABCDEがあります。底面は1辺の長さが$\sqrt{2}$の正方形BCDEで対角線BDとCEの交点をOとします。

AB = AC = AD = AE = 3　とし4つの線分AB，AC，AD，AE上にそれぞれF，G，H，Iをとり，

AF = AG = AH = AI = 1

とします。

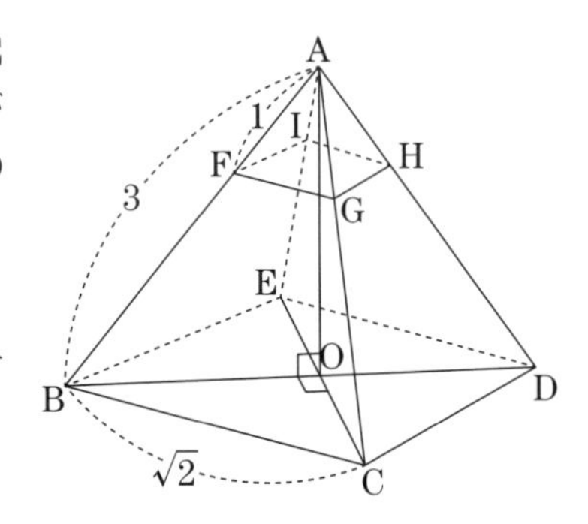

これについて，次の問いに答えなさい。

(1)　線分AOの長さを求めなさい。この問題は答えだけを書いてください。

(2)　上面が正方形FGHI，下面が正方形BCDEの正四角錐台の体積Vを求めなさい。

2

Aさんが,「差が4である2つの整数をかけて4をたすと，ある整数の2乗になる」と予想しました。

この予想をBさんがいくつかの数字で確かめてみました。

$5 \times 1 + 4 = 9 \ = 3^2$

$6 \times 2 + 4 = 16 = 4^2$

$7 \times 3 + 4 = 25 = 5^2$

$8 \times 4 + 4 = 36 = 6^2$

これについて，次の問いに答えなさい。

(3) Aさんの予想は正しいですか，誤っていますか。正しければそのことを証明し，誤っていればその理由を答えなさい。

右の図のように，正方形ABCDの内部に，点Aが中心で半径がAB，中心角が90°のおうぎ形と線分BDで囲まれた部分(斜線部)があり，その面積が$(2\pi-4)$cm^{2}となります。
これについて，次の問いに答えなさい。

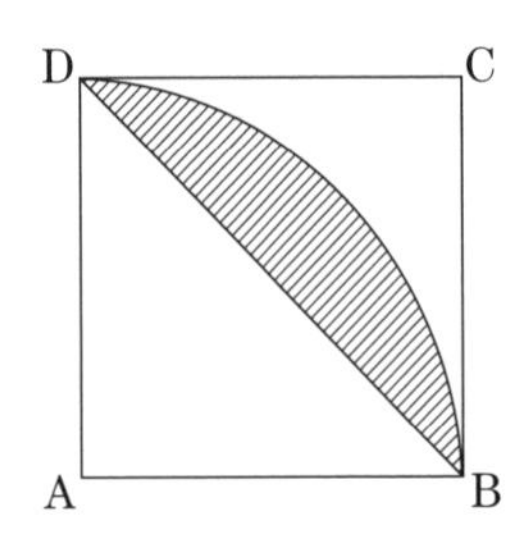

(4) 正方形の1辺の長さを求めなさい。この問題は答えだけを書いてください。

2次関数 $f(x) = x^2 - 4ax - 4a + 3$ （a は定数） について，次の問いに答えなさい。

(5) $f(x)$ の最小値とそのときの x の値を，それぞれ a を用いて表しなさい。この問題は答えだけを書いてください。

(6) $y = f(x)$ のグラフが x 軸と異なる2点で交わるとき，a のとりうる値の範囲を求めなさい。

右の図のように，A 地点から C 地点に行くのに，B 地点を経由する道路があります。A 地点から B 地点まで 8km，B 地点から C 地点まで 7km あります。ここで A 地点から C 地点まで道路をつくることにしました。道路はすべて直線とし，∠ABC = 120°　であるとき，次の問いに答えなさい。

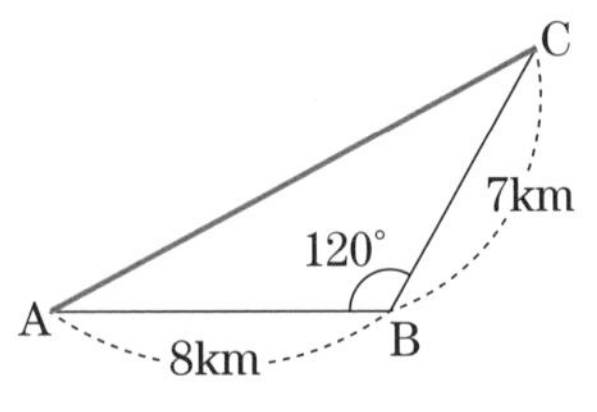

(7)　A 地点から C 地点までの新しい道路の距離を求めなさい。

赤球3個と白球2個の5個の球が入った袋がある。この袋から球をよく混ぜて同時に2個の球を取り出し，それらの色を記録してその2個の球を袋にもどす。これを2回くり返すとき，次の問いに答えなさい。

(8) 記録した球の色がすべて赤色である確率を求めなさい。この問題は答えだけを書いてください。

(9) 記録した球の色の少なくとも1つが赤色である確率を求めなさい。

7 次の問いに答えなさい。

⑽ 整数にかんする有名な未解決問題の１つに「双子素数予想」というものがあります。双子素数とは３と５のように，「p と $p+2$ がともに素数である」ような p と $p+2$ の組のことで，その内容は次のようなものですが，いまだに証明されていません。

「双子素数は無限に存在する」

３と５，５と７，11と13，17と19，……と双子素数がどのくらい存在するのかわかっていないのです。

その双子素数にたいして「p，$p+2$，$p+4$ がすべて素数である」ような p，$p+2$，$p+4$ の組を「三兄弟素数」とよぶことにします。

これについて次の予想をたててみましょう。

「三兄弟素数は無限に存在する」

じつはこの予想は正しくないことがわかっています。

以下はそのことにかんする証明です。

> p を素数とする。
>
> p，$p+2$，$p+4$ がすべて素数である ……Ⓐ
>
> と仮定する。
>
> $p=$ ［ア］ のとき，$p+2$，$p+4$ は素数にはならないのでⒶは成り立たない。
>
> $p=$ ［イ］ のとき，Ⓐは成り立つ。
>
> p が５以上の素数のとき，６以上の３の倍数は素数ではないことから，p は［ウ］でわって余りが１または２の素数となる。
>
> p が［ウ］でわって余りが１のとき，$p+2$ が素数ではない ……①
>
> p が［ウ］でわって余りが２のとき，$p+4$ が素数ではない ……②
>
> ①，②より５以上の素数 p にたいしてⒶは成り立たない。
>
> よって，三兄弟素数は［エ］組しか存在しない。

上の［ア］，［イ］，［ウ］，［エ］にあてはまる数を求めなさい。

この問題は答えだけ書いてください。

memo

１次：計算技能検定

解答・解説➡ p.234 ～

1

次の問いに答えなさい。

(1) 次の式を展開して計算しなさい。

$$(x-1)(x+1)(x^2+1)$$

(2) 次の式を因数分解しなさい。

$$xy-x-y+1$$

(3) 次の方程式を解きなさい。

$$(2x-3)^2=-16x+8$$

(4) 次の計算をしなさい。

$$(3-\sqrt{3})^2+\sqrt{48}$$

(5) 関数 $y=-x^2$ において，x の変域が $-2<x<1$ のとき，y の変域を求めなさい。

次の問いに答えなさい。

(6)　平らな広場の地点Oから東に3m，北に2m進み，真上に4m上がった位置にある点をPとします。このとき，線分OPの長さを求めなさい。

(7)　右の図のような△ABCにおいて∠BACの二等分線と線分BCとの交点をDとします。
AB = 4，AC = 7　のとき
線分比　BC：BD　をもっとも簡単な整数の比で表しなさい。

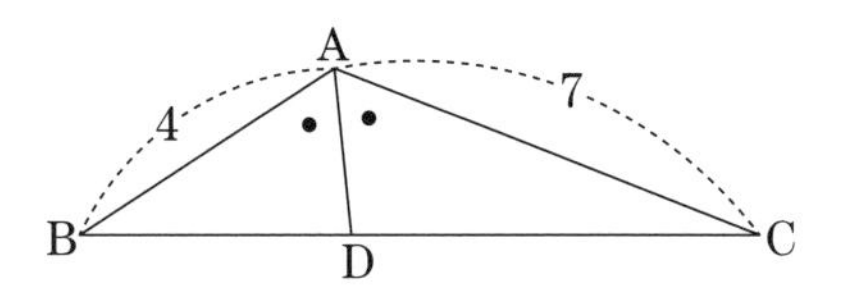

(8)　右の図のように△ABCの辺ABを3：2に内分する点をD，辺ACを5：3に内分する点をEとします。線分BEと線分CDの交点をPとするとき，線分比BP：PEをもっとも簡単な整数の比で表しなさい。

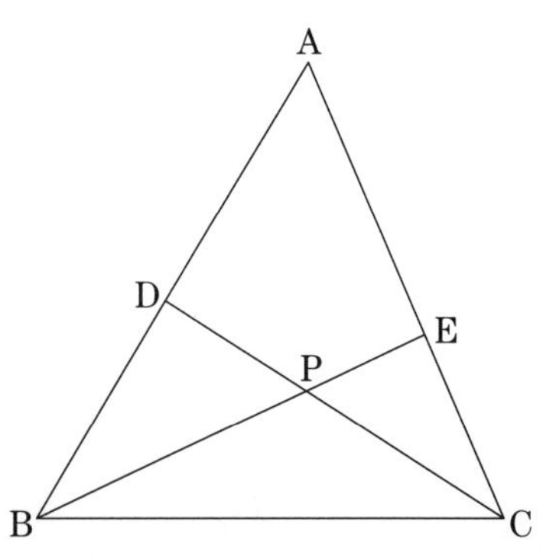

⑼　次の数の正の約数の個数を答えなさい。

3000

⑽　次の不等式を解きなさい。

$$2x + 1 < 3x - 2 \leqq -x + 11$$

3

次の問いに答えなさい。

(11) 2次関数 $y=-\frac{1}{3}x^2+2x-2$ のグラフの頂点の座標を求めなさい。

(12) $U=\{x\mid x$ は10以下の正の整数$\}$を全体集合とします。Uの2つの部分集合A，Bを

$$A=\{x\mid x\text{は奇数}\},\ B=\{x\mid x\text{は3の倍数}\}$$

とするとき，集合$\overline{A}\cap\overline{B}$を，要素を並べる方法で表しなさい。ただし，$\overline{A}$は$A$の補集合を表します。

(13) 右の図のように△ABCが円に内接しています。

∠BAC = 30°，BC = 5 のとき，円の半径を求めなさい。

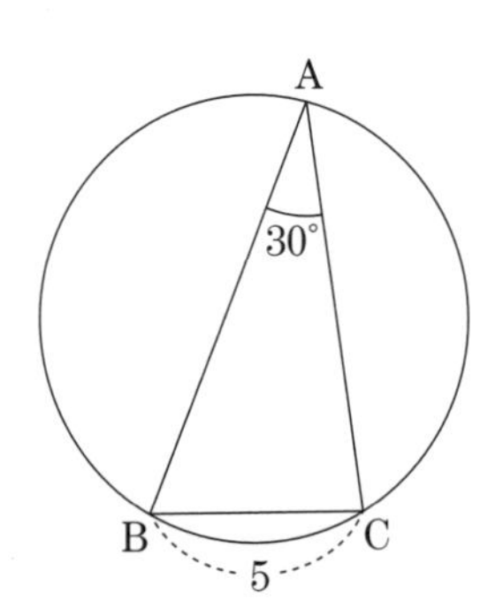

(14) 次の問いに答えなさい。

① 6人から3人を選ぶ方法は何通りありますか。

② 6人を円形に並べる方法は何通りありますか。

(15) 次の問いに答えなさい。

① 2進法で表された数 $111_{(2)}$ を10進法で表しなさい。

② 10進法で表された数111を2進法で表しなさい。

２次：数理技能検定

解答・解説➡ p.246 〜

1

右の図のように正三角柱 ABCDEF があります。

△ABC，△DEF は１辺の長さが３の正三角形で，AD = BE = CF = 5　とします。

２つの線分 BE，CF(端点含む)上にそれぞれ動点 P，Q があるとします。これについて，次の問いに答えなさい。

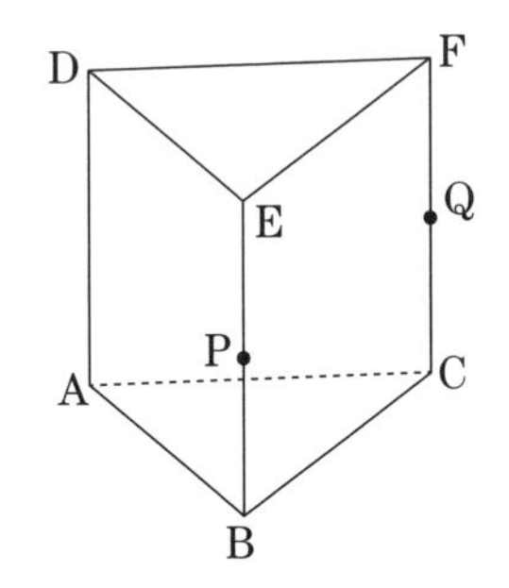

(1)　線分 PQ の長さの最大値を求めなさい。
　　この問題は答えだけを書いてください。

(2)　３つの線分の長さの和 AP + PQ + QD の最小値を求めなさい。

2

四面体ABCDがあり，4つの辺AB，BC，CD，DAの中点をそれぞれP，Q，R，Sとします。

このとき，次の問いに答えなさい。

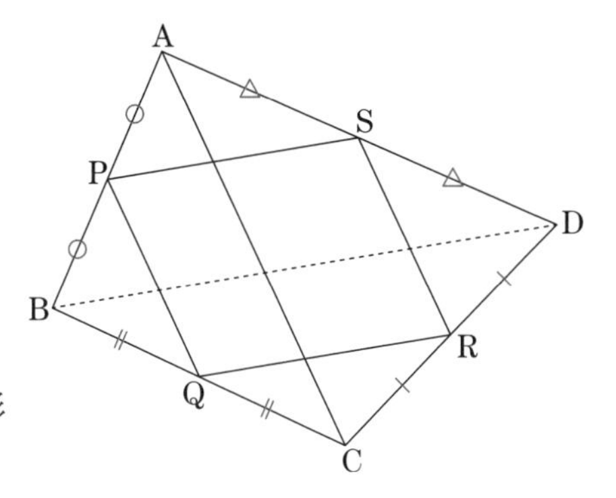

(3) 四角形PQRSが平行四辺形であることを証明しなさい。

n を正の整数として，次の問いに答えなさい。

(4)　$\sqrt{3n}$ の整数部分が 5 となる n の値をすべて求めなさい。
この問題は答えだけを書いてください。

4 　ある野球選手が飛距離 120 m のホームランを打ちました。打球の軌道は放物線として次のことがわかっているとします。

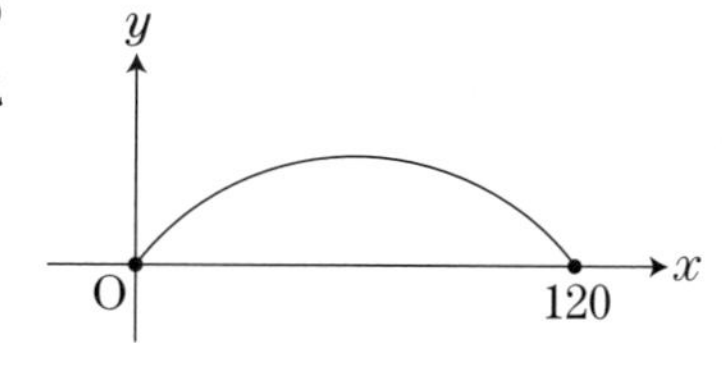

　バッターの位置からの飛距離を x m, 地面からの高さを y m とすると,

$$y = ax^2 + x \quad (a \text{ は定数})$$

という関係が成り立ち，グラフは右の図のようになります。これについて次の問いに答えなさい。

(5) a の値を求めなさい。この問題は答えだけを書いてください。

(6) 打球の地面からの高さの最大値は何 m ですか。

5

$0° \leqq \theta \leqq 180°$ として，$\sin\theta + \cos\theta = \dfrac{1}{2}$ が成り立つとき，次の問いに答えなさい。

(7) $\sin\theta\cos\theta$ の値を求めなさい。

6

次の問いに答えなさい。

(8) 表と裏が同じ確率で出るコインを10回続けて投げたとき，表が9回以上出る確率を求めなさい。この問題は答えだけを書いてください。

(9) 水道水とミネラルウォーターの2種類の水があります。どちらかわからないようにAさんに10回試飲してもらい，どちらが水道水かを選んでもらいました。すると，Aさんは10回のうち9回正しく水道水を選ぶことができました。このことから，Aさんは水道水を水道水だと正しくわかって選んでいると判断できるかを仮説検定で考察します。

そこで，仮説「Aさんが水道水を選ぶ確率は$\dfrac{1}{2}$（ミネラルウォーターを選ぶ確率も$\dfrac{1}{2}$）」を立てます。この仮説が棄却できるかどうかを調べ，この仮説に対立する仮説「Aさんが水道水を選ぶ確率は$\dfrac{1}{2}$よりも大きい（ミネラルウォーターを選ぶ確率は$\dfrac{1}{2}$よりも小さい）」が正しいかどうかを判断します。ここでは，有意水準（基準となる確率）を0.05（5%）とします。

この仮説検定の考察からAさんは水道水を水道水だと正しくわかって選んでいると判断できるかどうか答えなさい。

7

等式「$a^2 + b^2 = c^2$」をみたす3つの自然数a, b, cは「ピタゴラス数」とよばれています。直角三角形の3辺の長さにもなる3つの自然数です。このピタゴラス数の中でa, b, cの最大公約数が1となるものは「原始ピタゴラス数」とよばれています。

ここでは，ピタゴラス数a, b, cを$(a,\ b,\ c)$と表すことにします。

たとえば，3つの自然数3，4，5は$3^2 + 4^2 = 5^2$　……①

をみたし，最大公約数は1となるので，原始ピタゴラス数です。

また，3つの自然数6，8，10は$6^2 + 8^2 = 10^2$　……②

をみたしますが，最大公約数は2となり1ではないので，

ピタゴラス数ですが，原始ピタゴラス数ではありません。

このとき②の両辺を2^2で割ると，

$$\left(\frac{6}{2}\right)^2 + \left(\frac{8}{2}\right)^2 = \left(\frac{10}{2}\right)^2 \quad \text{すなわち} \quad 3^2 + 4^2 = 5^2$$

これは①になります。

このように，$(6,\ 8,\ 10)$のそれぞれを最大公約数2でわると$(3,\ 4,\ 5)$となり原始ピタゴラス数になります。

一般に，ピタゴラス数$(a,\ b,\ c)$があり，a, b, cの最大公約数をdとすると，

$\left(\dfrac{a}{d}\right)^2 + \left(\dfrac{b}{d}\right)^2 = \left(\dfrac{c}{d}\right)^2$をみたし，$\dfrac{a}{d}$, $\dfrac{b}{d}$, $\dfrac{c}{d}$の最大公約数は1

となるので，$\left(\dfrac{a}{d},\ \dfrac{b}{d},\ \dfrac{c}{d}\right)$は原始ピタゴラス数になります。

これについて，次の問いに答えなさい。

⑽ 原始ピタゴラス数$(a,\ b,\ c)$のうちで　$a < b < c$　かつaが1けたの自然数になるものが全部で5つあるのですが，それらはaの値が小さいものから順に，

(3，4，5)，[ア]，[イ]，[ウ]，[エ]

となります。必要ならば，下の等式を利用してもかまいません。

$$(x^2 - 1)^2 + (2x)^2 = (x^2 + 1)^2$$

上の[ア]，[イ]，[ウ]，[エ]にあてはまる原始ピタゴラス数を答えなさい。この問題は答えだけ書いてください。

１次：計算技能検定

解答・解説➡ p.258 ～

1 次の問いに答えなさい。

(1) 次の式を展開して計算しなさい。

$(a - b)^2(a + b)^2$

(2) 次の式を因数分解しなさい。

$9x^2 - 30xy + 25y^2$

(3) 次の方程式を解きなさい。

$2x^2 + 4x - 1 = 0$

(4) 次の計算をしなさい。答えが分数になるときは，分母を有理化して答えなさい。

$$\frac{\sqrt{3}}{4-\sqrt{7}}-\frac{4}{3\sqrt{3}}$$

(5) y は x の2乗に比例し，$x=3$ のとき $y=4$ です。このとき，y を x を用いて表しなさい。

次の問いに答えなさい。

(6)　右の図で　$l \parallel m$　のとき，x の値を求めなさい。

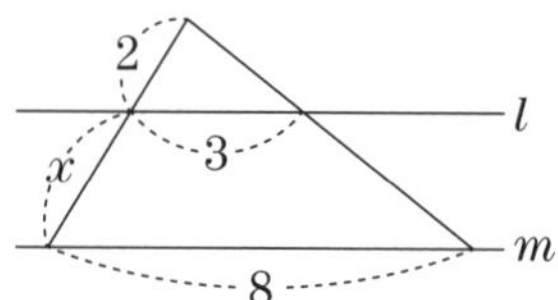

(7)　右の図のように△ABC は円 O に内接し，線分 AB は円の直径です。

AB ＝ 5，AC ＝ $\sqrt{17}$　のとき線分 BC の長さを求めなさい。

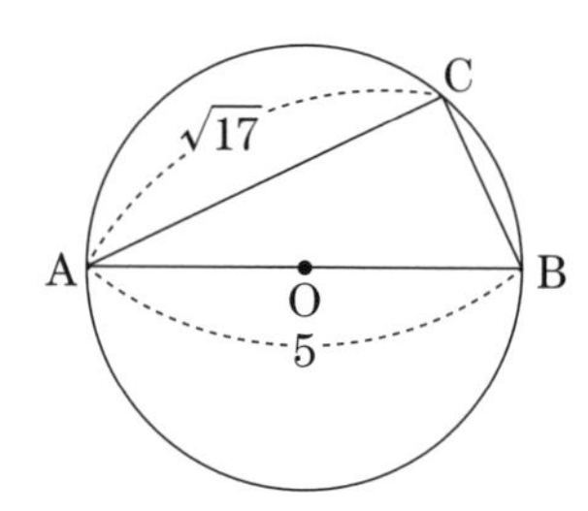

(8)　次の不等式を解きなさい。

$$2x^2 - x - 1 < 0$$

(9) 次の循環小数を分数で表しなさい。

$1.\dot{2}\dot{3}$

(10) 次の8個の文字を並べかえてできる文字列の総数を求めなさい。

KADOKAWA

次の問いに答えなさい。

(11)　２次関数　$y=-x^2+3x-2$　$(1 \leqq x \leqq 2)$　の最大値を求めなさい。

(12)　右の図において，x の値を求めなさい。ただし，線分 AB と線分 CD は円の弦です。

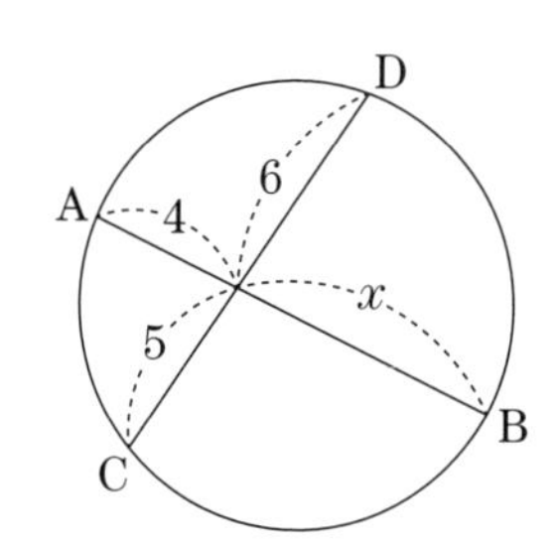

(13)　右の図で，点 O を中心とする円に内接する四角形ABCDにおいて，
$\angle \mathrm{OBC}=40^\circ$，$\angle \mathrm{CAD}=30^\circ$
とします。
　このとき，$\angle \mathrm{BCD}$ の大きさを求めなさい。

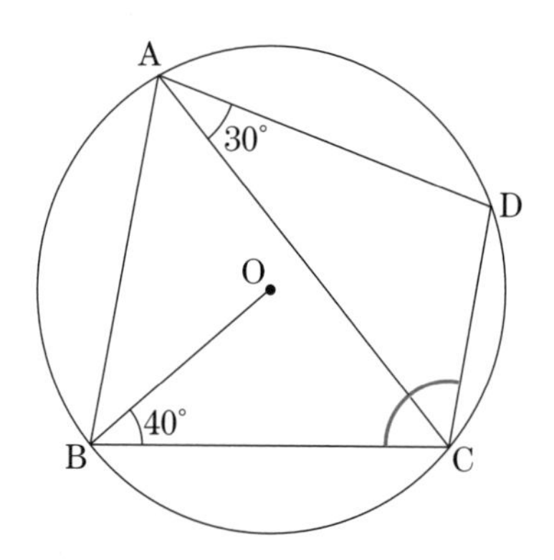

⑭ 7つのデータ3, 4, 7, 5, 8, 2, 6について，次の問いに答えなさい。

① 平均値を求めなさい。

② 分散を求めなさい。

⒂ 2つの整数1176, 315について，次の問いに答えなさい。

① 最大公約数を求めなさい。

② 最小公倍数を求めなさい。

２次：数理技能検定

解答・解説➡ p.270 ～

1 右の図は底面の半径が r, 母線の長さが8の円錐の展開図です。このとき，次の問いに答えなさい。

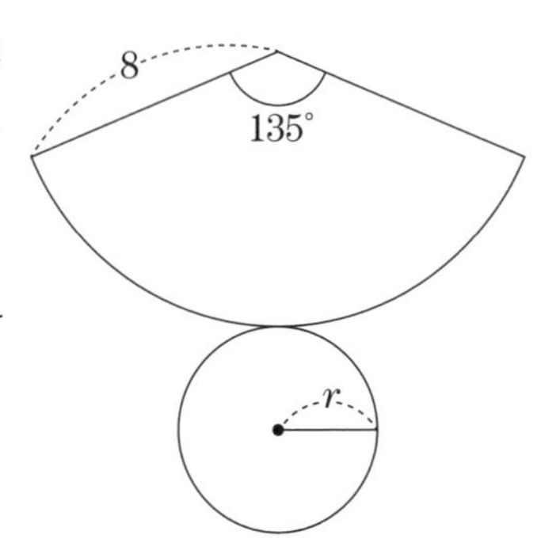

(1) r の値を求めなさい。この問題は答えだけを書いてください。

(2) この円錐の体積を求めなさい。

2　先生がAさんに次のようなことを指示しました。

「奇数を2乗して8でわった余りが何になるかを調べてみてください。」

それを聞いたAさんは，正の奇数で小さいものから順に調べてみました。

$1^2 = 1$

$3^2 = 9 \quad = 8\times1 + 1$

$5^2 = 25 = 8\times3 + 1$

$7^2 = 49 = 8\times6 + 1$

$9^2 = 81 = 8\times10 + 1$

これらをみて，Aさんは「奇数を2乗して8でわった余りは必ず1になる」と予想しました。

これについて，次の問いに答えなさい。

(3)　Aさんの予想は正しいですか，誤っていますか。正しければそのことを証明し，誤っていればその理由を答えなさい。

3

次の問いに答えなさい。

⑷ 袋の中に白球だけがたくさん入っています。その数を数える代わりに同じ大きさの赤球 50 個を白球の入っている袋の中に入れ，よくかき混ぜたあと，その中から 50 個の球を無作為に取り出して調べたら，赤球が 5 個含まれていました。袋の中の白球の個数はおよそ何個あると考えられますか。この問題は答えだけを書いてください。

aを定数とします。2次関数$y = x^2 - 2(a + 1)x + 1$について，次の問いに答えなさい。

(5) この2次関数のグラフの頂点の座標をaを用いて表しなさい。この問題は答えだけを書いてください。

(6) この2次関数のグラフとx軸が共有点をもつようなaの値の範囲を求めなさい。

次の問いに答えなさい。

(7) 次のようなゲームがある。
1個のさいころを1回振り，
・1の目が出ると600ポイントもらえる。
・3，5の目が出ると300ポイントもらえる。
・偶数の目が出るとポイントはもらえない。
このゲームを1回行うとき，もらえるポイントの期待値を求めなさい。この問題は答えだけを書いてください。

次の問いに答えなさい。必要ならば，$\sin 18^\circ = 0.3090$，$\cos 18^\circ = 0.9511$であることを用いてください。

(8) $\tan 18^\circ$の値を小数第5位を四捨五入して，小数第4位まで求めなさい。この問題は答えだけを書いてください。

(9) 右の図のように，A駅からB駅へケーブルカーが300m進んでいます。
A駅とB駅を点A，Bとすると，斜面ABは水平面とのなす角が18°です。このとき，標高差BCは何mですか。答えは1m未満を四捨五入して答えてください。

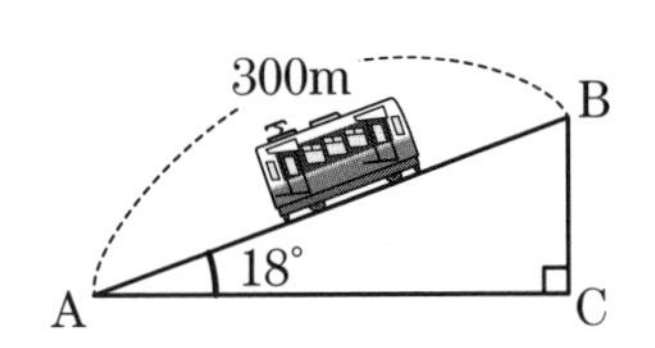

7　次の問いに答えなさい。

⑽　下のような，1 から 9 の数字が書かれている表があります。

1	2	3
4	5	6
7	8	9

このとき，表にある数字から 1 つ選び，数字を消して○印を書き込むことをくり返します。ただし，一度選んだ数字は二度と選べないとします。縦，横あるいは斜めのいずれかに○印がはじめて 3 つ並んだ時点での○印の個数を得点とし，○印がついていない数字の総和を S とします。

たとえば，順に 7，2，3，5 と数字を選んだ場合は以下のようになります。

1	2	3
4	5	6
○	8	9

1	○	3
4	5	6
○	8	9

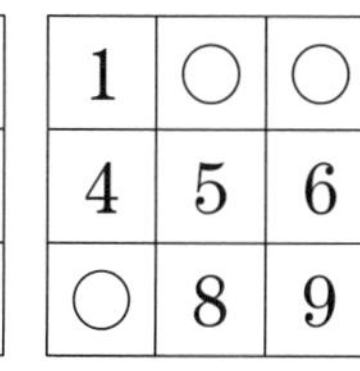

1	○	○
4	5	6
○	8	9

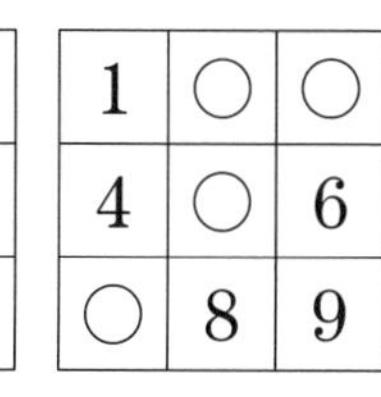

1	○	○
4	○	6
○	8	9

この時点で，○印が斜めにはじめて 3 つ並び，○は 4 個あるので，得点は 4 点です。○印のついていない数字は 1，4，6，8，9 なので，

$S = 1 + 4 + 6 + 8 + 9 = 28$

となります。

この操作での得点と S について，

最低得点は［ア］点でそのとき S が最小の値となるものは $S =$［イ］である。

最高得点は［ウ］点でそのとき S が最小の値となるものは $S =$［エ］である。

［ア］，［イ］，［ウ］，［エ］にあてはまる数を求めなさい。この問題は答えだけを書いてください。

1 次：計算技能検定

予想問題➡ p.174 ～

1 問題

(1) 次の式を展開して計算しなさい。

$$x(x+6)-(x+3)^2$$

＊以下，確認では，その問題で必要となる知識・考え方の根拠として，テーマの番号とポイントのタイトルと番号を示します。

確認 ▶▶ 第 1 章 展開

❶ テーマ 2 分配法則 1，乗法公式❶ 1 ⬅ポイント 8・10

考え方

展開する。

解答例

$$x(x+6)-(x+3)^2=x^2+6x-(x^2+6x+9)$$
$$=\underline{-9}$$

1 問題

(2) 次の式を因数分解しなさい。

$$x^2-6x+5$$

確認 ▶▶ 第 1 章 因数分解

❶ テーマ 3 因数分解公式❷ 1 ⬅ポイント 15

考え方

たして－6，かけて 5 になる数は－1 と－5。

解答例

$$x^2-6x+5=\underline{(x-1)(x-5)}$$

1 問題

(3) 次の方程式を解きなさい。

$$(x-4)^2-5=0$$

確認 ▶▶ 第2章 2次方程式の解

❶ テーマ21 平方の形と2次方程式の解，2次方程式の解の公式❷

⬅ポイント 78・80

考え方

平方の形を考えるとよい。$x-4=X$ とおくと $X^2=5$ より $X=\pm\sqrt{5}$ とわかる。
展開して解くこともできる。

解答例

$(x-4)^2-5=0$ の-5を右辺に移項して $(x-4)^2=5$

これより $x-4=\pm\sqrt{5}$

よって $\boldsymbol{x=4\pm\sqrt{5}}$

別 $(x-4)^2-5=0$ を展開して $x^2-8x+11=0$

解の公式より $x=\dfrac{-(-4)\pm\sqrt{(-4)^2-11}}{1}$

$=\boldsymbol{4\pm\sqrt{5}}$ ⬅「テーマ21 ポイント80：2次方程式の解の公式❷」で，$a=1$，$b'=-4$，$c=11$

↑ x の係数の半分

1 問題

(4) 次の計算をしなさい。

$$(\sqrt{3}+2\sqrt{2})^2$$

確認 ▶▶ 第1章 平方根と展開

❶ テーマ1 指数法則 3 ←ポイント6

❷ テーマ2 乗法公式❶ 1 ←ポイント10

❸ テーマ6 根号を含む式の変形 1，平方根の性質 1 ←ポイント26・27

考え方

乗法公式を使って展開し，平方根の計算をする。

解答例

$$(\sqrt{3}+2\sqrt{2})^2=(\sqrt{3})^2+2\cdot\sqrt{3}\cdot2\sqrt{2}+(2\sqrt{2})^2=3+4\sqrt{6}+8$$
$$=\underline{\mathbf{11+4\sqrt{6}}}$$

1 問題

(5) 関数 $y=ax^2$ において，$x=-10$ のとき $y=5$ です。
このとき，a の値を求めなさい。

確認 ▶▶ 第2章 2次関数と値

❶ テーマ16 2乗に比例する量「でるでる問題」1

考え方

$x=-10$，$y=5$ を関数に代入する。

解答例

$y=ax^2$ について，$x=-10$，$y=5$ を代入して，$5=a(-10)^2$

よって $a=\underline{\mathbf{\dfrac{1}{20}}}$

2 問題

(6) 右の図の直角三角形の面積を求めなさい。

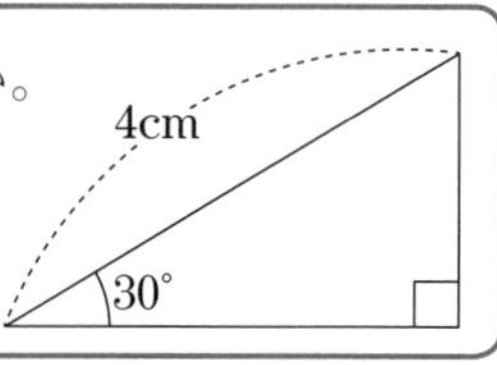

確認 ▶▶ 第7章 三角比と直角三角形の面積

❶ テーマ66 30°，45°，60°の三角比 ←ポイント 229

考え方

内角の1つが30°の直角三角形なので，3辺の比は $1:2:\sqrt{3}$ である。
直角三角形なので，斜辺以外の2辺の長さが底辺と高さになる。

解答例

右の図のように，2辺の長さがわかるので，面積は，

$$\frac{1}{2}\cdot 2\sqrt{3}\cdot 2 = \underline{2\sqrt{3}\ \mathrm{cm}^2}$$

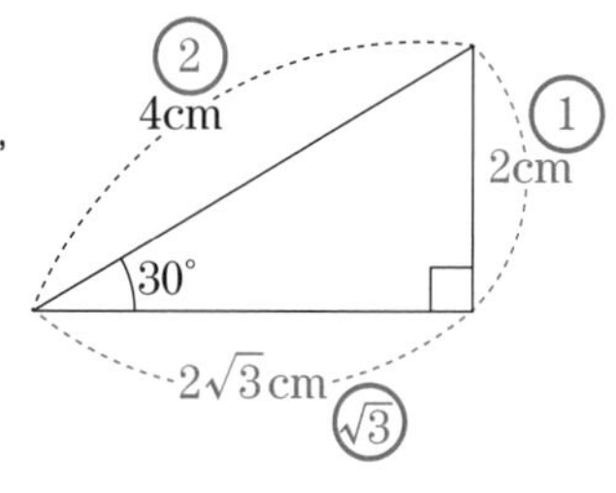

2 問題

(7) 右の図で $l \parallel m$ のとき，
x の値を求めなさい。

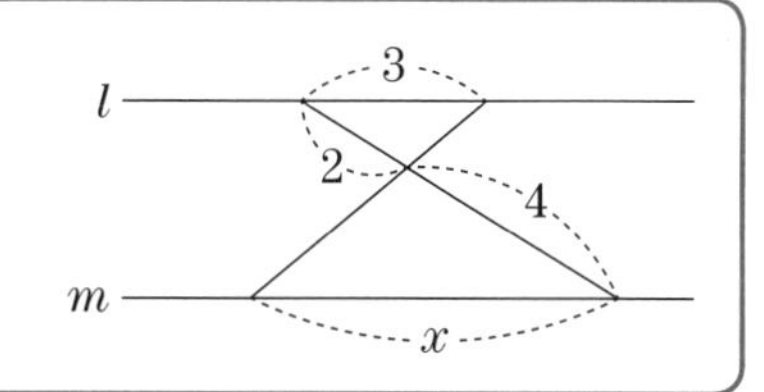

確認 ▶▶ 第6章 平行線と比

❶ テーマ53 三角形と平行線と比 3 ←ポイント 188

考え方

平行な2直線があるので，比がすぐにわかる。
相似な2つの三角形から相似比を考えてもよい。

解答例

$l \parallel m$ なので $2:4=3:x$ よって $x=\underline{6}$

2 問題

(8) 次の式を展開して計算しなさい。

$$(2a+b+c)^2-(2a+b-c)^2$$

確認 ▶▶ 第1章 **展 開**

❶ テーマ3 因数分解公式❶ 3 ⬅ポイント14

考え方

$(2a+b+c)^2$ と $(2a+b-c)^2$ をそれぞれ展開してひいてもよいが，

$X=2a+b+c,\ Y=2a+b-c$

とおくと $X^2-Y^2=(X+Y)(X-Y)$ となり，因数分解公式がみえる。

$$(2a+b+c)^2-(2a+b-c)^2$$
$$=\{(2a+b+c)+(2a+b-c)\}\{(2a+b+c)-(2a+b-c)\}$$
$$=(4a+2b)\cdot 2c$$
$$=\underline{\boldsymbol{8ac+4bc}}$$

2 問題

(9) 次の式を因数分解しなさい。

$$2x^2-3x+1$$

確認 ▶▶ 第1章 **因数分解**

❶ テーマ3 因数分解公式❷ 2 ⬅ポイント15

考え方

「たすきがけ」の因数分解をする。

```
2 ＼／ −1 → −1
1 ／＼ −1 → −2 (+
            ────
             −3
```

$$2x^2-3x+1=\underline{\boldsymbol{(2x-1)(x-1)}}$$

2 問題

(10) 次の計算をしなさい。答えが分数になるときは，分母を有理化して答えなさい。

$$\frac{1}{\sqrt{2}+1}+\frac{1}{\sqrt{3}+\sqrt{2}}+\frac{1}{2+\sqrt{3}}$$

確認 ▶▶ 第1章 分母の有理化

❶ テーマ6 基本的な分母の有理化 2 ←ポイント29

考え方

それぞれの分数の分母を有理化する。

解答例

$$\frac{1}{\sqrt{2}+1}=\frac{\sqrt{2}-1}{(\sqrt{2}+1)(\sqrt{2}-1)}=\frac{\sqrt{2}-1}{2-1}=\sqrt{2}-1$$

$$\frac{1}{\sqrt{3}+\sqrt{2}}=\frac{\sqrt{3}-\sqrt{2}}{(\sqrt{3}+\sqrt{2})(\sqrt{3}-\sqrt{2})}=\frac{\sqrt{3}-\sqrt{2}}{3-2}=\sqrt{3}-\sqrt{2}$$

$$\frac{1}{2+\sqrt{3}}=\frac{2-\sqrt{3}}{(2+\sqrt{3})(2-\sqrt{3})}=\frac{2-\sqrt{3}}{4-3}=2-\sqrt{3}$$

よって，

$$\frac{1}{\sqrt{2}+1}+\frac{1}{\sqrt{3}+\sqrt{2}}+\frac{1}{2+\sqrt{3}}=\sqrt{2}-1+\sqrt{3}-\sqrt{2}+2-\sqrt{3}=\underline{1}$$

補足

ルートの中の式の差が1，つまり $\sqrt{n+1}$，$\sqrt{n}$ となるような場合，

$$(\sqrt{n+1}+\sqrt{n})(\sqrt{n+1}-\sqrt{n})=n+1-n=1$$

となることから，

$$\frac{1}{\sqrt{n+1}+\sqrt{n}}=\sqrt{n+1}-\sqrt{n}$$

と変形できる。

この問題は　$n=1,\ 2,\ 3$　にあたる。

3 問題

(11) 2次関数 $y = 3x^2 + 3x - 2$ の最小値を求めなさい。

確認 ▶▶ 第2章 **2次関数の最小値**

❶ テーマ18 2次式の平方完成の方法 ⬅ポイント70

❷ テーマ20 関数の最大値・最小値「でるでる問題」❶

考え方

平方完成してグラフをかき，y の変域をみる。

$x^2 + x = \left(x + \frac{1}{2}\right)^2 - \frac{1}{4}$

$\times \frac{1}{2}$（半分） 2乗してひく

⬇**解答例**

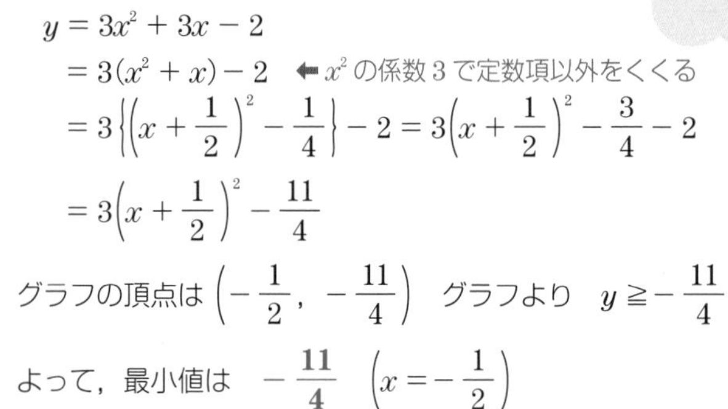

$y = 3x^2 + 3x - 2$

$= 3(x^2 + x) - 2$ ⬅ x^2 の係数3で定数項以外をくくる

$= 3\left\{\left(x + \frac{1}{2}\right)^2 - \frac{1}{4}\right\} - 2 = 3\left(x + \frac{1}{2}\right)^2 - \frac{3}{4} - 2$

$= 3\left(x + \frac{1}{2}\right)^2 - \frac{11}{4}$

グラフの頂点は $\left(-\frac{1}{2},\ -\frac{11}{4}\right)$ グラフより $y \geqq -\frac{11}{4}$

よって，最小値は $\underline{-\frac{11}{4}}$ $\left(x = -\frac{1}{2}\right)$

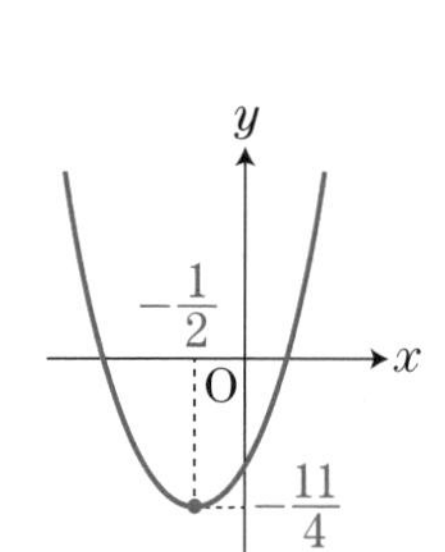

補足

最小値を問われているので，答えを $\left(-\frac{1}{2},\ -\frac{11}{4}\right)$ と座標で表すと誤り。

3 問題

(12) 次の方程式を解きなさい。

$|2x + 1| = 4$

確認 ▶▶ 第1章 **絶対値を含む方程式**

❶ テーマ5 絶対値と方程式・不等式 ❶ ⬅ポイント22・「でるでる問題」

考え方

$2x+1 \geqq 0$, $2x+1<0$ と場合分けしてもよいが，$X=2x+1$ とおくと，
$|X|=4$ より $X=\pm4$ とわかる。

解答例

$|2x+1|=4$ より $2x+1=\pm4$
すなわち $2x+1=-4$ または $2x+1=4$
よって $\boldsymbol{x=-\frac{5}{2},\ \frac{3}{2}}$

3 問題

(13) 右の図で，△ABC は円に内接し，l は点 C における円の接線です。l と直線 AB の交点を P とし，∠APC = 30°, ∠BAC = 70° のとき，∠BCA の大きさを求めなさい。

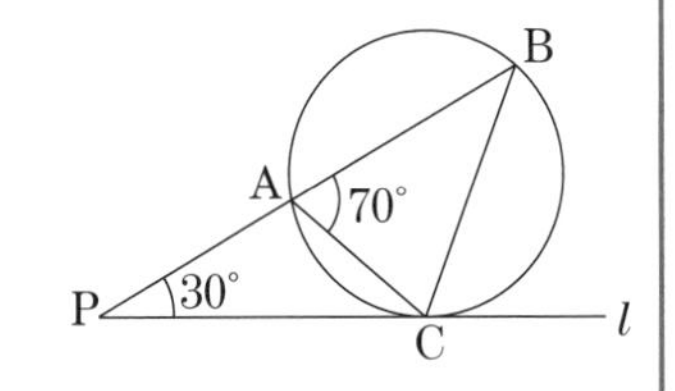

確認 ▶▶ 第6章 円と接線と角

❶ テーマ58 接弦定理 ⬅ポイント 209

考え方

△APC において，∠PAC の外角が 70° であることから，∠APC + ∠PCA = 70°
接弦定理を用いると ∠PCA = ∠ABC
△ABC の内角の和が 180° から∠BCA は求まる。

解答例

∠PAC の外角が 70° であることから ∠PCA = 40°
接弦定理を用いて ∠ABC = ∠PCA = 40°
△ABC の内角の和が 180° より，

$$\angle BCA = 180° - (\angle BAC + \angle ABC)$$
$$= 180° - (70° + 40°) = 70°$$

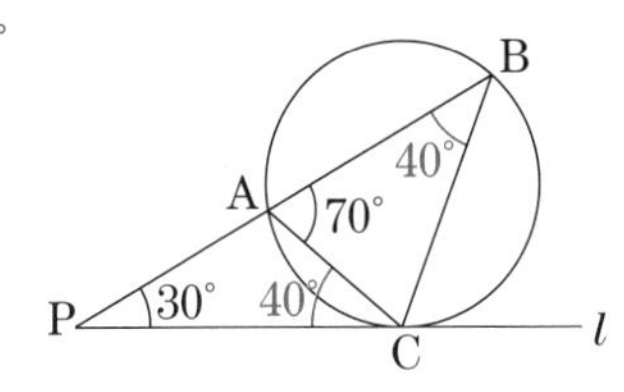

よって ∠BCA = **70°**

3 問題

(14) 0, 1, 2, 3, 4の5個の数字を使って3けたの整数をつくるとき，次の問いに答えなさい。

① 各位の数字が異なる整数は全部で何個できますか。

② 各位に重複を許してできる整数は全部で何個できますか。

確認 ▶▶ 第4章 場合の数

❶ テーマ33 積の法則，数え上げの原則 3 ⬅ポイント117・118

❷ テーマ36 重複順列の総数 ⬅ポイント128

考え方

3けたの整数をつくるとき，百の位に0が使えないことに注意する。

百の位から順に十の位，一の位と考えていくとよい。全部書き出しても求められるが，積の法則で数えるとよい。①と②で使える数字が違うので注意する。

解答例

百の位をa，十の位をb，一の位をcとする。

① a，b，cはすべて異なり，$a \neq 0$ となることに注意して(a，b，c)の組数を考えると，

aは0以外の1，2，3，4の4通り

bはa以外の4通り

cはa，b以外の3通り

よって，$4 \times 4 \times 3 =$ **48**(個) ⬅積の法則

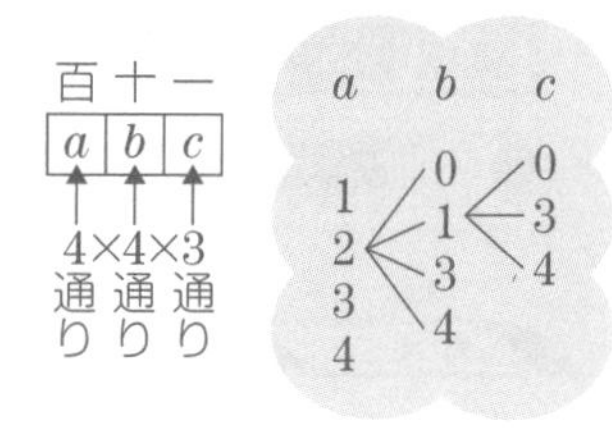

② a，b，cは同じものでもよく，$a \neq 0$ となることに注意して(a，b，c)の組数を考えると，

aは0以外の1，2，3，4の4(通り)

bは0，1，2，3，4の5(通り)

cは0，1，2，3，4の5(通り)

よって，$4 \times 5 \times 5 =$ **100**(個) ⬅積の法則

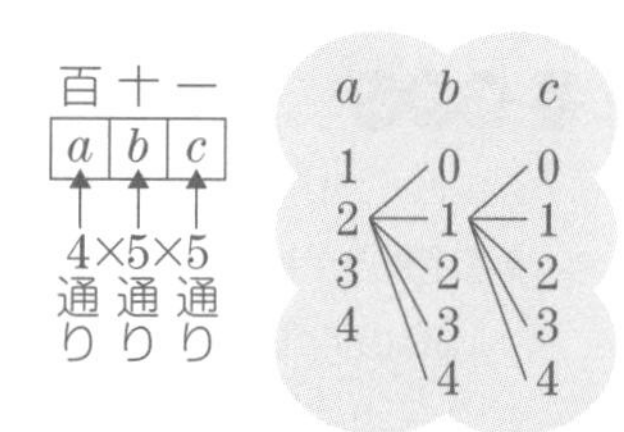

補足

5進法の3けたの整数を考えている。

3
問題

(15) $90° < \theta < 180°$ で $\sin\theta = \dfrac{3}{7}$ のとき，次の問いに答えなさい。

① $\cos\theta$ の値を求めなさい。

② $\tan\theta$ の値を求めなさい。

確認 ▶▶ 第7章 **三角比の値**

❶ テーマ67 三角比の相互関係 ⬅ポイント230

❷ テーマ69 拡張された三角比の相互関係「でるでる問題」1

考え方

① $\sin\theta$ の値がわかっているので $\cos^2\theta + \sin^2\theta = 1$ の関係から $\cos\theta$ の値もわかる。θ が鈍角$(90° < \theta < 180°)$なので $\cos\theta < 0$ に注意する。

② $\sin\theta$ と $\cos\theta$ の値がわかると $\tan\theta = \dfrac{\sin\theta}{\cos\theta}$ から $\tan\theta$ の値もわかる。

解答例

① $\sin\theta = \dfrac{3}{7}$ と $\cos\theta^2 + \sin\theta^2 = 1$ より，

$$\cos^2\theta = 1 - \sin^2\theta = 1 - \left(\frac{3}{7}\right)^2 = \frac{40}{49}$$

$90° < \theta < 180°$ なので $\cos\theta < 0$ であるから $\cos\theta = \underline{-\dfrac{2\sqrt{10}}{7}}$

② $$\tan\theta = \frac{\sin\theta}{\cos\theta} = \frac{\frac{3}{7}}{-\frac{2\sqrt{10}}{7}} = -\frac{3}{2\sqrt{10}}$$

よって $\tan\theta = \underline{-\dfrac{3}{2\sqrt{10}}\left(-\dfrac{3\sqrt{10}}{20}\right)}$

⬆分母を有理化した形

２次：数理技能検定

予想問題➡ p.180 〜

1 問題

右の図のような正四角錐 ABCDE があります。底面は１辺の長さが $\sqrt{2}$ の正方形 BCDE で対角線 BD と CE の交点を O とします。

$AB = AC = AD = AE = 3$ とし４つの線分 AB，AC，AD，AE 上にそれぞれ F，G，H，I をとり，

$$AF = AG = AH = AI = 1$$

とします。

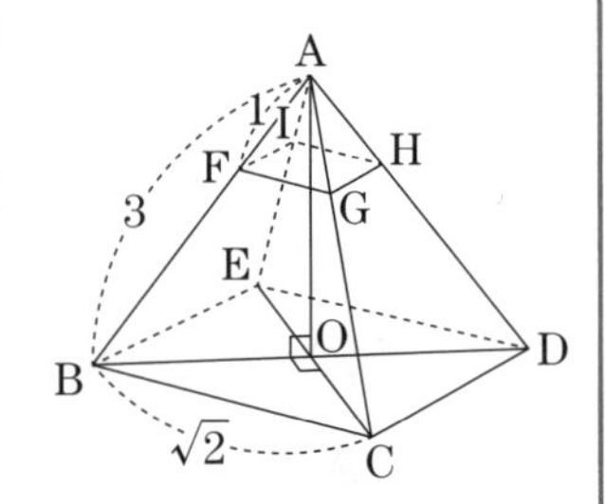

これについて，次の問いに答えなさい。

(1) 線分 AO の長さを求めなさい。この問題は答えだけを書いてください。

(2) 上面が正方形 FGHI，下面が正方形 BCDE の正四角錐台の体積 V を求めなさい。

確認 ▶▶ 第７章 正四角錐と体積

❶ テーマ 65 三平方の定理(ピタゴラスの定理) ⬅ポイント 225 ＋α ポイント

❷ テーマ 74 錐体の体積，相似比と表面積比，体積比 ❷ ⬅ポイント 245・247

❸ 正四角錐は底面が正方形，４つの側面がすべて二等辺三角形の四角錐

❹ 正四角錐台は上面と下面が正方形，４つの側面がすべて合同な台形の立体

考え方

(1) 線分 AO は底面 BCDE に垂直なので，△ AOB に三平方の定理を用いる。
△ BOC は直角二等辺三角形で辺の比が $1:1:\sqrt{2}$ より線分 OB の長さが求まる。

(2) V は四角錐 ABCDE の体積から四角錐 AFGHI の体積をひけば求まる。
正四角錐 ABCDE の体積は，底面が１辺の長さ $\sqrt{2}$ の正方形，高さが AO より求まる。
正四角錐 ABCDE と正四角錐 AFGHI は相似で，相似比 $AB : AF = 3 : 1$ より，体積比は $3^3 : 1^3 = 27 : 1$ とわかる。

(1)　△BOC は斜辺が　$BC=\sqrt{2}$　の直角二等辺三角形より　$OB=1$

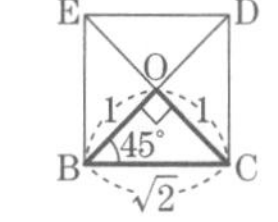

△AOB に三平方の定理を用いて，

$$AO=\sqrt{AB^2-OB^2}=\sqrt{3^2-1^2}=\sqrt{8}=\underline{\mathbf{2\sqrt{2}}}$$

(2)　正四角錐 ABCDE の体積を T とすると，

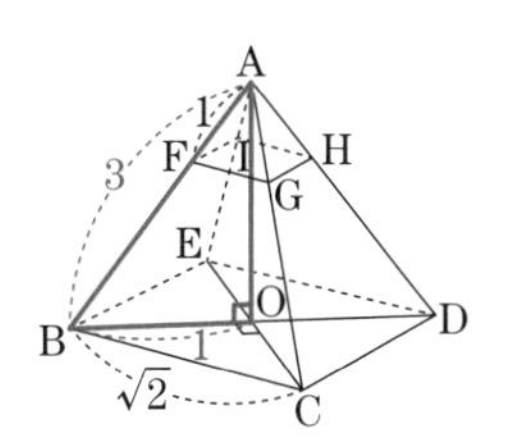

$$T=\frac{1}{3}\cdot(\text{正方形 BCDE の面積})\cdot AO$$

$$=\frac{1}{3}\cdot(\sqrt{2})^2\cdot 2\sqrt{2}=\frac{4}{3}\sqrt{2}\quad\cdots\cdots①$$

四角錐 AFGHI の体積を U とすると，

(正四角錐 ABCDE)∽(正四角錐 AFGHI)で，

相似比　$AB:AF=3:1$　より，

体積比　$T:U=3^3:1^3=27:1$

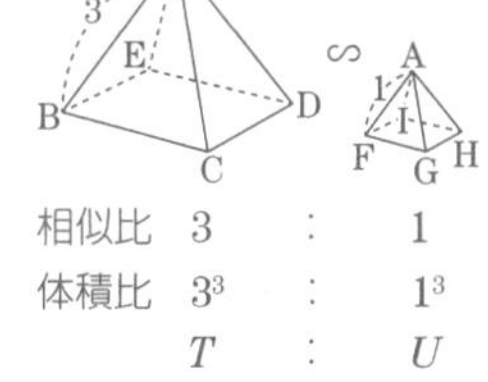

すなわち　$U=\frac{1}{27}T\quad\cdots\cdots②$

よって　$V=T-U$

$$=T-\frac{1}{27}T\ (\because ②)$$

$$=\frac{26}{27}T$$

$$=\frac{26}{27}\cdot\frac{4}{3}\sqrt{2}\ (\because ①)$$

$$=\underline{\mathbf{\frac{104}{81}\sqrt{2}}}$$

予想問題　解答・解説　第1回　第2回　第3回

問題

A さんが,「差が 4 である 2 つの整数をかけて 4 をたすと，ある整数の 2 乗になる」と予想しました。

この予想を B さんがいくつかの数字で確かめてみました。

$5 \times 1 + 4 = 9 \ \ = 3^2$

$6 \times 2 + 4 = 16 = 4^2$

$7 \times 3 + 4 = 25 = 5^2$

$8 \times 4 + 4 = 36 = 6^2$

これについて，次の問いに答えなさい。

(3) A さんの予想は正しいですか，誤っていますか。正しければそのことを証明し，誤っていればその理由を答えなさい。

確認 ▶▶ 第 1・8 章 式の計算と証明

❶ テーマ 80 文字式の活用 ⬅ポイント 254

❷ テーマ 3 因数分解公式❶ ⬅ポイント 14

考え方

「差が 4 である 2 つの整数」を文字を用いて表すとよい。表し方はいろいろあるが，例えば，整数 n を用いて，n，$n+4$ と表せる。

この 2 つの整数をかけて 4 をたすと　$n(n+4)+4 = n^2+4n+4 = (n+2)^2$

$n+2$ は整数なので，$(n+2)^2$ は整数の 2 乗となり，予想が正しいとわかる。

「差が 4 である 2 つの整数」は，整数 n を用いて $n-4$，n や $n-2$，$n+2$ などと表すこともできる。

⬇解答例

A さんの予想は<u>正しい</u>。

「差が 4 である 2 つの整数をかけて 4 をたすと，ある整数の 2 乗になる」……Ⓐ

Ⓐが成り立つことを証明する。

差が 4 である 2 つの整数は整数 n を用いて，n と $n+4$ と表せる。

この 2 つの整数をかけて 4 をたすと $n(n+4)+4 = n^2+4n+4 = (n+2)^2$

$n+2$ は整数なので，$(n+2)^2$ は整数の 2 乗である。 ⬅すべての差が 4 である 2 つの整数についてⒶが成り立つことがいえる

よって，Ⓐは成り立つ。 〔証明終〕

別　差が 4 である 2 つの整数は整数 n を用いて，$n-2$，$n+2$ と表せる。

この 2 つの整数をかけて 4 をたすと $(n-2)(n+2)+4 = n^2-4+4 = n^2$

n は整数なので，n^2 は整数の 2 乗である。よって，Ⓐは成り立つ。 〔証明終〕

右の図のように，正方形ABCDの内部に，点Aが中心で半径がAB，中心角が90°のおうぎ形と線分BDで囲まれた部分(斜線部)があり，その面積は$(2\pi - 4)\text{cm}^2$となります。

これについて，次の問いに答えなさい。

(4) 正方形の1辺の長さを求めなさい。この問題は答えだけを書いてください。

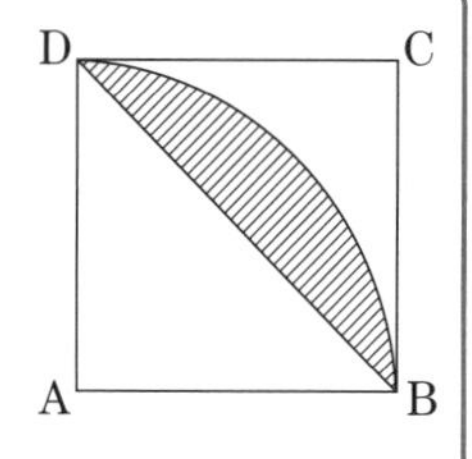

確認 ▶▶ 第2・7章 円弧と線分で囲まれた面積

❶ テーマ73 おうぎ形の弧の長さと面積 2 ←ポイント242

❷ テーマ21 平方の形と2次方程式の解 ←ポイント78

考え方

斜線部の面積は中心角が90°，半径ABのおうぎ形BADの面積から直角二等辺三角形BADの面積をひくと求まる。

正方形の1辺の長さを求めたいので，それを文字でおいて立式し，関係式をつくる。

解答例

正方形ABCDの1辺の長さをx (cm)とすると　$AB = AD = x$　である。

おうぎ形BADの面積を$S\ \text{cm}^2$とすると，半径がx，中心角90°のおうぎ形の面積より，

$$S = \pi x^2 \times \frac{90}{360} = \frac{\pi}{4}x^2$$

△BADの面積を$T\ \text{cm}^2$とすると，

$$T = \frac{1}{2} \cdot AB \cdot AD = \frac{x^2}{2}$$

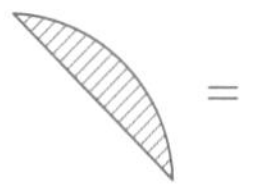
=
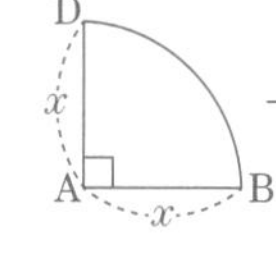

−
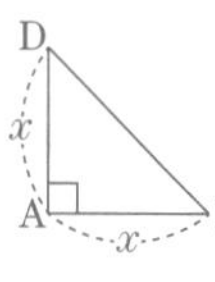

斜線部の面積を$U\ \text{cm}^2$とすると，

$$U = S - T = \frac{\pi}{4}x^2 - \frac{x^2}{2} = \frac{x^2}{4}(\pi - 2)$$

$U = 2\pi - 4 = 2(\pi - 2)$　と与えられているので，

$$\frac{x^2}{4}(\pi - 2) = 2(\pi - 2) \quad \text{すなわち} \quad x^2 = 8$$

ゆえに　$x = 2\sqrt{2}$

よって，正方形の1辺の長さは　**$2\sqrt{2}$ cm**

↑単位を忘れずに

問題

２次関数 $f(x)=x^2-4ax-4a+3$ （a は定数） について，次の問いに答えなさい。

(5) $f(x)$ の最小値とそのときの x の値を，それぞれ a を用いて表しなさい。この問題は答えだけを書いてください。

(6) $y=f(x)$ のグラフが x 軸と異なる２点で交わるとき，a のとりうる値の範囲を求めなさい。

確認 ▶▶ 第２章 **2次関数**

❶ テーマ18 基本的な平方完成 ←ポイント69

❷ テーマ20 関数の最大値・最小値 ←ポイント76

❸ テーマ23 ２次関数のグラフと x 軸の位置関係 ←ポイント84

❹ テーマ22 判別式と２次方程式の実数解の個数❶・❷ ←ポイント82・83

❺ テーマ24 因数分解と２次不等式 ←ポイント85

考え方

(5) 平方完成して $y=f(x)$ のグラフの頂点を求める。x^2 の係数が１で，下に凸であるから，頂点で最小値をとる。

(6) $y=f(x)$ のグラフが x 軸($y=0$)と異なる２点で交わる条件は，x の２次方程式 $f(x)=0$ が異なる２つの実数解をもつことである。判別式が正となることで a のとりうる範囲は求まる。あるいは，頂点の y 座標が負であることからも求まる。

解答例

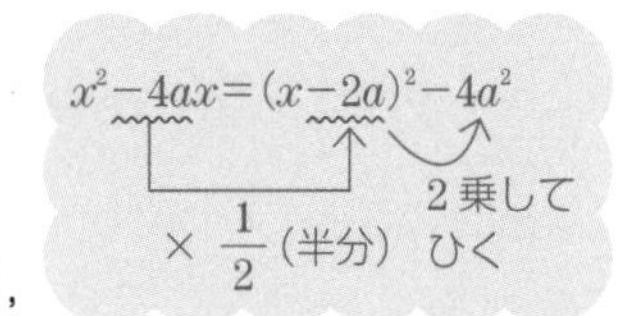

(5)
$$f(x)=x^2-4ax-4a+3$$
$$=(x-2a)^2-4a^2-4a+3$$

$y=f(x)$ のグラフは頂点$(2a,\ -4a^2-4a+3)$，下に凸の放物線。

グラフより $y \geqq -4a^2-4a+3$

よって 最小値 **$-4a^2-4a+3$ $(x=2a)$**

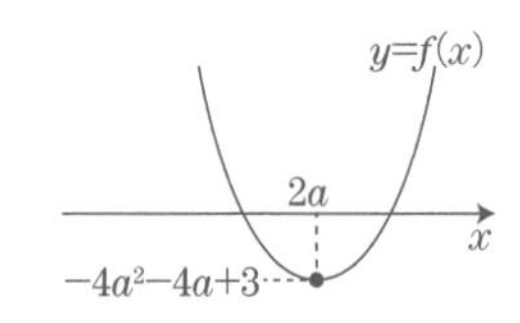

(6) $y = f(x)$のグラフが　x軸($y = 0$)　と異なる2点で交わるのはxの2次方程式
$x^2 - 4ax - 4a + 3 = 0$　が異なる2つの実数解をもつことである。
判別式をDとして，　⬆$f(x) = 0$

$$\frac{D}{4} = (-2a)^2 - (-4a + 3) = 4a^2 + 4a - 3 = (2a + 3)(2a - 1)$$

$\frac{D}{4} > 0$　であるから，

$$(2a + 3)(2a - 1) > 0$$

よって　$\underline{\boldsymbol{a < -\frac{3}{2},\ \frac{1}{2} < a}}$

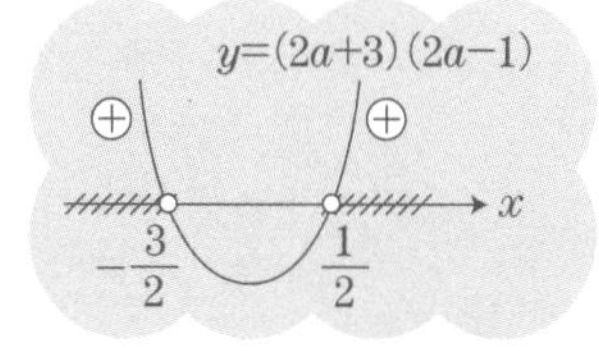

「テーマ22 ポイント83：判別式と2次方程式の実数解の個数❷」で，■$x^2 + 2b'x + c = 0$の判別式をDとすると，
$\frac{D}{4} = b'^2 -$■c　■$= 1$，$b' = -2a$，$c = -4a + 3$
としている　⬆xの係数の半分

別　$D = (-4a)^2 - 4(-4a + 3) = 16a^2 + 16a - 12 = 4(4a^2 + 4a - 3) = 4(2a + 3)(2a - 1)$

「テーマ22 ポイント83：判別式と2次方程式の実数解の個数❷」で，■$x^2 + 2b'x + c = 0$の判別式をDとすると，
$\frac{D}{4} = b'^2 -$■c　■$= 1$，$b' = -4a$，$c = -4a + 3$
としている　⬆xの係数の半分

別　$y = f(x)$　のグラフが　x軸($y = 0$)　と異なる2点で交わるのは，グラフが下に凸なので頂点のy座標が負であることから，

$$-4a^2 - 4a + 3 < 0$$　⬅(5)の最小値が負と考えてもよい

両辺に-1をかけて，

$$4a^2 + 4a - 3 > 0$$

すなわち　$(2a + 3)(2a - 1) > 0$

よって　$\underline{\boldsymbol{a < -\frac{3}{2},\ \frac{1}{2} < a}}$

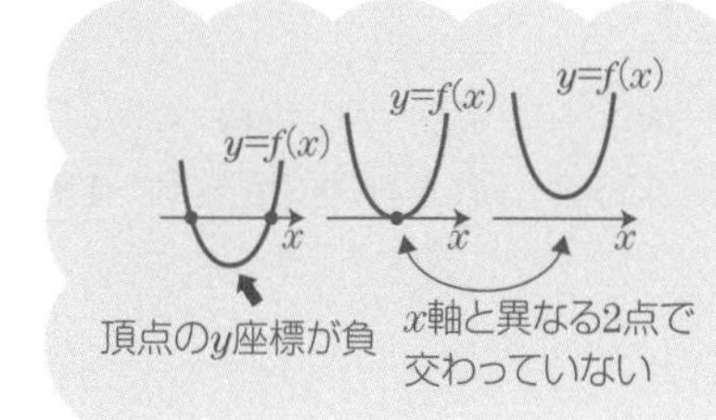

5 問題

右の図のように，A 地点から C 地点に行くのに，B 地点を経由する道路があります。A 地点から B 地点まで 8km，B 地点から C 地点まで 7km あります。ここで A 地点から C 地点まで道路をつくることにしました。道路はすべて直線とし，$\angle ABC = 120^\circ$ であるとき，次の問いに答えなさい。

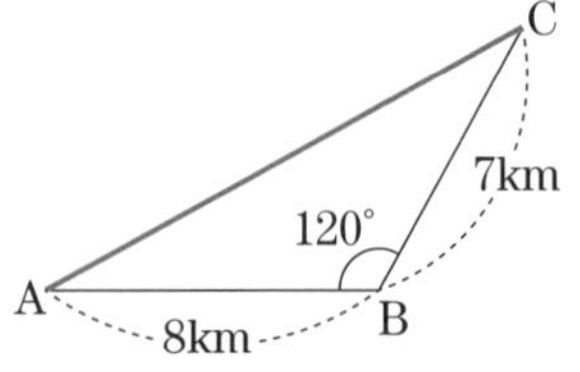

(7) A 地点から C 地点までの新しい道路の距離を求めなさい。

確認 ▶▶ 第7章 三角形と三角比

❶ テーマ71 余弦定理❶ ⬅ポイント237

❷ テーマ68 $0^\circ \leqq \theta \leqq 180^\circ$ の有名角の三角比 ⬅ポイント233

考え方

A 地点から C 地点までの新しい道路の距離は，△ABC の辺 AC の長さ。

$AB = 8$，$BC = 7$，$\angle ABC = 120^\circ$ として余弦定理を用いる。

単位が km であることに注意する。

解答例

$AB = 8$，$BC = 7$，$\angle ABC = 120^\circ$ の△ABC において余弦定理を用いて，

$$AC^2 = AB^2 + BC^2 - 2 \cdot AB \cdot BC \cdot \cos 120^\circ$$
$$= 8^2 + 7^2 - 2 \cdot 8 \cdot 7 \cdot \left(-\frac{1}{2}\right)$$
$$= 169$$

$AC > 0$ より $AC = 13$

よって，新しい道路の距離は **13 km**

⬆単位を忘れずに

赤球 3 個と白球 2 個の 5 個の球が入った袋がある。この袋から球をよく混ぜて同時に 2 個の球を取り出し，それらの色を記録してその 2 個の球を袋にもどす。これを 2 回くり返すとき，次の問いに答えなさい。

(8) 記録した球の色がすべて赤色である確率を求めなさい。この問題は答えだけを書いてください。

(9) 記録した球の色の少なくとも 1 つが赤色である確率を求めなさい。

確認 ▶▶ 第4章 球を取り出す確率

1. テーマ 38 確率の定義 ⬅ポイント 137
2. テーマ 35 組合せ，${}_nC_r$ の計算 ⬅ポイント 122・123
3. テーマ 41 独立な試行の確率 ⬅ポイント 147
4. テーマ 40 余事象の確率 ⬅ポイント 144

考え方

(8) 記録した球の色がすべて赤色であるのは 1 回めと 2 回めのいずれも赤球 2 個を取り出すときである。

色を記録してから球を袋にもどすので，1 回めと 2 回めの球を取り出す試行は独立である。1 回めと 2 回めにそれぞれ赤球 2 個を取り出す確率の積を考えるとよい。確率を求めるので，同様に確からしく起こるように 5 個の球をすべて区別して考える。

(9) 記録した球の色の少なくとも 1 つが赤色である事象の余事象は，記録した球の色がすべて白色になる事象である。余事象の確率を求め，1 からひくとよい。

解答例

(8) 記録した球の色がすべて赤色である確率は 1 回め，2 回めのいずれも赤球 2 個を取り出す確率なので，5 個の球をすべて区別して，

$$\frac{{}_3C_2}{{}_5C_2}\cdot\frac{{}_3C_2}{{}_5C_2}=\frac{3}{10}\cdot\frac{3}{10}=\underline{\boldsymbol{\frac{9}{100}}}$$

(9) 記録した球の色がすべて白色である確率は 1 回め，2 回めのいずれも白球 2 個を取り出す確率なので，$\frac{{}_2C_2}{{}_5C_2}\cdot\frac{{}_2C_2}{{}_5C_2}=\frac{1}{10}\cdot\frac{1}{10}=\frac{1}{100}$ ⬅余事象の確率

よって，記録した球の色の少なくとも 1 つが赤色である確率は，余事象の確率を考えて，$1-\frac{1}{100}=\underline{\boldsymbol{\frac{99}{100}}}$

7 問題

次の問いに答えなさい。

⑽ 整数にかんする有名な未解決問題の１つに「双子素数予想」というものがあります。双子素数とは３と５のように，「pと$p+2$がともに素数である」ようなpと$p+2$の組のことで，その内容は次のようなものですが，いまだに証明されていません。

「双子素数は無限に存在する」

３と５，５と７，11と13，17と19，……と双子素数はどのくらい存在するのかわかっていないのです。

その双子素数にたいして「$p, p+2, p+4$がすべて素数である」ようなp，$p+2$，$p+4$の組を「三兄弟素数」とよぶことにします。

これについて次の予想をたててみましょう。

「三兄弟素数は無限に存在する」

じつはこの予想は正しくないことがわかっています。

以下はそのことにかんする証明です。

pを素数とする。

p，$p+2$，$p+4$がすべて素数である ……Ⓐ

と仮定する。

$p=$ [ア] のとき，$p+2$，$p+4$は素数にはならないのでⒶは成り立たない。

$p=$ [イ] のとき，Ⓐは成り立つ。

pが５以上の素数のとき，６以上の３の倍数は素数ではないことから，pは [ウ] でわって余りが１または２の素数となる。

pが [ウ] でわって余りが１のとき，$p+2$が素数ではない ……①

pが [ウ] でわって余りが２のとき，$p+4$が素数ではない ……②

①，②より５以上の素数pにたいしてⒶは成り立たない。

よって，三兄弟素数は [エ] 組しか存在しない

上の [ア]，[イ]，[ウ]，[エ] にあてはまる数を求めなさい。この問題は答えだけ書いてください。

確認 ▶▶ 第3・8章 素数の性質，整理技能

❶ テーマ27 素数と合成数 ⬅ポイント92

❷ テーマ29 余りによる整数の分類 ⬅ポイント102

❸ テーマ80 整理技能の問題の原則 ⬅ポイント255

考え方

穴埋めの問題なので，文章から適切な数を決めていけばよい。

問題文が長いので，要約すると，「p, $p+2$, $p+4$ がすべて素数であるような組(p, $p+2$, $p+4$)」が無限にはない，つまり有限であることを証明している。

Ⓐについて，素数 p を次のように場合分けしていることに気づくとよい。

㋐ $p=2$ のとき (p, $p+2$, $p+4$)=(2, 4, 6) は4，6が素数ではない。

㋑ $p=3$ のとき (p, $p+2$, $p+4$)=(3, 5, 7) はⒶをみたす。

㋒ p が5以上の素数のとき (p, $p+2$, $p+4$)は右表のようになるが $p+2$, $p+4$ のどちらかが6以上の3の倍数になり素数にはならない。

p	$p+2$	$p+4$
5	7	(9)
7	(9)	11
11	13	(15)
13	(15)	17
17	19	(21)
19	(21)	23
⋮	⋮	⋮

補足 で①，②が成り立つことを証明しておく。

⬇解答例

p を素数とする。

p, $p+2$, $p+4$ がすべて素数である ……Ⓐ

と仮定し，Ⓐが成り立つ p があるかを調べる。

まず，[ア]，[イ]には素数 p の値が入る。

素数は2, 3, 5, 7, 11, 13, 17, 19, 23, 29, ……

問題文の途中に「p が5以上の素数のとき」とあるので，[ア]，[イ]には2，3が入る。

$p=$ [2]ア のとき，$p+2=4$, $p+4=6$ で，4，6は素数ではないので，Ⓐは成り立たない。

$p=$ [3]イ のとき，$p+2=5$, $p+4=7$ で，3，5，7はすべて素数なので，Ⓐは成り立つ。

さらに，p が5以上の素数のとき，p は3の倍数にはならない。

このことから，p は [3]ウ でわって余りが1または2となる。

①，②より，5 以上の素数 p にたいしてⒶは成り立たない。

以上より，Ⓐをみたす素数の組は　$(p,\ p+2,\ p+4)=(3,\ 5,\ 7)$　のみである。

よって，三兄弟素数は $\boxed{1}$ エ 組しか存在しない。

補足

（①を証明する）

5 以上の素数 p が 3 でわって余りが 1 のとき，2 以上の自然数 k を用いて $p=3k+1$ と表せるので，

$$p+2=3k+1+2=3k+3=3(k+1)$$

$k+1$ は 3 以上の整数なので，$p+2$ は 9 以上の 3 の倍数となり，素数ではない。

例　$p=7$ ならば　$p+2=9$，$p=13$ ならば　$p+2=15$

（②を証明する）

5 以上の素数 p が 3 でわって余りが 2 のとき，自然数 k を用いて $p=3k+2$ と表せるので，

$$p+4=3k+2+4=3k+6=3(k+2)$$

$k+2$ は 3 以上の整数なので，$p+4$ は 9 以上の 3 の倍数となり，素数ではない。

例　$p=5$ ならば　$p+4=9$，$p=11$ ならば　$p+4=15$

補足

本問で証明したように「$p,\ p+2,\ p+4$ がすべて素数である」ような組 $(p,\ p+2,\ p+4)$ は $(3,\ 5,\ 7)$ の 1 組しかありませんでした。それにたいして

「$p,\ p+2,\ p+6$ がすべて素数である」

または「$p,\ p+4,\ p+6$ がすべて素数である」

ような組 $(p,\ p+2,\ p+6)$ または組 $(p,\ p+4,\ p+6)$ を「三つ子素数」といいます。

例えば　$(5,\ 7,\ 11)$，$(7,\ 11,\ 13)$，$(11,\ 13,\ 17)$，$(13,\ 17,\ 19)$，$(17,\ 19,\ 23)$，……

「三つ子素数は無限に存在する」と予想されていますが，いまだに証明されていません。

memo

１次：計算技能検定

予想問題➡ p.188 ～

1 問題

(1) 次の式を展開して計算しなさい。

$(x-1)(x+1)(x^2+1)$

確認 ▶▶ 第１章 **展 開**

❶ テーマ２ 乗法公式❶ ❸ ⬅ポイント10

考え方

$(a-b)(a+b)=a^2-b^2$ の公式が使える。

⬇**解答例**

$(x-1)(x+1)(x^2+1)=(x^2-1)(x^2+1)=\boldsymbol{x^4-1}$

1 問題

(2) 次の式を因数分解しなさい。

$xy-x-y+1$

確認 ▶▶ 第１章 **因数分解**

❶ テーマ３ 共通因数でくくる ⬅ポイント13

考え方

x について式を整理すると，共通因数$(y-1)$がみえる。

⬇**解答例**

$xy-x-y+1=(y-1)x-(y-1)$ ⬅共通因数$(y-1)$でくくる

$=(y-1)(x-1)=\boldsymbol{(x-1)(y-1)}$ ⬅$(y-1)(x-1)$も正解

補足

次のような公式もある。

$$\boldsymbol{xy+ax+by+ab=(x+b)(y+a)}$$

この問題では　$a=-1,\ b=-1$ ⬅「テーマ27 ポイント95：因数の積をつくる変形」と同じ公式

1 問題

(3) 次の方程式を解きなさい。

$$(2x-3)^2=-16x+8$$

確認 ▶▶ 第1・2章 **2次方程式**

❶ テーマ2 乗法公式❶ 2 ←ポイント10

❷ テーマ21 因数分解された形の2次方程式の解 2 ←ポイント77

❸ テーマ3 因数分解公式❶ 1 ←ポイント14

考え方

右辺にもxがあるので，一度左辺を展開して整理する。

解答例

$(2x-3)^2=-16x+8$ の左辺を展開して $4x^2-12x+9=-16x+8$

移項して整理すると $4x^2+4x+1=0$ すなわち $(2x+1)^2=0$

よって $\boldsymbol{x=-\frac{1}{2}}$

1 問題

(4) 次の計算をしなさい。

$$(3-\sqrt{3})^2+\sqrt{48}$$

確認 ▶▶ 第1章 **平方根の計算**

❶ テーマ2 乗法公式❶ 2 ←ポイント10

❷ テーマ6 根号を含む式の変形 3，平方根の性質 1 ←ポイント26・27

考え方

展開して整理する。

解答例

$(3-\sqrt{3})^2=3^2-2\cdot3\cdot\sqrt{3}+(\sqrt{3})^2=9-6\sqrt{3}+3=12-6\sqrt{3}$

$\sqrt{48}=\sqrt{4^2\cdot3}=4\sqrt{3}$

よって　$(3-\sqrt{3})^2+\sqrt{48}=12-6\sqrt{3}+4\sqrt{3}=$ **$12-2\sqrt{3}$**

1 問題

(5) 関数　$y=-x^2$　において，x の変域が　$-2<x<1$　のとき，y の変域を求めなさい。

確認 ▶▶ 第2章　2次関数の変域

❶ テーマ15 関　数 ⬅ポイント59

❷ テーマ17 頂点が原点の２次関数のグラフ ⬅ポイント66

考え方

グラフをかいて y の変域を調べるとよい。

解答例

関数　$y=-x^2$　のグラフは頂点(0，0)，上に凸の放物線。

$x=-2$　のとき　$y=-(-2)^2=-4$

$x=1$　のとき　$y=-1^2=-1$

x の変域が　$-2<x<1$　より，グラフから，

y の変域は　**$-4<y\leqq0$**

⬆＝(イコール)のあるなしに注意

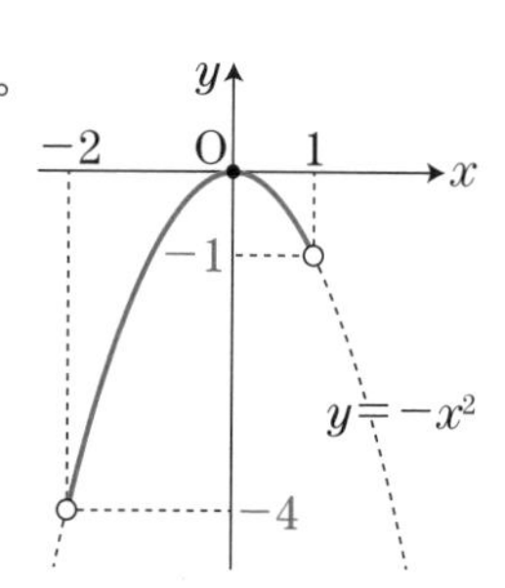

2 問題

(6) 平らな広場の地点Oから東に3m，北に2m進み，真上に4m上がった位置にある点をPとします。このとき，線分OPの長さを求めなさい。

確認 ▶▶ 第7章　空間内の2点間の距離

❶ テーマ75 座標空間での原点との距離 ←ポイント251

❷ テーマ65 直方体の対角線の長さ ←ポイント226

考え方

Oを原点，東の方向をx軸の正の向き，北の方向をy軸の正の向き，真上の方向をz軸の正の向きとすると，P(3, 2, 4)となるので，線分OPの長さは，座標空間の2点OとPの距離を求める，あるいは3辺の長さが3, 2, 4の直方体の対角線の長さを考えることで求まる。直方体の対角線の長さは，$\sqrt{(横)^2+(縦)^2+(高さ)^2}$である。

解答例

座標空間でOを原点，東の方向をx軸の正の向き，北の方向をy軸の正の向き，真上の方向をz軸の正の向きとすると，P(3, 2, 4)となるので2点O(0, 0, 0)，P(3, 2, 4)の距離は，

$$OP = \sqrt{3^2 + 2^2 + 4^2} = \sqrt{9 + 4 + 16} = \underline{\sqrt{29}\ \mathrm{m}}$$

別 3辺の長さが3, 2, 4の直方体の対角線の長さを考えて

$$OP = \sqrt{3^2 + 2^2 + 4^2} = \sqrt{9 + 4 + 16} = \underline{\sqrt{29}\ \mathrm{m}}$$

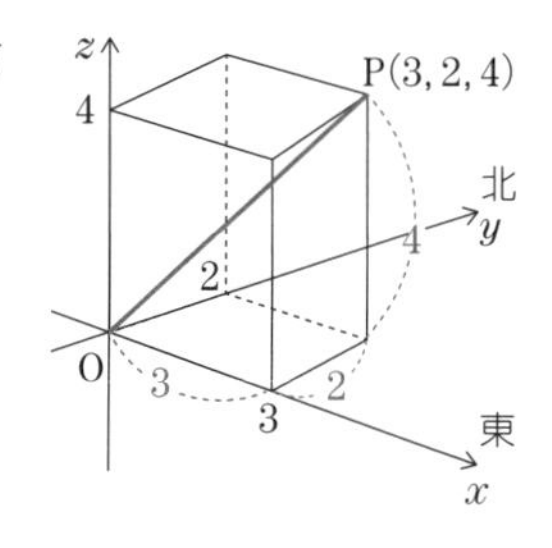

2 問題

(7) 右の図のような△ABCにおいて∠BACの二等分線と線分BCとの交点をDとします。

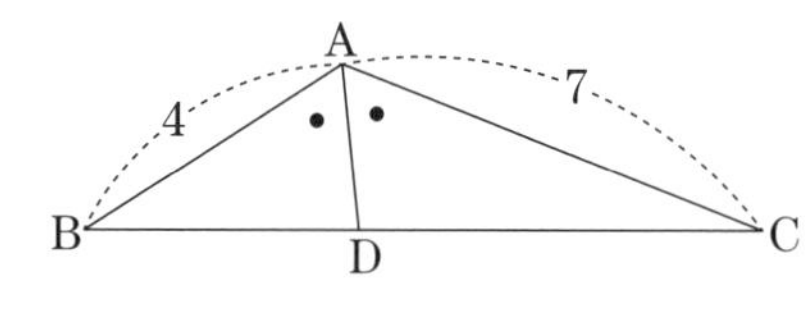

AB = 4，AC = 7　のとき線分比　BC : BD　をもっとも簡単な整数の比で表しなさい。

確認 ▶▶ 第6章　二等分線と比

❶ テーマ54 内角の二等分線と比 ←ポイント192

考え方

三角形で角の二等分線があるとき，辺の比が求められる。

解答例

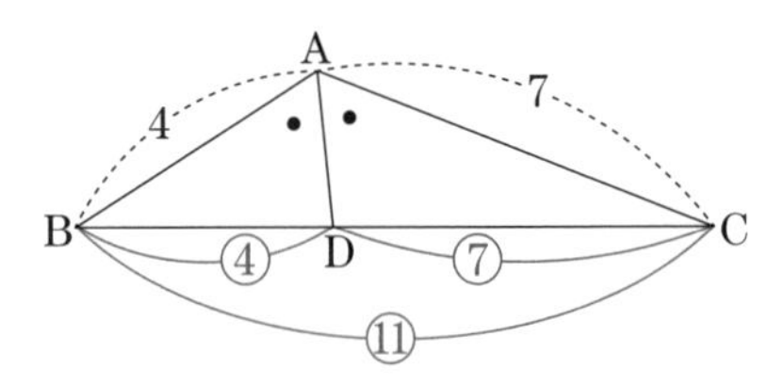

ADは∠BACの二等分線であるから，

$\mathrm{BD} : \mathrm{DC} = \mathrm{AB} : \mathrm{AC} = 4 : 7$

よって，

$\mathrm{BC} : \mathrm{BD} = (\mathrm{BD} + \mathrm{DC}) : \mathrm{BD}$

$= (4 + 7) : 4 = \underline{\mathbf{11 : 4}}$

2 問題

(8) 右の図のように△ABCの辺ABを3：2に内分する点をD，辺ACを5：3に内分する点をEとします。線分BEと線分CDの交点をPとするとき，線分比BP：PEをもっとも簡単な整数の比で表しなさい。

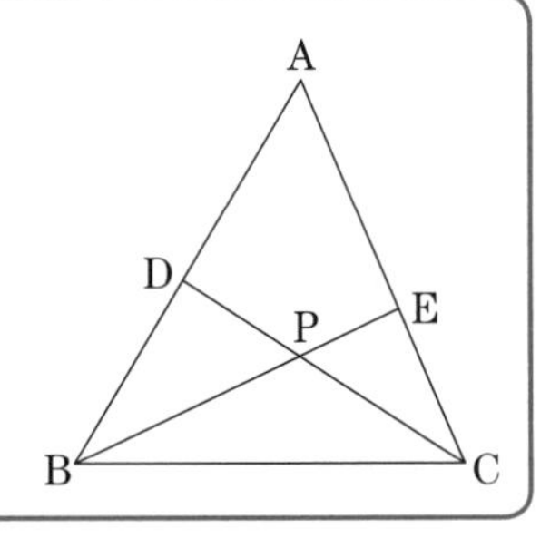

確認 ▶▶ 第6章 **三角形と線分比**

❶ テーマ61 メネラウスの定理 ⬅ポイント216

考え方

△ABEがあり，3点C，P，Dが同一直線上にあるので，メネラウスの定理が使える。

解答例

メネラウスの定理を用いて，

$\dfrac{\mathrm{AC}}{\mathrm{CE}} \cdot \dfrac{\mathrm{EP}}{\mathrm{PB}} \cdot \dfrac{\mathrm{BD}}{\mathrm{DA}} = 1$ すなわち $\dfrac{8}{3} \cdot \dfrac{\mathrm{PE}}{\mathrm{BP}} \cdot \dfrac{2}{3} = 1$

これより $\dfrac{\mathrm{PE}}{\mathrm{BP}} = \dfrac{9}{16}$

よって $\mathrm{BP} : \mathrm{PE} = \underline{\mathbf{16 : 9}}$

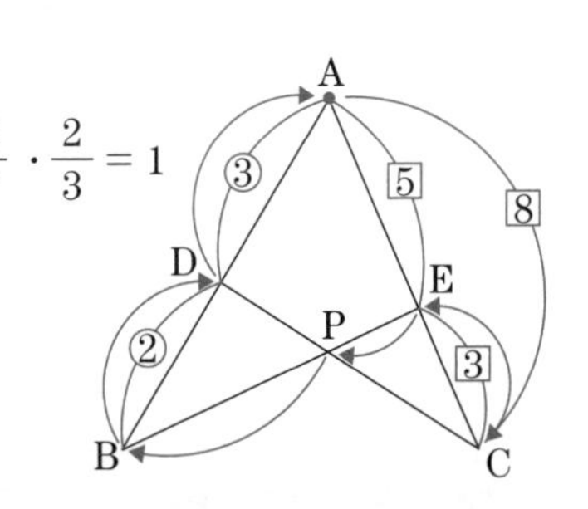

補足　同じ設定で次の問題を練習してみよう。

> 2 (8)のとき，線分比 CP：PD を求めなさい。

メネラウスの定理を用いて，

$$\frac{AB}{BD}\cdot\frac{DP}{PC}\cdot\frac{CE}{EA}=1 \quad すなわち \quad \frac{5}{2}\cdot\frac{PD}{CP}\cdot\frac{3}{5}=1$$

これより　$\frac{PD}{CP}=\frac{2}{3}$

よって　CP：PD = **3：2**

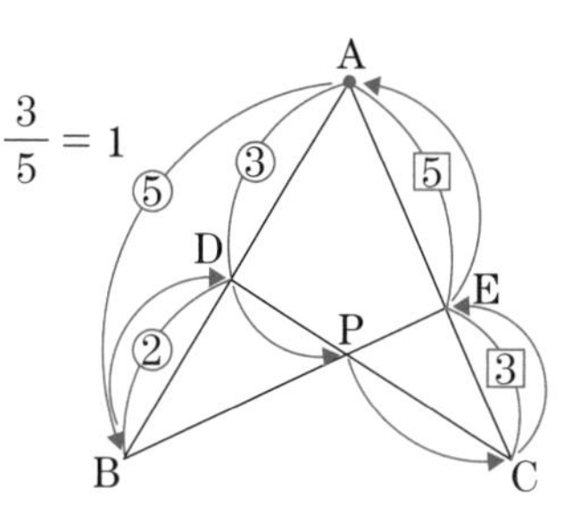

2 問題

(9)　次の数の正の約数の個数を答えなさい。

3000

確認 ▶▶ 第3章　正の約数の個数

❶ テーマ26　約数と倍数　←ポイント 89

❷ テーマ27　素因数分解，正の約数の個数　←ポイント 93・94

考え方

3000 を素因数分解して正の約数の個数を考える。

$10=2\cdot5$　であることから　$3000=3\cdot10^3=3\cdot(2\cdot5)^3=2^3\cdot3\cdot5^3$　と素因数分解できる。

3000 の正の約数は $2^x3^y5^z$ $(x=\underbrace{0,\ 1,\ 2,\ 3}_{3+1=4(通り)},\ y=\underbrace{0,\ 1}_{1+1=2(通り)},\ z=\underbrace{0,\ 1,\ 2,\ 3}_{3+1=4(通り)})$ と表せるので，$(x,\ y,\ z)$ の組数が正の約数の個数である。

解答例

$3000=2^3\cdot3\cdot5^3$

よって，正の約数の個数は　$(3+1)(1+1)(3+1)=4\cdot2\cdot4=$ **32**(個)

↑各素数の指数に 1 をたしてかける

2 問題

⑽ 次の不等式を解きなさい。

$$2x+1<3x-2\leqq -x+11$$

確認 ▶▶ 第１章 **連立1次不等式**

❶ テーマ４ １次不等式の変形 ⬅ポイント18

考え方

$A<B\leqq C$ は $\begin{cases}A<B\\B\leqq C\end{cases}$ と表せる。

２つの１次不等式を解き，共通の範囲を考える。

解答例

$2x+1<3x-2\leqq -x+11$ は $\begin{cases}2x+1<3x-2 & \cdots\cdots①\\3x-2\leqq -x+11 & \cdots\cdots②\end{cases}$

⬆ $A<B\leqq C$ は $\begin{cases}A<B\\B\leqq C\end{cases}$

①の両辺に$-2x+2$をたして　$3<x$　……①′　⬅$2x$，-2を移項する

②の両辺に$x+2$をたして　$4x\leqq 13$　⬅$-x$，-2を移項する

両辺を４でわって　$x\leqq\dfrac{13}{4}$　……②′

よって，①′かつ②′より　$\boldsymbol{3<x\leqq\dfrac{13}{4}}$

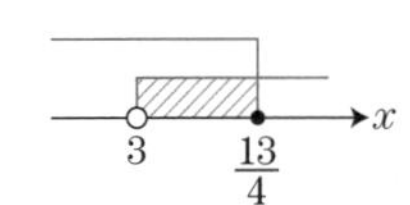

3
問題

(11) 2次関数 $y=-\frac{1}{3}x^2+2x-2$ のグラフの頂点の座標を求めなさい。

確認 ▶▶ 第2章 **2次関数のグラフの頂点**

❶ テーマ18 2次式の平方完成の方法，平方完成と放物線の頂点の座標

⬅ポイント70・71

考え方

平方完成する。

$x^2-6x=(x-3)^2-9$

$\times\frac{1}{2}$（半分）　2乗してひく

$$y=-\frac{1}{3}x^2+2x-2$$

$=-\frac{1}{3}(x^2-6x)-2$ ⬅ x^2 の係数 $-\frac{1}{3}$ で定数項以外をくくる

$=-\frac{1}{3}\{(x-3)^2-9\}-2$ ⬅基本的な平方完成

$=-\frac{1}{3}(x-3)^2+3-2$ ⬅展開

$=-\frac{1}{3}(x-3)^2+1$

よって，頂点は **(3，1)**

⬆座標で答える

(12) $U=\{x \mid x$ は 10 以下の正の整数$\}$ を全体集合とします。U の 2 つの部分集合 A, B を $A=\{x \mid x$ は奇数$\}$, $B=\{x \mid x$ は 3 の倍数$\}$ とするとき，集合 $\overline{A} \cap \overline{B}$ を，要素を並べる方法で表しなさい。ただし，$\overline{A}$ は A の補集合を表します。

確認 ▶▶ 第1章 **集合の要素**

❶ テーマ11 集合の表記 ⬅ポイント 44

❷ テーマ12 和集合，２つの集合の共通部分，全体集合と補集合
ド・モルガンの法則 ⬅ポイント 50 ⬆ポイント 47・48・49

考え方

それぞれの集合の要素を書き出して，ベン図を活用するとよい。
$\overline{A} \cap \overline{B}$ は「奇数でない」かつ「3 の倍数でない」集合である。
ド・モルガンの法則を用いて $\overline{A} \cap \overline{B}=\overline{A \cup B}$ と変形できる。
また，別のように $\overline{A}$, $\overline{B}$ をそれぞれ求め，共通部分を考えてもよい。

解答例

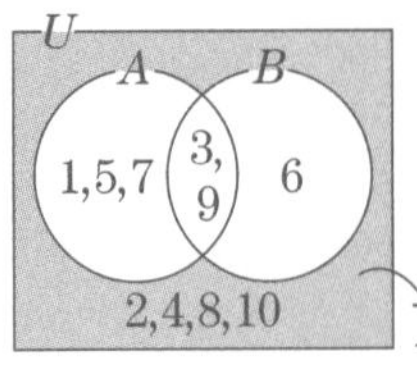

$U=\{1,\ 2,\ 3,\ 4,\ 5,\ 6,\ 7,\ 8,\ 9,\ 10\}$
$A=\{1,\ 3,\ 5,\ 7,\ 9\}$
$B=\{3,\ 6,\ 9\}$

であるから，

$A \cup B=\{1,\ 3,\ 5,\ 6,\ 7,\ 9\}$

よって，

$\overline{A} \cap \overline{B}=\overline{A \cup B}=\underline{\{\mathbf{2,\ 4,\ 8,\ 10}\}}$
⬆ド・モルガンの法則

集合の記号は｛ ｝なので，
(2, 4, 8, 10)
[2, 4, 8, 10]
などは不正解

別 $\overline{A}=\{2,\ 4,\ 6,\ 8,\ 10\}$
$\overline{B}=\{1,\ 2,\ 4,\ 5,\ 7,\ 8,\ 10\}$
よって $\overline{A} \cap \overline{B}=\underline{\{\mathbf{2,\ 4,\ 8,\ 10}\}}$

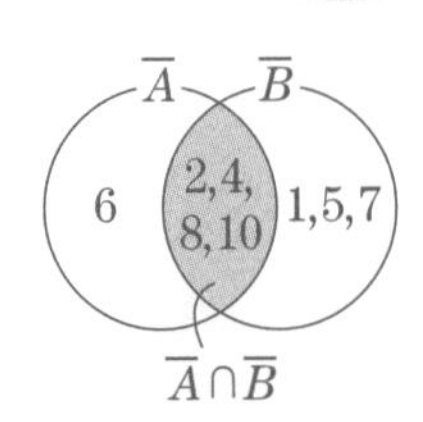

3 問題

⒀　右の図のように△ ABC が円に内接しています。

∠ BAC = 30°，BC = 5　のとき，円の半径を求めなさい。

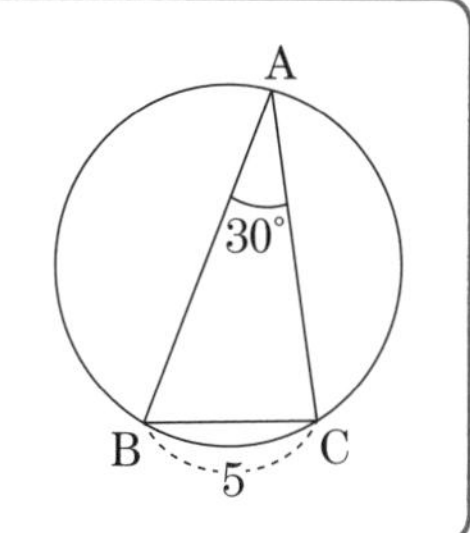

確認 ▶▶ 第7章 三角形の外接円の半径

❶ テーマ 70 正弦定理 ⬅ポイント 236

❷ テーマ 66 30°，45°，60° の三角比 ⬅ポイント 229

❸ テーマ 57 円周角と中心角の関係 ⬅ポイント 204

考え方

△ ABC の外接円の半径を求めるので，正弦定理を用いるとよい。

別のように円の性質を考えても求まる。

解答例

求める円の半径を R とする。

△ ABC の外接円の半径が R であるから正弦定理を用いると，

$$\frac{5}{\sin 30^\circ} = 2R$$

よって　$R = \frac{5}{2} \cdot \frac{1}{\sin 30^\circ} = \frac{5}{2} \cdot 2 = \underline{5}$　⬅ $\sin 30^\circ = \frac{1}{2}$

別　円の中心を O とすると円周角と中心角の関係より，

$\angle \text{BOC} = 2 \times \angle \text{BAC} = 2 \times 30^\circ = 60^\circ$

△ OBC は OB = OC　の二等辺三角形であるから，

$\angle \text{OBC} = \angle \text{OCB} = 60^\circ$

これより，△ OBC は正三角形であるから，

OB = OC = BC = 5　⬆頂角が 60° の二等辺三角形は底角も 60° より正三角形

よって　円の半径は $\underline{5}$

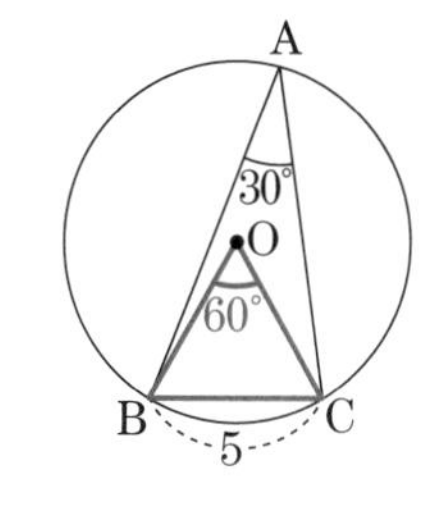

別　線分 A′C が直径になるように円周上に点 A′ をとると，$\overset{\frown}{BC}$ の円周角より，

$\angle BA'C = \angle BAC = 30^\circ$

A′C は直径より　$\angle A'BC = 90^\circ$

BC = 5　と直角三角形 A′BC の比を考えて，

$A'C = 10$

これが直径より，半径は　**5**

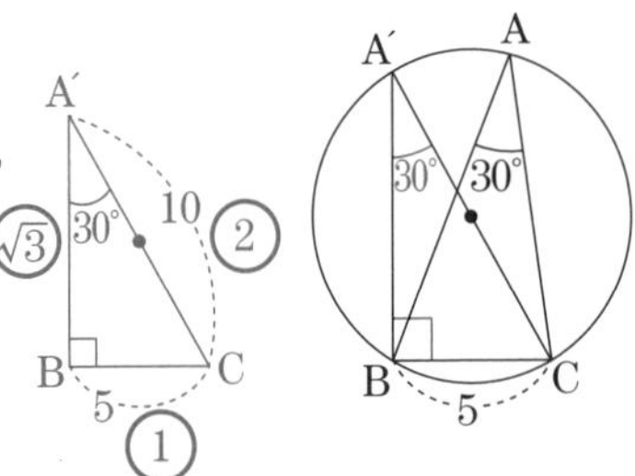

(14)　次の問いに答えなさい。

① 6 人から 3 人を選ぶ方法は何通りありますか。

② 6 人を円形に並べる方法は何通りありますか。

確認 ▶▶ 第４章　組合せ，円順列

❶ テーマ35　組合せ，$_nC_r$ の計算　⬅ポイント 122・123

❷ テーマ36　異なる n 個の円順列の総数　⬅ポイント 126

❸ テーマ34　階　乗　⬅ポイント 119

考え方

以下のように考える。　⬅ 6 人は人なので，同じものにはならない

① 異なる 6 個のものから異なる 3 個を取り出してつくる組合せの総数。

② 異なる 6 個のものの円順列。

解答例

① 6 人から 3 人を選ぶ方法は，

$${}_6C_3 = \frac{\overbrace{6 \cdot 5 \cdot 4}^{3\text{個}}}{3\,!} = \frac{6 \cdot 5 \cdot 4}{3 \cdot 2 \cdot 1} = \underline{\mathbf{20}}\text{(通り)}$$

② 6 人を円形に並べる方法は，1 人を固定して残り 5 人を並べることを考えて，

$$(6-1)\,! = 5\,! = \underline{\mathbf{120}}\text{(通り)}$$

(15) 次の問いに答えなさい。

① 2 進法で表された数 $111_{(2)}$ を 10 進法で表しなさい。

② 10 進法で表された 111 を 2 進法で表しなさい。

確認 ▶▶ 第3章 **記 数 法**

❶ テーマ31 10 進法の記数法，p 進法の記数法 ⬅ポイント 108・109
「でるでる問題」 1・3

考え方

2 進法とは 0 と 1 の 2 種類で表す数。

① $111_{(2)}$を 2 の累乗の和で表し，和を求める。

② 111 を 2 の累乗の和で表す。

解答例

⬇ 2 の累乗の和

① $111_{(2)} = 2^2 + 2 + 1 = \underline{7}$

② $111 = 64 + 47$ ⬅ $2^6 = 64, 2^5 = 32, 2^4 = 16, 2^3 = 8, 2^2 = 4$（大きい位から数字を決める）

$= 2^6 + 32 + 15$

$= 2^6 + 2^5 + 8 + 7$

$= 2^6 + 2^5 + 2^3 + 4 + 3$

$= 2^6 + 2^5 + 2^3 + 2^2 + 2 + 1$ ⬅ 2 の累乗の和

$= \underline{\mathbf{1101111_{(2)}}}$

2でわったときの余り

```
2)111
2) 55 … 1
2) 27 … 1
2) 13 … 1
2)  6 … 1
2)  3 … 0
    1 … 1
```

↑下から上へ
大きい位から
数が決まる

補足 次の問題も練習してみよう。

10 進法で表された 111 を 5 進法で表しなさい。

$111 = 10^2 + 10 + 1$

$= (2 \cdot 5)^2 + 2 \cdot 5 + 1$ ⬅ $10 = 2 \cdot 5$

$= 4 \cdot 5^2 + 2 \cdot 5 + 1$ ⬅ 5 の累乗の和

$= \underline{\mathbf{421_{(5)}}}$

5でわったときの余り

```
5)111
5) 22 … 1
    4 … 2
```

↑下から上へ
大きい位から
数が決まる

２次：数理技能検定

予想問題➡ p.194 ～

1 問題

右の図のように正三角柱 ABCDEF があります。

△ ABC，△ DEF は 1 辺の長さが 3 の正三角形で, AD ＝ BE ＝ CF ＝ 5　とします。

2 つの線分 BE，CF(端点含む)上にそれぞれ動点 P，Q があるとします。これについて，次の問いに答えなさい。

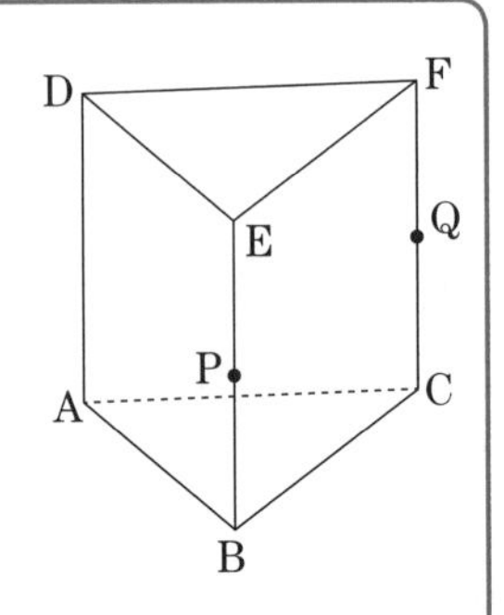

⑴　線分 PQ の長さの最大値を求めなさい。
この問題は答えだけを書いてください。

⑵　3 つの線分の長さの和 AP ＋ PQ ＋ QD の最小値を求めなさい。

確認 ▶▶ 第７章　三角柱と線分の長さ

❶ テーマ 65　三平方の定理(ピタゴラスの定理)　⬅ポイント 225

考え方

⑴　線分 PQ の長さが最大になるのは，線分 PQ が長方形 BCFE の対角線になる場合。

⑵　空間だと考えにくいので，展開図をかいて平面で考えるとよい。折れ線が直線になるときが最小値である。

解答例

⑴　長方形 BCFE の対角線の長さは，△ BCF に三平方の定理を用いて，

$$\mathrm{BF} = \sqrt{\mathrm{BC}^2 + \mathrm{CF}^2} = \sqrt{3^2 + 5^2} = \sqrt{34}$$

よって，線分 PQ の長さの最大値は $\underline{\sqrt{34}}$

⑵　右の図の展開図で，点 A，D に重なる点を A′，D′ とすると，AP ＋ PQ ＋ QD ≧ AD′

等号成立は線分 AD′ 上に P，Q があるときである。

ここで△ AA′ D′ に三平方の定理を用いて

$$\mathrm{AD'} = \sqrt{\mathrm{AA'}^2 + \mathrm{A'D'}^2} = \sqrt{9^2 + 5^2} = \sqrt{106}$$

よって，求める最小値は $\underline{\sqrt{106}}$

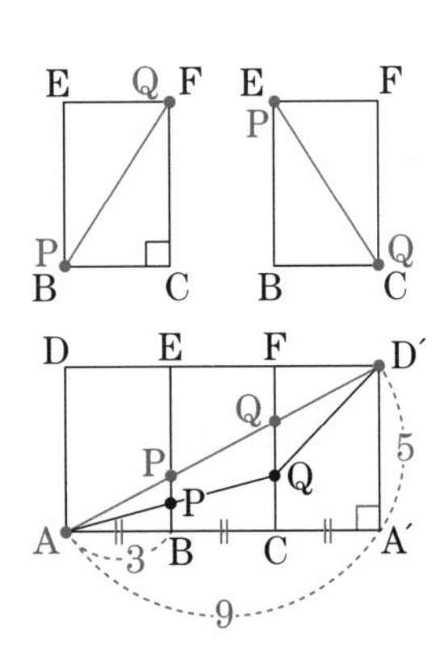

2 問題

四面体 ABCD があり，4 つの辺 AB, BC, CD, DA の中点をそれぞれ P, Q, R, S とします。

このとき，次の問いに答えなさい。

(3) 四角形 PQRS が平行四辺形であることを証明しなさい。

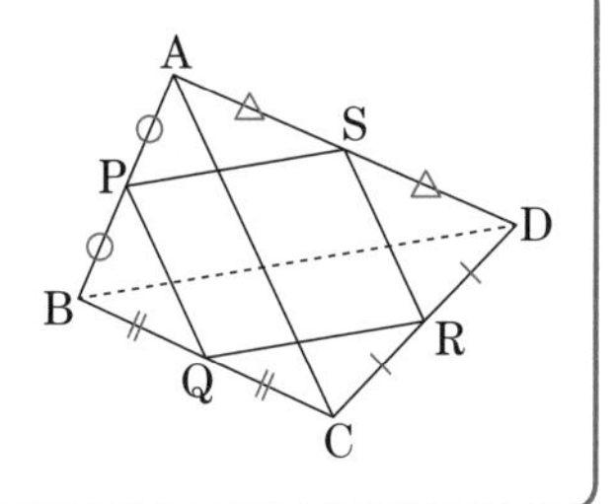

確認 ▶▶ 第 6 章 **四角形と平行四辺形**

❶ テーマ 53 三角形と平行線と比 ❶，中点連結定理 ←ポイント 188・190

❷ テーマ 56 平行四辺形の性質 ←ポイント 199
「でるでる問題」

考え方

四角形 PQRS が平行四辺形であることを証明するにはさまざまな方法が考えられる。「1 組の向かい合う辺が平行で長さが等しい」ことを示すときは，△ ABD，△ CBD に中点連結定理を用いる。

ほかにも，別 のように「2 組の向かい合う辺がそれぞれ平行である」ことや「2 組の向かい合う辺の長さがそれぞれ等しい」ことを示してもよい。

解答例

△ ABD において，辺 AB，AD の中点がそれぞれ P，S

△ CBD において，辺 CB，CD の中点がそれぞれ Q，R

△ ABD，△ CBD でそれぞれ中点連結定理を用いて，

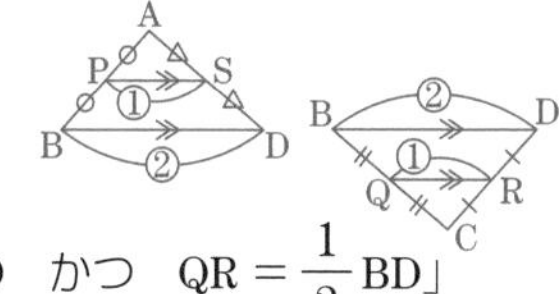

「$PS \parallel BD$ かつ $PS = \frac{1}{2}BD$」かつ「$QR \parallel BD$ かつ $QR = \frac{1}{2}BD$」

これより $PS \parallel QR$ かつ $PS = QR$

よって，1 組の向かい合う辺が平行で長さが等しいから四角形 PQRS は平行四辺形である。

〔証明終〕

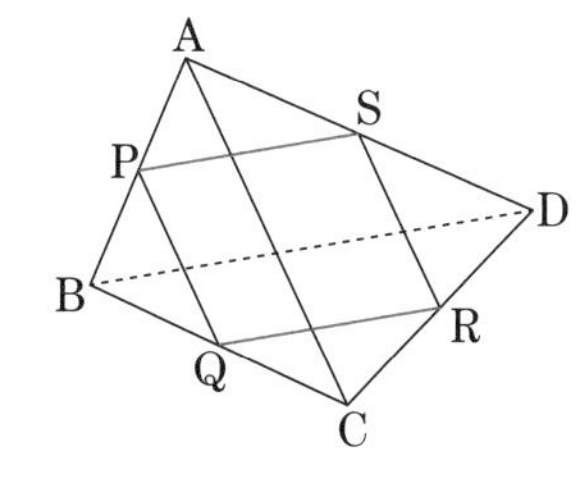

別 △ABD，△CBD にそれぞれ中点連結定理を用いて，

PS // BD かつ　QR // BD

これより　PS // QR　……①

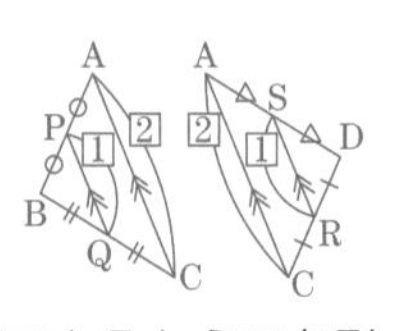

△BAC，△DAC にそれぞれ中点連結定理を用いて，

PQ // AC　かつ　SR // AC

これより　PQ // SR　……②

よって，①かつ②より２組の向かい合う辺がそれぞれ平行であるから四角形PQRS は平行四辺形である。〔証明終〕

別 △ABD，△CBD にそれぞれ中点連結定理を用いて，

$PS = \frac{1}{2}BD$　かつ　$QR = \frac{1}{2}BD$

これより　PS ＝ QR　……③

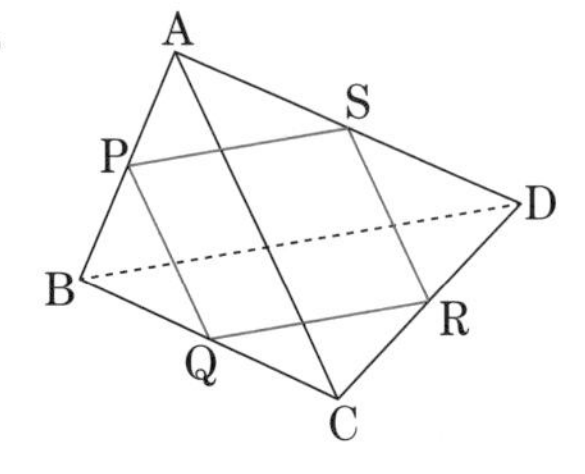

△BAC，△DAC にそれぞれ中点連結定理を用いて，

$PQ = \frac{1}{2}AC$　かつ　$SR = \frac{1}{2}AC$

これより　PQ ＝ SR　……④

よって，③かつ④より２組の向かい合う辺の長さがそれぞれ等しいので，四角形PQRS は平行四辺形である。〔証明終〕

3
問題

n を正の整数として，次の問いに答えなさい。

(4) $\sqrt{3n}$ の整数部分が 5 となる n の値をすべて求めなさい。
この問題は答えだけを書いてください。

確認 ▶▶ 第 1 章 **整数部分**

❶ テーマ 9 整数部分と小数部分，整数部分と小数部分の求め方

⬅ポイント 36・37

考え方

$\sqrt{3n}$ の整数部分が 5 となる n は，$5 \leqq \sqrt{3n} < 6$ 　をみたす n。

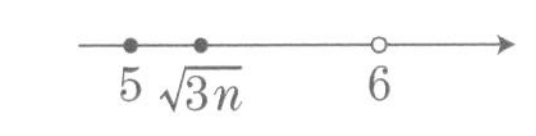

解答例

$\sqrt{3n}$ の整数部分が 5 となる条件は　$5 \leqq \sqrt{3n} < 6$　であるから，各辺を 2 乗して

$25 \leqq 3n < 36$　　⬆ $\sqrt{25} \leqq \sqrt{3n} < \sqrt{36}$

各辺を 3 でわって　$\dfrac{25}{3} \leqq n < 12$

⬆ 8.33……

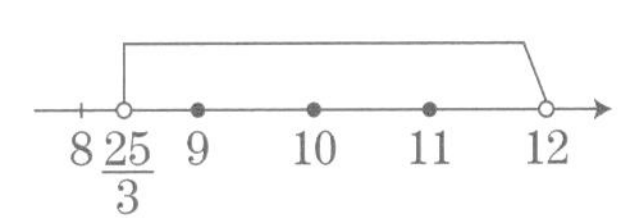

よって，n は正の整数であるから，

$\boldsymbol{n = 9,\ 10,\ 11}$

補　$\sqrt{27}$, $\sqrt{30}$, $\sqrt{33}$ の値は次のようになり，整数部分は 5 となる。

$\sqrt{27} = 5.196\cdots$　⬅ $\sqrt{3n}$（$n = 9,\ 10,\ 11$）

$\sqrt{30} = 5.477\cdots$

$\sqrt{33} = 5.744\cdots$

4 問題

ある野球選手が飛距離 120 m のホームランを打ちました。打球の軌道は放物線として次のことがわかっているとします。

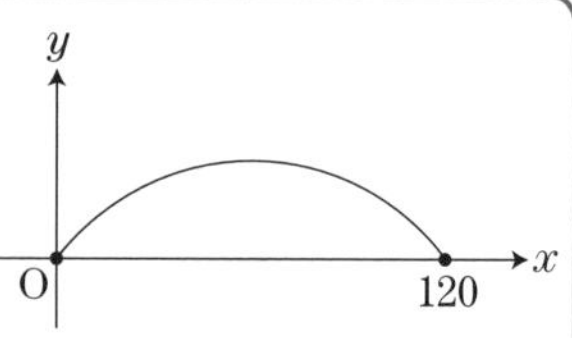

バッターの位置からの飛距離を x m, 地面からの高さを y m とすると

$y = ax^2 + x$ （a は定数）

という関係が成り立ち，グラフは右の図のようになります。これについて次の問いに答えなさい。

(5) a の値を求めなさい。この問題は答えだけを書いてください。

(6) 打球の地面からの高さの最大値は何 m ですか。

確認 ▶▶ 第2章　2次関数の決定，最大値

❶ テーマ 25 2 次関数の式の形 ⬅ポイント 87

❷ テーマ 20 関数の最大値・最小値 ⬅ポイント 76

❸ テーマ 18 2 次式の平方完成の方法 ⬅ポイント 70

考え方

(5) 飛距離が 120 m のホームランの打球の軌道は飛距離を x m，地面からの高さを y m とするので， $x = 120$ のとき $y = 0$ である。

グラフは点(120, 0)を通るので，$x = 120$，$y = 0$ を与えられた関係式に代入すると，a は求まる。

あるいは，別のようにグラフが 2 点(0, 0)，(120, 0)を通ることを考えてもよい。

(6) 打球の地面からの高さの最大値は y の最大値である。

y は x の 2 次関数なので，平方完成して頂点を求めるとよい。

また，別のようにグラフは軸にかんして対称であり $y = 0$ のとき $x = 0$, 120 で，そのまん中が 60 なので，軸の方程式が $x = 60$ とわかることから最大値を求めてもよい。

解答例

(5) $y = ax^2 + x$ （a は定数） ……①

$x = 120$ のとき $y = 0$ であるから，①へ代入して，

$0 = a(120)^2 + 120$ ⬅両辺を 120 でわって $0 = 120a + 1$

よって $\boldsymbol{a = -\dfrac{1}{120}}$

(6) (5)より，

$x^2-\underset{\sim\sim}{120}x=(x-\underset{\sim}{60})^2-3600$　$\times\frac{1}{2}$（半分）　2乗してひく

$$y=-\frac{1}{120}x^2+x$$

$$=-\frac{1}{120}(x^2-120x)$$ ⬅ x^2 の係数 $-\frac{1}{120}$ でくくる

$$=-\frac{1}{120}\{(x-60)^2-3600\}$$ ⬅ テーマ18 ポイント69：基本的な平方完成

$$=-\frac{1}{120}(x-60)^2+30$$ ⬅展開

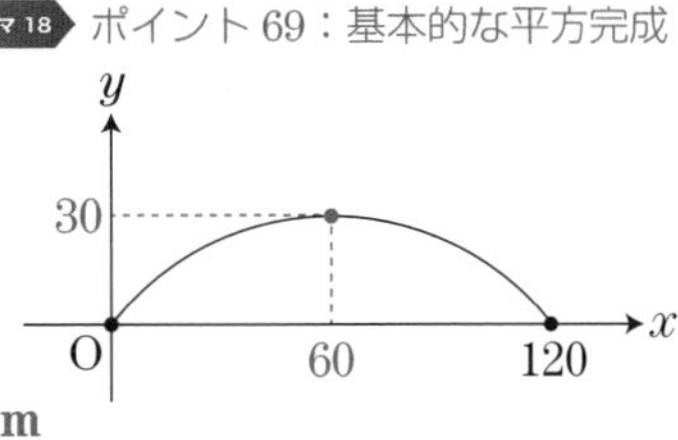

$0 \leqq x \leqq 120$　であるから　$0 \leqq y \leqq 30$

y の最大値は 30　$(x=60)$

よって，打球の地面からの高さの最大値は **30 m**

別 (5) ①で $y=0$　とすると　$ax^2+x=0$　であるから　$x(ax+1)=0$

すなわち　$x=0,\ -\frac{1}{a}$

$y=0$　となるのは　$x=0,\ 120$　であるから　$-\frac{1}{a}=120$

よって　$\boldsymbol{a=-\frac{1}{120}}$

別 (5) ①で $y=0$　とすると　$x=0,\ 120$　であるから，①は，

$y=ax(x-120)=ax^2-120ax$　⬅ テーマ25 ポイント87：2次関数の式の形 3

①の x の係数を考えて　$-120a=1$

よって　$\boldsymbol{a=-\frac{1}{120}}$

別 (6) $y=-\frac{1}{120}x(x-120)$

$y=0$ とすると $x=0$，120 より軸の方程式が $x=60$ であるから，頂点の x 座標は 60 である。

$x=60$ を代入して，$y=-\frac{1}{120}\times 60(60-120)=30$

グラフより，y の最大値は 30 である。

よって，打球の地面からの高さの最大値は **30 m**

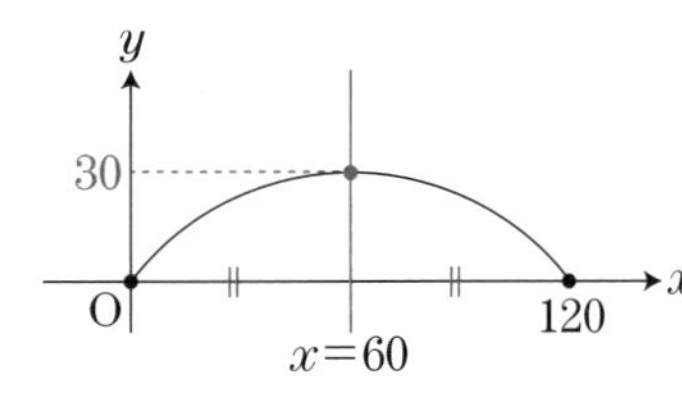

5 問題

$0° \leqq \theta \leqq 180°$ として $\sin\theta + \cos\theta = \dfrac{1}{2}$ が成り立つとき，次の問いに答えなさい。

(7) $\sin\theta\cos\theta$ の値を求めなさい。

確認 ▶▶ 第１・７章 三角比の値

❶ テーマ67 三角比の相互関係 2 ⬅ポイント230

❷ テーマ2 乗法公式❶ 1 ⬅ポイント10

考え方

$\sin\theta + \cos\theta = \dfrac{1}{2}$ の両辺を２乗すると，$\sin\theta\cos\theta$ の形をつくることができる。

$\sin^2\theta + \cos^2\theta = 1$ を用いる。

解答例

$\sin\theta + \cos\theta = \dfrac{1}{2}$ の両辺を２乗すると，

$$(\sin\theta + \cos\theta)^2 = \left(\frac{1}{2}\right)^2$$

展開して $\sin^2\theta + 2\sin\theta\cos\theta + \cos^2\theta = \dfrac{1}{4}$

$\sin^2\theta + \cos^2\theta = 1$ であるから $1 + 2\sin\theta\cos\theta = \dfrac{1}{4}$

よって $\sin\theta\cos\theta = \underline{-\dfrac{3}{8}}$

問題

次の問いに答えなさい。

(8) 表と裏が同じ確率で出るコインを10回続けて投げたとき，表が9回以上出る確率を求めなさい。この問題は答えだけを書いてください。

(9) 水道水とミネラルウォーターの2種類の水があります。どちらかわからないようにAさんに10回試飲してもらい，どちらが水道水かを選んでもらいました。すると，Aさんは10回のうち9回正しく水道水を選ぶことができました。このことから，Aさんは水道水を水道水だと正しくわかって選んでいると判断できるかを仮説検定で考察します。

そこで，仮説「Aさんが水道水を選ぶ確率は $\frac{1}{2}$（ミネラルウォーターを選ぶ確率も $\frac{1}{2}$）」を立てます。この仮説が棄却できるかどうかを調べ，この仮説に対立する仮説「Aさんが水道水を選ぶ確率は $\frac{1}{2}$ よりも大きい(ミネラルウォーターを選ぶ確率は $\frac{1}{2}$ よりも小さい)」が正しいかどうかを判断します。ここでは，有意水準(基準となる確率)を0.05(5%)とします。

この仮説検定の考察からAさんは水道水を水道水だと正しくわかって選んでいると判断できるかどうか答えなさい。

確認 ▶▶ 第4章 **反復試行の確率，仮説検定**

❶ テーマ39 確率の加法定理 ←ポイント142

❷ テーマ41 反復試行の確率 ←ポイント149

❸ テーマ50 仮説検定 ←ポイント176・177

考え方

(8) コインを10回続けて投げる反復試行の確率である。

コインを1回投げるとき，表が出る確率と裏が出る確率はともに $\frac{1}{2}$ である。

表が出る回数が9回以上なのは，表が出る回数が9回または10回の場合である。

(9) 帰無仮説のもとで，水道水を9回以上正しく選ぶ確率を求める。これと有意水準との大小関係を調べる。帰無仮説が棄却されると，対立仮説が正しいと判断され，10回のうち水道水を9回以上選ぶと，水道水だと正しくわかって選んでいると判断できるので，水道水を正しく9回選んだAさんは水道水だと正しくわかって選んでいると判断できる。

解答例

(8) 表と裏が同じ確率で出るコインを10回続けて投げるとき，表が9回以上出る確率は，「表が9回，裏が1回」または「裏が10回」出ることであるから

$$ {}_{10}C_9\left(\frac{1}{2}\right)^9\cdot\frac{1}{2}+{}_{10}C_{10}\left(\frac{1}{2}\right)^{10}=\frac{10+1}{2^{10}}=\underline{\mathbf{\frac{11}{1024}}} $$

(9) 帰無仮説「Aさんが水道水を選ぶ確率は $\frac{1}{2}$」のもとで10回の試飲で水道水を正しく選ぶのが9回以上の確率を p とすると，(8)の場合と同じ確率になるので

$$ p=\frac{11}{1024}=0.0107\cdots(約1\%) $$

これは有意水準0.05(5%)よりも小さいので，帰無仮説は棄却される。

ゆえに，対立仮説「Aさんが水道水を選ぶ確率は $\frac{1}{2}$ よりも大きい」は正しいと判断できる。

よって，<u>**Aさんは水道水だと正しくわかって選んでいると判断できる。**</u>

補足 同じ設定で，次の問題も練習してみよう。

> 6 (9)で，Aさんが10回のうち8回正しく水道水を選んだ場合に問題と同様に仮説検定で考察してみてください。

解 帰無仮説「Aさんが水道水を選ぶ確率は $\frac{1}{2}$」のもとで10回の試飲で水道水を正しく選ぶのが8回以上の確率を q とすると，

$$ q={}_{10}C_8\left(\frac{1}{2}\right)^8\cdot\left(\frac{1}{2}\right)^2+{}_{10}C_9\left(\frac{1}{2}\right)^9\left(\frac{1}{2}\right)+{}_{10}C_{10}\left(\frac{1}{2}\right)^{10} $$

$$ =\frac{{}_{10}C_8+{}_{10}C_9+{}_{10}C_{10}}{1024}=\frac{45+10+1}{1024}=\frac{56}{1024}=0.0546\cdots(約5.5\%) $$

これは有意水準0.05(5%)よりも大きいので，帰無仮説は棄却されない。

よって，Aさんは水道水を正しくわかって選んでいると判断できない。

7 問題

等式「$a^2+b^2=c^2$」をみたす3つの自然数a，b，cは「ピタゴラス数」とよばれています。直角三角形の3辺の長さにもなる3つの自然数です。このピタゴラス数の中でa，b，cの最大公約数が1となるものは「原始ピタゴラス数」とよばれています。

ここでは，ピタゴラス数a，b，cを$(a,\ b,\ c)$と表すことにします。

たとえば，3つの自然数3，4，5は$3^2+4^2=5^2$ ……①

をみたし，最大公約数は1となるので，原始ピタゴラス数です。

また，3つの自然数6，8，10は$6^2+8^2=10^2$ ……②

をみたしますが，最大公約数は2となり1ではないので，

ピタゴラス数ですが，原始ピタゴラス数ではありません。

このとき，②の両辺を2^2で割ると，

$$\left(\frac{6}{2}\right)^2+\left(\frac{8}{2}\right)^2=\left(\frac{10}{2}\right)^2 \quad \text{すなわち} \quad 3^2+4^2=5^2$$

これは①になります。

このように，(6，8，10)のそれぞれを最大公約数2でわると(3，4，5)となり原始ピタゴラス数になります。

一般に，ピタゴラス数$(a,\ b,\ c)$があり，a，b，cの最大公約数をdとすると，

$$\left(\frac{a}{d}\right)^2+\left(\frac{b}{d}\right)^2=\left(\frac{c}{d}\right)^2 \text{をみたし，}$$

$$\frac{a}{d},\ \frac{b}{d},\ \frac{c}{d} \text{の最大公約数は1}$$

となるので，$\left(\frac{a}{d},\ \frac{b}{d},\ \frac{c}{d}\right)$は原始ピタゴラス数になります。

これについて，次の問いに答えなさい。

(10) 原始ピタゴラス数$(a,\ b,\ c)$のうちで $a<b<c$ かつaが1けたの自然数になるものが全部で5つあるのですが，それらはaの値が小さいものから順に，

(3，4，5)，［ア］，［イ］，［ウ］，［エ］

となります。必要ならば，下の等式を利用してもかまいません。

$$(x^2-1)^2+(2x)^2=(x^2+1)^2$$

上の［ア］，［イ］，［ウ］，［エ］にあてはまる原始ピタゴラス数を答えなさい。この問題は答えだけ書いてください。

確認 ▶▶ 第3・7・8章 **整理技能**

❶ テーマ80 整理技能の問題の原則 ⬅ポイント255

❷ テーマ65 三平方の定理(ピタゴラスの定理) ⬅ポイント225

❸ テーマ28 公約数と最大公約数 ⬅ポイント96

考え方

問題にある原始ピタゴラス数の定義を正しく理解する。

$a^2+b^2=c^2(a<b<c)$ をみたすピタゴラス数(a, b, c)のうち，a，b，cの最大公約数が1，aが1けたの自然数になるもので$(3, 4, 5)$以外の4つをみつける。

$a<b<c$ の条件があるので，$(4, 3, 5)$のようなものは答えにならないことに注意する。

原始ピタゴラス数ではないピタゴラス数(a, b, c)は，問題文にあるようにそれぞれを最大公約数で割ることで原始ピタゴラス数にすることができる。

問題文にある等式のxに整数の値を小さいものから順に代入して調べていくとよい。

⬇解答例

等式 $(x^2-1)^2+(2x)^2=(x^2+1)^2$ のxに整数の値を代入していく。

$x=2$として $3^2+4^2=5^2$ ➡ $(3, 4, 5)$は問題文にある原始ピタゴラス数

$x=3$として $8^2+6^2=10^2$ ➡ 問題文にあるピタゴラス数

$x=4$として $15^2+8^2=17^2$ ➡ 原始ピタゴラス数に$(8, 15, 17)$

$x=5$として $24^2+10^2=26^2$ ➡ $(10, 24, 26)$

⬆ $8^2+15^2=17^2$ と同じこと$(15, 8, 17)$としないようにする

それぞれを最大公約数2でわり$(5, 12, 13)$

⬆問題文にあるように最大公約数でわる

$x=6$として $35^2+12^2=37^2$ ➡ $(12, 35, 37)$は12が1けたではない。

$x=7$として $48^2+14^2=50^2$ ➡ $(14, 48, 50)$

それぞれを最大公約数2でわり $(7, 24, 25)$

$x=8$として $63^2+16^2=65^2$ ➡ $(16, 63, 65)$は16が1けたではない。

$x=9$として $80^2+18^2=82^2$ ➡ $(18, 80, 82)$

それぞれを最大公約数2でわり $(9, 40, 41)$

よって，求める原始ピタゴラス数は，

(5, 12, 13)ア，**(7, 24, 25)**イ，**(8, 15, 17)**ウ，**(9, 40, 41)**エ

別 （式を直接変形する）　　テーマ1 ポイント6：指数法則 4

$x=5$ として　$24^2+10^2=26^2$　⬇一般に　$\frac{a^2}{b^2}=\left(\frac{a}{b}\right)^2$

両辺を 2^2 でわって　$\left(\frac{24}{2}\right)^2+\left(\frac{10}{2}\right)^2=\left(\frac{26}{2}\right)^2$　すなわち　$12^2+5^2=13^2$

$x=7$ として　$48^2+14^2=50^2$

両辺を 2^2 でわって　$\left(\frac{48}{2}\right)^2+\left(\frac{14}{2}\right)^2=\left(\frac{50}{2}\right)^2$　すなわち　$24^2+7^2=25^2$

$x=9$ として　$80^2+18^2=82^2$

両辺を 2^2 でわって　$\left(\frac{80}{2}\right)^2+\left(\frac{18}{2}\right)^2=\left(\frac{82}{2}\right)^2$　すなわち　$40^2+9^2=41^2$

補足

原始ピタゴラス数 $(a,\ b,\ c)$ を

(3, 4, 5), (5, 12, 13), (7, 24, 25), (8, 15, 17), (9, 40, 41)

と求めたが，これは他にも

(11, 60, 61), (12, 35, 37), (13, 84, 85), (15, 112, 113), (16, 63, 65), …

と無数にあることが知られている。

１次：計算技能検定

予想問題➡ p.200 ～

1 問題

(1) 次の式を展開して計算しなさい。

$$(a-b)^2(a+b)^2$$

確認 ▶▶ 第１章 展開

❶ テーマ１ 指数法則 ❷・❸ ⬅ポイント６

❷ テーマ２ 乗法公式❶ ❷・❸ ⬅ポイント10

考え方

それぞれ２乗の展開をしてもよいが，指数法則 $x^2y^2=(xy)^2$ を用いてから展開するとよい。

解答例

$$\begin{aligned}(a-b)^2(a+b)^2&=\{(a-b)(a+b)\}^2\\&=(a^2-b^2)^2\\&=(a^2)^2-2a^2b^2+(b^2)^2\\&=\underline{\boldsymbol{a^4-2a^2b^2+b^4}}\end{aligned}$$

1 問題

(2) 次の式を因数分解しなさい。

$$9x^2-30xy+25y^2$$

確認 ▶▶ 第１章 因数分解

❶ テーマ３ 因数分解公式❶ ❷ ⬅ポイント14

考え方

２乗の形になる因数分解。

解答例

$$9x^2-30xy+25y^2=(3x)^2-2\cdot3x\cdot5y+(5y)^2=\underline{\boldsymbol{(3x-5y)^2}}$$

1 問題

(3) 次の方程式を解きなさい。

$$2x^2 + 4x - 1 = 0$$

確認 ▶▶ 第2章 2次方程式

❶ テーマ21 2次方程式の解の公式❶・❷ ←ポイント79・80

考え方

2次方程式の解の公式を使う。

xの係数が4なので,「解の公式❷」を使うとよい。または,無理せず,「解の公式❶」を使ってもよい。

解答例

$2x^2 + 4x - 1 = 0$ は $2x^2 + 2 \cdot 2x - 1 = 0$

解の公式より $x = \dfrac{-2 \pm \sqrt{2^2 - 2(-1)}}{2}$

「解の公式❷」で $a = 2,\ b' = 2,\ c = -1$

よって $\boldsymbol{x = \dfrac{-2 \pm \sqrt{6}}{2}}$

別 解の公式より,

$$x = \frac{-4 \pm \sqrt{4^2 - 4 \cdot 2 \cdot (-1)}}{2 \cdot 2} = \frac{-4 \pm \sqrt{24}}{4} = \frac{-4 \pm 2\sqrt{6}}{4}$$

「解の公式❶」で $a = 2,\ b = 4,\ c = -1$

よって $\boldsymbol{x = \dfrac{-2 \pm \sqrt{6}}{2}}$

1 問題

(4) 次の計算をしなさい。答えが分数になるときは，分母を有理化して答えなさい。

$$\frac{\sqrt{3}}{4-\sqrt{7}}-\frac{4}{3\sqrt{3}}$$

確認 ▶▶ 第１章 分母の有理化

❶ テーマ６ 分母の有理化，基本的な分母の有理化 **1**・**3**

⬆ポイント 28，29

考え方

分母を有理化して計算する。

解答例

$$\frac{\sqrt{3}}{4-\sqrt{7}}=\frac{\sqrt{3}(4+\sqrt{7})}{(4-\sqrt{7})(4+\sqrt{7})}=\frac{4\sqrt{3}+\sqrt{21}}{16-7}=\frac{4\sqrt{3}+\sqrt{21}}{9}\quad\cdots\cdots①$$

$$\frac{4}{3\sqrt{3}}=\frac{4}{3\sqrt{3}}\cdot\frac{\sqrt{3}}{\sqrt{3}}=\frac{4\sqrt{3}}{9}\quad\cdots\cdots②$$

①－②として，

$$\frac{\sqrt{3}}{4-\sqrt{7}}-\frac{4}{3\sqrt{3}}=\frac{4\sqrt{3}+\sqrt{21}}{9}-\frac{4\sqrt{3}}{9}=\frac{\sqrt{21}}{9}$$

1 問題

(5) y は x の２乗に比例し，$x=3$ のとき $y=4$ です。このとき，y を x を用いて表しなさい。

確認 ▶▶ 第２章 2乗に比例する量

❶ テーマ16 ２乗の比例を表す式 ⬅ポイント 64

「でるでる問題」**2**

考え方

y は x の 2 乗に比例するので　$y = ax^2$　と表せる。

解答例

y は x の 2 乗に比例するので，a を定数として　$y = ax^2$　と表せる。
$x = 3$　のとき　$y = 4$　であるから，代入して，

$$4 = 9a \quad すなわち \quad a = \frac{4}{9}$$

よって　$\underline{\boldsymbol{y = \frac{4}{9}x^2}}$

2 問題

(6)　右の図で　$l \parallel m$　のとき，x の値を求めなさい。

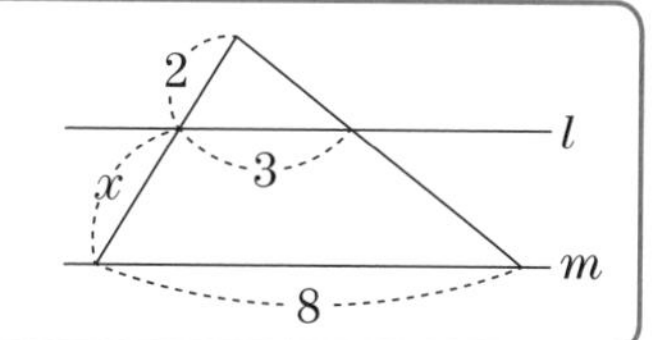

確認 ▶▶ 第6章　平行線と比

❶　テーマ 53　三角形と平行線と比 3　⬅ポイント 188

考え方

平行な 2 直線があるので，比がすぐにわかる。
相似な 2 つの三角形から相似比を考えてもよい。

解答例

$l \parallel m$　なので　$2 : (x+2) = 3 : 8$　すなわち　$3(x+2) = 16$　⬅ テーマ 44 ポイント 156：比例式

よって　$\underline{x = \frac{10}{3}}$

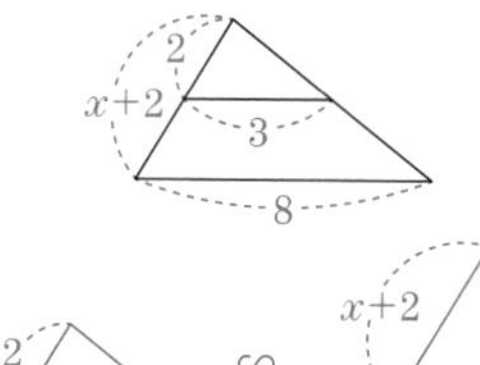

2 問題

(7) 右の図のように△ ABC は円 O に内接し，線分 AB は円の直径です。

$AB = 5$，$AC = \sqrt{17}$ のとき線分 BC の長さを求めなさい。

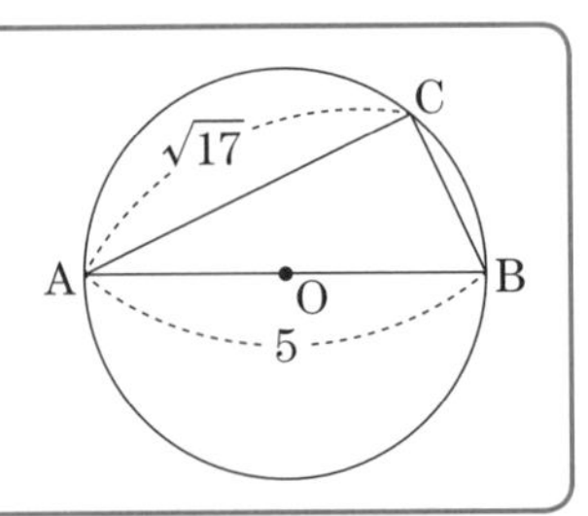

確認 ▶▶ 第 6・7 章 円に内接する三角形の辺の長さ

❶ テーマ 57 直径と円周角 ⬅ポイント 206

❷ テーマ 65 三平方の定理(ピタゴラスの定理) ⬅ポイント 225

考え方

半円の弧に対する円周角は直角であるから $\angle ACB = 90^\circ$

△ ABC は直角三角形で，2 辺の長さがわかるので，三平方の定理を用いる。

⬇ 解答例

線分 AB が円の直径なので $\angle ACB = 90^\circ$

△ ABC は直角三角形なので，三平方の定理を用いて，

$$BC = \sqrt{AB^2 - AC^2} = \sqrt{5^2 - (\sqrt{17})^2}$$

$$= \sqrt{25 - 17} = \sqrt{8}$$

$$= \underline{2\sqrt{2}}$$

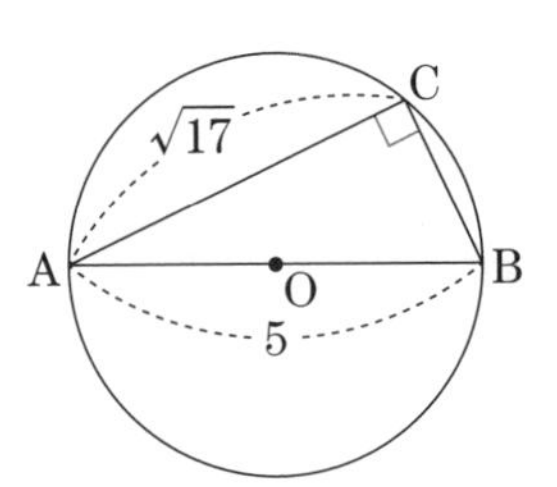

2 問題

(8) 次の不等式を解きなさい。

$$2x^2 - x - 1 < 0$$

確認 ▶▶ 第 1・2 章 2次不等式

❶ テーマ 3 因数分解公式❷ **2** ⬅ポイント 15

❷ テーマ 24 因数分解と 2 次不等式 ⬅ポイント 85

考え方

左辺が因数分解できる。グラフをイメージする。

解答例

$2x^2 - x - 1 < 0$　より　$(x-1)(2x+1) < 0$

$(x-1)(2x+1) = 0$　とすると　$x = -\dfrac{1}{2},\ 1$

よって　$\underline{-\dfrac{1}{2} < x < 1}$

たすきがけ

1	╳	−1 →	−2
2		1 →	1 (+
			−1

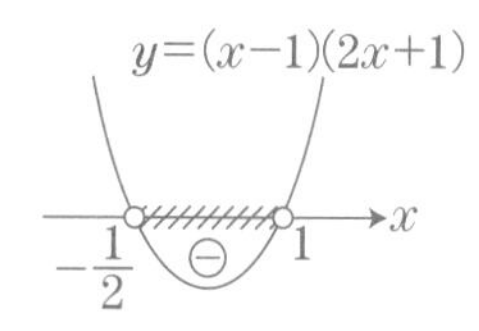

2 問題

(9)　次の循環小数を分数で表しなさい。

$1.\dot{2}\dot{3}$

確認 ▶▶ 第1章　循環小数

❶　テーマ7　小数の分数表記 2　⬅ポイント31

考え方

循環小数を分数で表す公式を用いる。

循環する数が2つなので分母を99，・を消した123から整数部分の1をひいて分子を $123 - 1 = 122$ として分数で表せる。

公式を用いなくても，$x = 1.\dot{2}\dot{3}$　とおいて　$100x = 123.\dot{2}\dot{3}$　なので，$100x - x$ を計算しても求まる。

解答例

公式を用いて，

$$1.\dot{2}\dot{3} = \frac{123-1}{99} = \underline{\frac{\mathbf{122}}{\mathbf{99}}}$$

（1.23 の下の 23 は 2 個，99 は 2 個）

← $\frac{122}{99}$ を計算して 1.2323…… となることを確認できる（答が不安なら検算してみるとよい）

$$\begin{array}{r} 1.2323\cdots \\ 99\,)\overline{122} \\ 99 \\ \hline 230 \\ 198 \\ \hline 320 \\ 297 \\ \hline 230 \\ 198 \\ \hline 320 \\ \vdots \end{array}$$

別　$x = 1.\dot{2}\dot{3} = 1.23232323\cdots\cdots$

とおくと，

$100x = 123.232323\cdots\cdots$ ……①

$x = 1.232323\cdots\cdots$ ……②

①−②として　$99x = 122$　←小数点以下は同じなので，ひくと消える（0 になる）

よって　$x = \underline{\frac{\mathbf{122}}{\mathbf{99}}}$

２ 問題

⑽　次の８個の文字を並べかえてできる文字列の総数を求めなさい。

KADOKAWA

確認 ▶▶ 第４章　順　列

❶ テーマ37 同じものを含む順列の求め方　←ポイント 131

考え方

K が２個，A が３個あることに注意して順列を考える。

解答例

KK（2 個）AAA（3 個）DOW の８個の順列の総数より，

$$\frac{8\,!}{2\,!\,3\,!} = \frac{8\cdot7\cdot6\cdot5\cdot4\cdot3\,!}{2\cdot3\,!} = \underline{\mathbf{3360}}$$

3 問題

(11) 2次関数　$y = -x^2 + 3x - 2$　$(1 \leqq x \leqq 2)$　の最大値を求めなさい。

確認 ▶▶ 第2章　2次関数の最大値

❶ テーマ18 2次式の平方完成の方法　⬅ポイント70

❷ テーマ20 関数の最大値・最小値　⬅ポイント76

「でるでる問題」2・3

考え方

平方完成して，グラフをかく。

解答例

$$x^2 - 3x = \left(x - \frac{3}{2}\right)^2 - \frac{9}{4}$$

（$3x$ に $\times \frac{1}{2}$（半分）→ $\frac{3}{2}$，2乗してひく）

$$y = -x^2 + 3x - 2$$

⬅ x^2 の係数（-1）で定数項以外をくくる基本的な平方完成

$$= -(x^2 - 3x) - 2$$

$$= -\left\{\left(x - \frac{3}{2}\right)^2 - \frac{9}{4}\right\} - 2 = -\left(x - \frac{3}{2}\right)^2 + \frac{9}{4} - 2$$

$$= -\left(x - \frac{3}{2}\right)^2 + \frac{1}{4}$$

グラフの頂点の座標が$\left(\frac{3}{2}, \frac{1}{4}\right)$，上に凸の放物線　$1 \leqq x \leqq 2$　なので，

グラフより　$0 \leqq y \leqq \frac{1}{4}$

よって，最大値は　$\underline{\frac{1}{4}}$

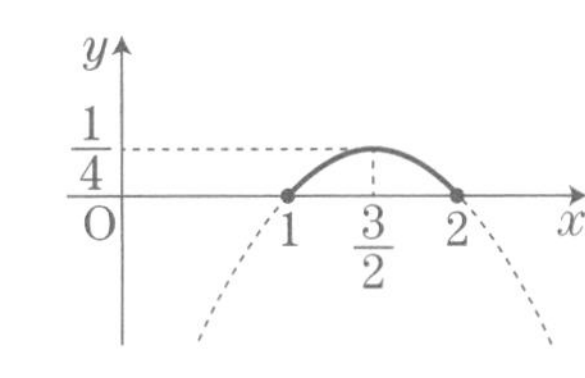

3 問題

(12) 右の図において，x の値を求めなさい。ただし，線分 AB と線分 CD は円の弦です。

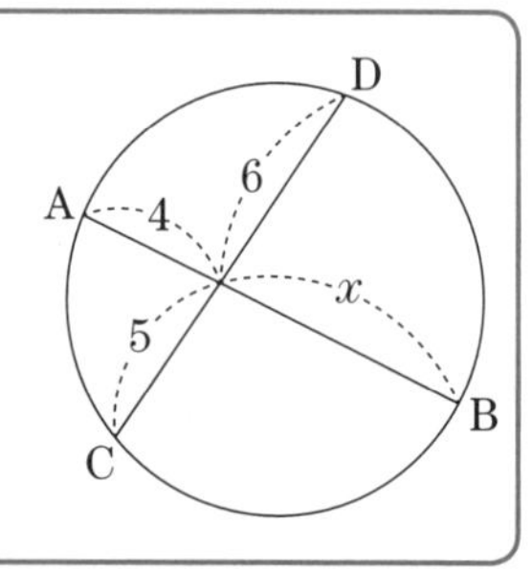

確認 ▶▶ 第6章 **円と2本の直線**

❶ テーマ59 方べきの定理 1 ⬅ポイント 210

考え方

定点を通る２本の直線がそれぞれ円と２点の共有点をもつ場合は，方べきの定理を用いることができる。

解答例

方べきの定理を用いて，

$$4 \cdot x = 5 \cdot 6$$

よって $\boldsymbol{x = \frac{15}{2}}$

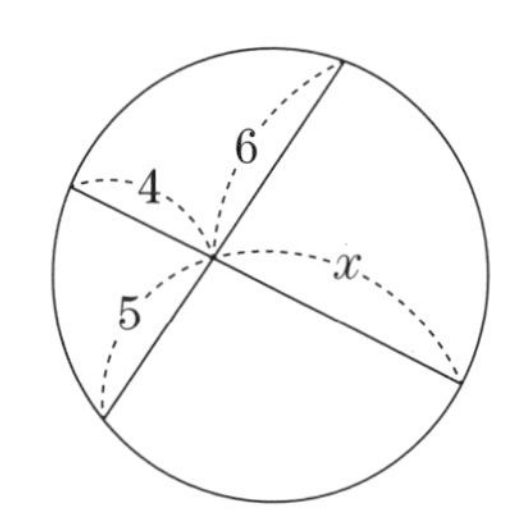

3 問題

⒀　右の図で，点 O を中心とする円に内接する四角形 ABCD において，

∠ OBC = 40°，∠ CAD = 30°　とします。

　このとき，∠ BCD の大きさを求めなさい。

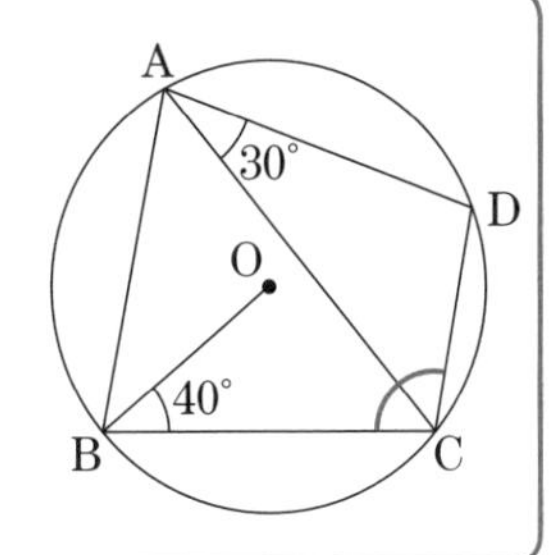

確認 ▶▶ 第6章　円に内接する四角形と円周角

❶ テーマ52　二等辺三角形の性質 2　←ポイント 183

❷ テーマ57　円周角と中心角の関係　←ポイント 204
円に内接する四角形の内角と外角 1　←ポイント 205

OB = OC(半径)　より，△ OBC は二等辺三角形である。

∠ OBC = 40°　であるから，△ OBC の底角と頂角が求まる。

中心角と円周角の関係から∠ BAC が求まる。

四角形 ABCD が円に内接するので　∠ BAD +∠ BCD = 180°　から∠ BCD は求まる。

解答例

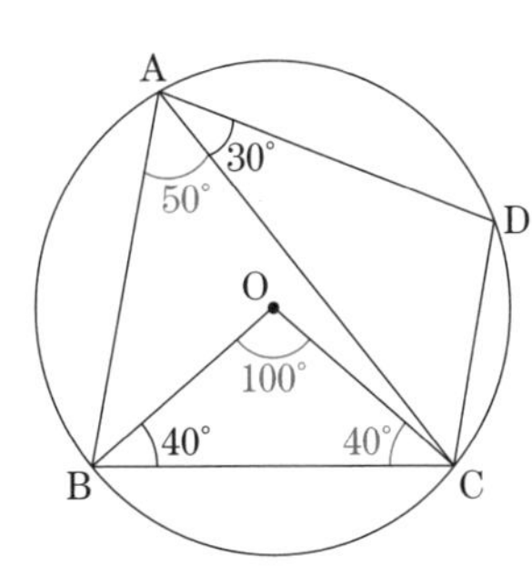

△ OBC は　OB = OC　の二等辺三角形であるから，

∠ OBC =∠ OCB = 40°

△ OBC の内角から，

∠ BOC = 180° −(40° + 40°) = 100°

$\overset{\frown}{BC}$ に対する中心角と円周角の関係から，

$$\angle \mathrm{BAC} = \frac{1}{2}\angle \mathrm{BOC} = \frac{1}{2} \times 100^\circ = 50^\circ$$

∠ BAD =∠ BAC +∠ CAD = 50° + 30° = 80°

四角形 ABCD は円に内接するので，

∠ BCD = 180° −∠ BAD

　= 180° − 80°

　= **100°**

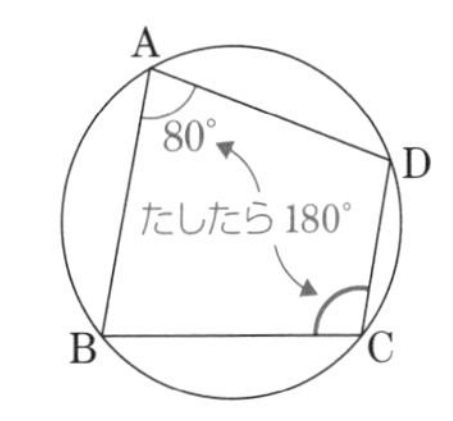

3 問題

⑭ 7つのデータ 3, 4, 7, 5, 8, 2, 6 について，次の問いに答えなさい。

① 平均値を求めなさい。

② 分散を求めなさい。

確認 ▶▶ 第５章 **平均値と分散**

❶ テーマ 45 平 均 値 ⬅ポイント 158

❷ テーマ 48 分散と標準偏差，分散と平均値の関係式 ⬅ポイント 169・170

考え方

データを小さい順に並べると計算しやすい。

① 平均値はデータの総和を求めて個数でわれば求まる。

② 分散は，偏差の２乗の平均値であることから求まる。

別のように，２乗の平均値から平均値の２乗をひいても求まる。

解答例

変量を x としてデータを小さい順に並べると　2, 3, 4, 5, 6, 7, 8

データの平均値を $\overline{x}$，分散を s^2 とする。

① $\overline{x}=\dfrac{2+3+4+5+6+7+8}{7}=\dfrac{35}{7}=\underline{\mathbf{5}}$

⬇偏差の２乗の平均値

② $s^2=\dfrac{(2-5)^2+(3-5)^2+(4-5)^2+(5-5)^2+(6-5)^2+(7-5)^2+(8-5)^2}{7}$

$=\dfrac{9+4+1+0+1+4+9}{7}=\dfrac{28}{7}$

$=\underline{\mathbf{4}}$

別 $\overline{x^2}=\dfrac{2^2+3^2+4^2+5^2+6^2+7^2+8^2}{7}=\dfrac{4+9+16+25+36+49+64}{7}$ ⬅ x^2 の平均値

$=\dfrac{203}{7}=29$

よって　$s^2=\overline{x^2}-(\overline{x})^2=29-25=\underline{\mathbf{4}}$

⬆(x^2 の平均値)－(x の平均値)^2

3 問題

⒂　2つの整数1176，315について，次の問いに答えなさい。

①　最大公約数を求めなさい。

②　最小公倍数を求めなさい。

確認 ▶▶ 第3章　**最大公約数，最小公倍数**

❶　テーマ28　最大公約数と最小公倍数の関係式，ユークリッドの互除法「でるでる問題」

⬆ポイント99・101

考え方

①　ユークリッドの互除法を用いるとよい。

②　2つの数を最大公約数をくくり出すような積の形にして考えるとよい。

別のように，2つの数をそれぞれ素因数分解して考えても求まる。

解答例

①　$1176 = 315 \cdot 3 + 231$

$315 = 231 \cdot 1 + 84$

$231 = 84 \cdot 2 + 63$

$84 = 63 \cdot 1 + 21$

$63 = 21 \cdot 3$

$$
\begin{array}{r|r|r|r|r}
3 & 1 & 2 & 1 & 3 \\
21\,)\,63 &)\,84 &)\,231 &)\,315 &)\,1176 \\
63 & 63 & 168 & 231 & 945 \\
\hline
0 & 21 & 63 & 84 & 231
\end{array}
$$

ユークリッドの互除法を用いて，

(1176と315の最大公約数)＝(315と231の最大公約数)

＝(231と84の最大公約数)＝(84と63の最大公約数)＝(63と21の最大公約数)

＝ **21**

②　$\begin{cases} 1176 = 21 \cdot 56 \\ 315 = 21 \cdot 15 \end{cases}$　(56と15は互いに素)

よって，1176，315の最小公倍数は　$21 \cdot 56 \cdot 15 =$ **17640**

別　$\begin{cases} 1176 = 2^3 \cdot 3 \cdot 7^2 \\ 315 = 3^2 \cdot 5 \cdot 7 \end{cases}$　⬅それぞれ素因数分解

$$
\begin{array}{r|r}
2 & 1176 \\
2 & 588 \\
2 & 294 \\
3 & 147 \\
7 & 49 \\
 & 7
\end{array}
\qquad
\begin{array}{r|r}
3 & 315 \\
3 & 105 \\
5 & 35 \\
 & 7
\end{array}
$$

①　1176，315の最大公約数は　$3 \cdot 7 =$ **21**　⬅共通する素因数を取り出す

②　1176，315の最小公倍数は　$2^3 \cdot 3^2 \cdot 5 \cdot 7^2 =$ **17640**

⬆素因数分解でそれぞれの素数で指数の最大のものをかける

２次：数理技能検定

予想問題➡ p.206 ～

1 問題

右の図は底面の半径が r，母線の長さが８の円錐の展開図です。このとき，次の問いに答えなさい。

(1) r の値を求めなさい。この問題は答えだけを書いてください。

(2) この円錐の体積を求めなさい。

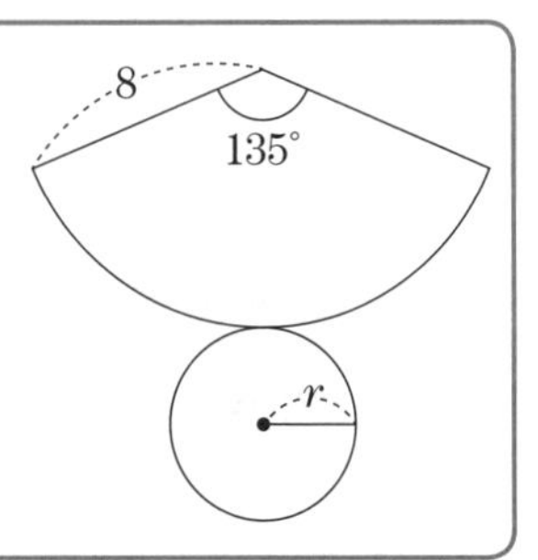

確認 ▶▶ 第７章 立体の展開図

❶ テーマ73 円の周の長さと面積，おうぎ形の弧の長さと面積 **1** ⬅ポイント 241・242

❷ テーマ74 錐体の体積 ⬅ポイント 245

❸ テーマ65 三平方の定理(ピタゴラスの定理) ⬅ポイント 225

考え方

(1) 側面の展開図のおうぎ形の弧の長さと底面の円周の長さが等しいことから，関係式をつくる。

(2) 底面積と高さがわかれば体積は求まる。

円錐の高さは，円錐の頂点から底面に垂線をおろすと直角三角形がみえてくるので，三平方の定理から求まる。

⬇解答例

(1) 展開図において，おうぎ形の弧の長さと底面の円周の長さは等しいので，$2\pi \cdot 8 \times \dfrac{135}{360} = 2\pi r$

よって **$r = 3$**

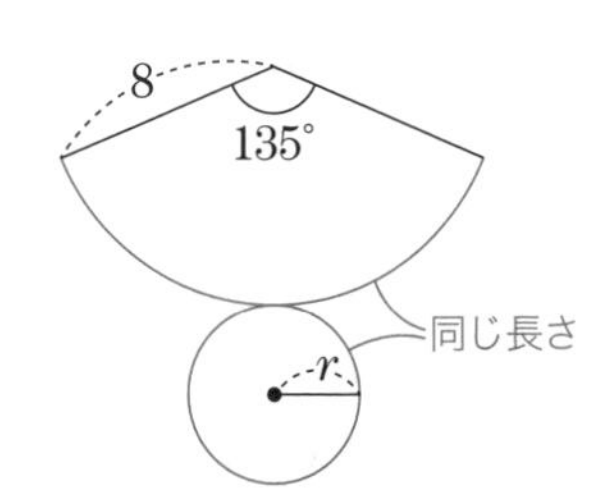

(2) 円錐の頂点をA，底面の円周上の点をP，中心をOとすると，

$AP = 8,\ OP = 3,\ \angle AOP = 90°$

△AOPに三平方の定理を用いて，

$AO = \sqrt{AP^2 - OP^2} = \sqrt{8^2 - 3^2} = \sqrt{55}$

よって，円錐の体積をVとすると，

$V = \frac{1}{3} \cdot \pi \cdot 3^2 \cdot \sqrt{55}$ ⬅ $\frac{1}{3} \cdot \pi OP^2 \cdot AO$

$= \mathbf{3\sqrt{55}\pi}$

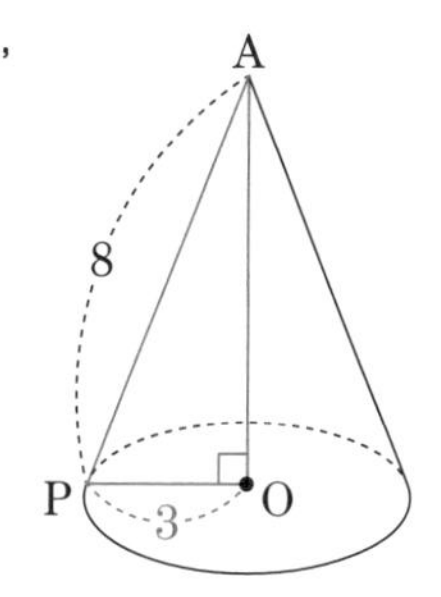

2 問題

先生がAさんに次のようなことを指示しました。

「奇数を2乗して8でわった余りが何になるかを調べてみてください。」

それを聞いたAさんは，正の奇数で小さいものから順に調べてみました。

$1^2 = 1$

$3^2 = 9 \ = 8 \times 1 + 1$

$5^2 = 25 = 8 \times 3 + 1$

$7^2 = 49 = 8 \times 6 + 1$

$9^2 = 81 = 8 \times 10 + 1$

これらをみて，Aさんは「奇数を2乗して8でわった余りは必ず1になる」と予想しました。

これについて，次の問いに答えなさい。

(3) Aさんの予想は正しいですか，誤っていますか。正しければそのことを証明し，誤っていればその理由を答えなさい。

確認 ▶▶ 第1・3・8章　式の計算と証明

❶ テーマ80 文字式の活用 ⬅ポイント254

❷ テーマ2 乗法公式❶ 1 ⬅ポイント10

❸ テーマ29 余りによる整数の分類，連続する2つの整数の積 ⬅ポイント102・104

考え方

奇数は，整数 n を用いて $2n+1$ と表せるので，奇数を２乗すると，

$$(2n+1)^2=4n^2+4n+1=4n(n+1)+1$$

これは，(4の倍数)＋1の形なので，4でわった余りが1であるから，5，13，21など8でわった余りが5になるものがあり，予想は誤っていると考えがちだが，$n(n+1)$は連続する2つの整数の積なので，$n(n+1)$は2の倍数である。

$4n(n+1)$は　4×(2の倍数)＝(8の倍数)　となり，予想が正しいとわかる。

解答例

Aさんの予想は正しい。

「奇数を2乗して8でわった余りは必ず1になる」 ……Ⓐ

Ⓐが成り立つことを証明する。

奇数は整数 n を用いて $2n+1$ と表せる。

奇数の2乗は　$(2n+1)^2=4n^2+4n+1=4n(n+1)+1$

ここで，$n(n+1)$は連続する2つの整数の積なので，2の倍数であるから，整数 k を用いて $n(n+1)=2k$　と表せる。

すなわち，奇数の2乗は

$$4\cdot 2k+1=8k+1$$

⬅ 8×(整数)＋1
どのような奇数でも，8でわって余りが1になる

と表せる。

よって，Ⓐは成り立つ。　〔証明終〕

次の問いに答えなさい。

(4) 袋の中に白球だけがたくさん入っています。その数を数える代わりに同じ大きさの赤球50個を白球の入っている袋の中に入れ，よくかき混ぜたあと，その中から50個の球を無作為に取り出して調べたら，赤球が5個含まれていました。袋の中の白球の個数はおよそ何個あると考えられますか。この問題は答えだけを書いてください。

確認 ▶▶ 第5章 **標本調査**

❶ テーマ44 母比率と標本比率，比例式 ←ポイント155・156

考え方

袋の中にある白球の個数をx個などと文字でおくとよい。

赤球50個を入れると，袋の中の球の個数が$(x+50)$個となることに注意して，赤球の個数の母比率と標本比率が同じになるとして比例式をつくる。

解答例

袋の中にある白球の個数をx個とおく。

赤球50個を入れると，袋の中の球の個数が$(x+50)$個となるので，袋の中の赤球の比率は，

$$\frac{50}{x+50} \quad \cdots\cdots ①$$

無作為に50個の球を取り出して，赤球が5個含まれていたので赤球の比率は，

$$\frac{5}{50}=\frac{1}{10} \quad \cdots\cdots ②$$

	(球の数)		(赤球の数)
母集団	$x+50$	:	50
標　本	50	:	5
	$=10$	:	1

①=②　として　$\frac{50}{x+50}=\frac{1}{10}$

両辺に$10(x+50)$をかけて　$500=x+50$　すなわち　$x=450$

よって，袋の中の白球の個数はおよそ **450** 個あると考えられる。

別　赤球の比率を考えて，

$(x+50):50=50:5=10:1$

すなわち　$x+50=500$

よって　$x=\mathbf{450}$（個）

4 問題

a を定数とします。2 次関数 $y = x^2 - 2(a+1)x + 1$ について，次の問いに答えなさい。

(5)　この 2 次関数のグラフの頂点の座標を a を用いて表しなさい。この問題は答えだけを書いてください。

(6)　この 2 次関数のグラフと x 軸が共有点をもつような a の値の範囲を求めなさい。

確認 ▶▶ 第2章　**放物線の平行移動，x軸との位置関係**

❶　テーマ 18　平方完成と放物線の頂点の座標　⬅ポイント 71

❷　テーマ 23　2 次関数のグラフと x 軸の位置関係　⬅ポイント 84

❸　テーマ 22　判別式と 2 次方程式の実数解の個数❶・❷　⬅ポイント 82・83

❹　テーマ 24　因数分解と 2 次不等式　⬅ポイント 85

考え方

(5)　平方完成して頂点を求めるとよい。

(6)　2 次関数のグラフと x 軸が共有点をもつのは，$y = 0$　となる実数 x がある場合である。判別式が 0 以上となることで，a のとりうる値の範囲は求まる。

2 次関数のグラフが下に凸であることから，頂点の y 座標が 0 以下であることからも求まる。

解答例

(5)　$y = x^2 - 2(a+1)x + 1$

$= \{x - (a+1)\}^2 - (a+1)^2 + 1$

$= \{x - (a+1)\}^2 - a^2 - 2a$

よって，頂点の座標は　$\underline{(a+1,\ -a^2 - 2a)}$

$x^2 - 2(a+1)x = \{x - (a+1)\}^2 - (a+1)^2$

$\times \frac{1}{2}$（半分）

2 乗してひく

(6) $y = x^2 - 2(a+1)x + 1$ のグラフが x 軸($y=0$) と共有点をもつのは，2 次方程式 $x^2 - 2(a+1)x + 1 = 0$ が実数解をもつときである。

判別式を D として，

$$\frac{D}{4} = \{-(a+1)\}^2 - 1 = (a+1)^2 - 1 = a^2 + 2a = a(a+2)$$

$\frac{D}{4} \geqq 0$ であるから $a(a+2) \geqq 0$

よって $\boldsymbol{a \leqq -2,\ 0 \leqq a}$

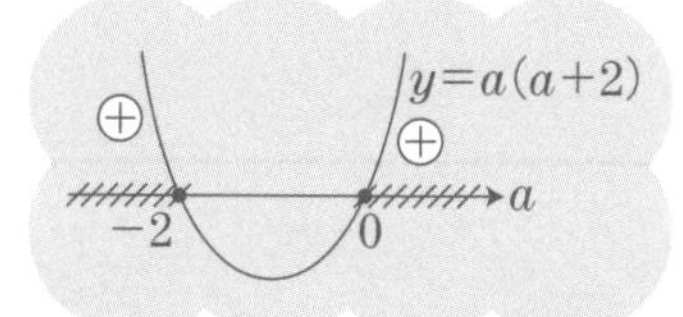

「テーマ22 ポイント83：判別式と 2 次方程式の実数解の個数❷」で，■$x^2 + 2b'x + c = 0$ の判別式を D とすると，

$\frac{D}{4} = b'^2 - ■c$　■$= 1$，$b' = -(a+1)$，$c = 1$

⬆ x の係数の半分

としている

別 $D = \{-2(a+1)\}^2 - 4 = 4(a+1)^2 - 4 = 4(a^2 + 2a) = 4a(a+2)$

「テーマ22 ポイント83：判別式と 2 次方程式の実数解の個数❷」で，■$x^2 + bx + c = 0$ の判別式を D とすると，

$D = b^2 - 4■c$　■$= 1$，$b = -2(a+1)$，$c = 1$

としている

別 $y = x^2 - 2(a+1)x + 1$ のグラフが x 軸($y=0$) と共有点をもつのは，グラフが下に凸より，頂点の y 座標が 0 以下である。

これより $-a^2 - 2a \leqq 0$ ⬅(5)で頂点の座標を求めている

両辺に -1 をかけて $a^2 + 2a \geqq 0$ すなわち $a(a+2) \geqq 0$

よって $\boldsymbol{a \leqq -2,\ 0 \leqq a}$

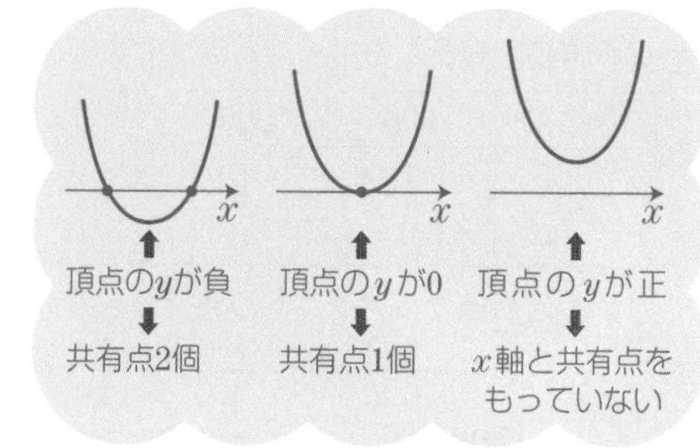

5 問題

次の問いに答えなさい。

(7) 次のようなゲームがある。

1 個のさいころを 1 回振り，

・1 の目が出ると 600 ポイントもらえる。

・3，5 の目が出ると 300 ポイントもらえる。

・偶数の目が出るとポイントはもらえない。

このゲームを 1 回行うとき，もらえるポイントの期待値を求めなさい。この問題は答えだけを書いてください。

確認 ▶▶ 第 4 章 **期待値**

❶ テーマ 38 確率の定義 ←ポイント 137

❷ テーマ 43 期待値 ←ポイント 152

考え方

ポイントと確率の関係を表にしてみるとわかりやすい。
期待値の定義どおりに計算する。

解答例

1 個のさいころを 1 回振るとき，1 の目が出る確率は $\frac{1}{6}$

3，5 の目が出る確率は $\frac{2}{6}=\frac{1}{3}$

偶数の目 (2，4，6) が出る確率は $\frac{3}{6}=\frac{1}{2}$

これより，もらえるポイントは次の表のようになる。

ポイント	600	300	0	計
確率	$\frac{1}{6}$	$\frac{1}{3}$	$\frac{1}{2}$	1

よって，もらえるポイントの期待値を E とすると

$$E = 600\cdot\frac{1}{6}+300\cdot\frac{1}{3}+0\cdot\frac{1}{2}=100+100$$

$= \underline{\mathbf{200}}$ (ポイント) ←1 回につき 200 ポイントもらえる

問題

次の問いに答えなさい。必要ならば，$\sin 18^\circ = 0.3090$, $\cos 18^\circ = 0.9511$ であることを用いてください。

(8) $\tan 18^\circ$ の値を小数第5位を四捨五入して，小数第4位まで求めなさい。この問題は答えだけを書いてください。

(9) 右の図のように，A駅からB駅へケーブルカーが300m進んでいます。

A駅とB駅を点A，Bとすると，斜面ABは水平面とのなす角が18°です。このとき，標高差BCは何mですか。答えは1m未満を四捨五入して答えてください。

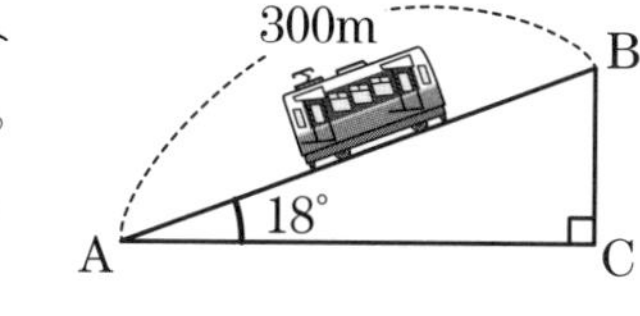

確認 ▶▶ 第7章 三角比

❶ テーマ67 三角比の相互関係 ⬅ポイント230

❷ テーマ66 三角比と直角三角形の辺の長さ ⬅ポイント228

考え方

(8) $\tan\theta = \dfrac{\sin\theta}{\cos\theta}$ で，$\theta = 18^\circ$ とすれば求まる。電卓も使用可である。

(9) △ABCは斜辺の長さが $AB = 300$(m)であり，1つの角が $\angle BAC = 18^\circ$ である直角三角形なので，BCの長さは求まる。

解答例

(8) $\tan 18^\circ = \dfrac{\sin 18^\circ}{\cos 18^\circ} = \dfrac{0.3090}{0.9511} = \dfrac{3090}{9511} = 0.32488\cdots$ ⬅電卓使用可，小数第5位は8

$\fallingdotseq$ **0.3249**

(9) △ABCは $AB = 300$(m), $\angle BAC = 18^\circ$, $\angle ACB = 90^\circ$ の直角三角形であるから，

$BC = AB\sin 18^\circ$

$= 300 \cdot 0.3090 = 92.7$

$\fallingdotseq 93$

よって，標高差BCは **93m**

補足 同じ設定で，次の問題も練習してみよう。

水平距離ACは何mですか。答えは1m未満を四捨五入して答えてください。

解 $AC = AB\cos 18^\circ = 300 \cdot 0.9511 = 285.33 \fallingdotseq 285$

よって，水平距離ACは **285m**

7 問題

次の問いに答えなさい。

⑽ 下のような，1から9の数字が書かれている表があります。

1	2	3
4	5	6
7	8	9

このとき，表にある数字から1つ選び，数字を消して〇印を書き込むことをくり返します。ただし，一度選んだ数字は二度と選べないとします。縦，横あるいは斜めのいずれかに〇印がはじめて3つ並んだ時点での〇印の個数を得点とし，〇印がついていない数字の総和を S とします。

たとえば，順に7，2，3，5と数字を選んだ場合は以下のようになります。

1	2	3
4	5	6
〇	8	9

1	〇	3
4	5	6
〇	8	9

1	〇	〇
4	5	6
〇	8	9

1	〇	〇
4	〇	6
〇	8	9

この時点で，〇印が斜めにはじめて3つ並び，〇は4個あるので，得点は4点です。

〇印のついていない数字は1，4，6，8，9なので，

$$S = 1 + 4 + 6 + 8 + 9 = 28$$

となります。

この操作での得点と S について，

最低得点は［ア］点でそのとき S が最小の値となるものは

$S =$［イ］である。

最高得点は［ウ］点でそのとき S が最小の値となるものは

$S =$［エ］である。

［ア］，［イ］，［ウ］，［エ］にあてはまる数を求めなさい。この問題は答えだけを書いてください。

確認 ▶▶ 第8章 整理技能

❶ テーマ80 整理技能の問題の原則 ⬅ポイント 255

考え方

縦，横，あるいは斜めのいずれかに○印がはじめて3つ並んだ状態を「ビンゴ」とよぶことにし，そのとき得点と S の値が決まる。

最低得点は，最短でビンゴになるときで，○印が3つのときである。

最高得点は，○印を多くしつつ，なるべくビンゴにならないようにする。

S が最小の値となるには，なるべく小さな数字を残すようにすればよい。

解答例

縦，横，あるいは斜めのいずれかに○印がはじめて3つ並んだ状態を「ビンゴ」とよぶことにする。○印2個以下では，ビンゴにはならない。

最低得点は，○印3つでビンゴになるときで，次の8通りの場合がある。

○	○	○
4	5	6
7	8	9

1	2	3
○	○	○
7	8	9

1	2	3
4	5	6
○	○	○

○	2	3
○	5	6
○	8	9

1	○	3
4	○	6
7	○	9

1	2	○
4	5	○
7	8	○

○	2	3
4	○	6
7	8	○

1	2	○
4	○	6
○	8	9

よって，最低得点は **3** ア 点である。

そのうち，S が最小の値となるのは，残った6個の数字の和が最小になるときである。

それは○印のついた数字がこの中で最も大きい7，8，9のときである。

1	2	3
4	5	6
○	○	○

⬆大きい数に○印をつけると小さい数が残る

よって，S の最小の値は　$S = 1 + 2 + 3 + 4 + 5 + 6 = \mathbf{21}$ イ

最高得点は，○印が多くなるときなので，なるべくビンゴにならないことを考える。

まず，ビンゴになりにくい2，4，6，8に○印をつけて，

1	○	3
○	5	○
7	○	9

さらに「1と9」，または「3と7」に○印をつけて，

○	○	3
○	5	○
7	○	○

1	○	○
○	5	○
○	○	9

これに○印を1つつけると，必ずビンゴになる。

○印7個でビンゴにならない場合はなく，○印7個でビンゴになるのは次の6通り

○	○	○
○	5	○
7	○	○

○	○	3
○	○	○
7	○	○

○	○	3
○	5	○
○	○	○

○	○	○
○	5	○
○	○	9

1	○	○
○	○	○
○	○	9

1	○	○
○	5	○
○	○	○

よって最高得点は **7**ウ 点である。

そのうち，S の最小の値は，残った2個の数字の和が最小になるときであり，それは，1，5が残るときである。

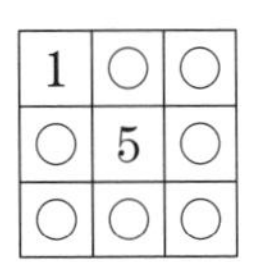

よって，S の最小の値は　$S = 1 + 5 = \underline{\mathbf{6}}$エ

補足

さらに思考力を鍛えるために，同じ設定で次のページの問題もやってみよう。
これが，本書の最終問題である。

最終問題

条件は 問題7 と同じとします。

縦，横，あるいは斜めのいずれかに○印がはじめて3つ並んだ状態で $S = 21$ となるものに，次の場合がありました。

1	2	3
4	5	6
○	○	○

ほかにも $S = 21$ となる場合が14通りあるのですが，そのうち4つの場合の表を完成してください。

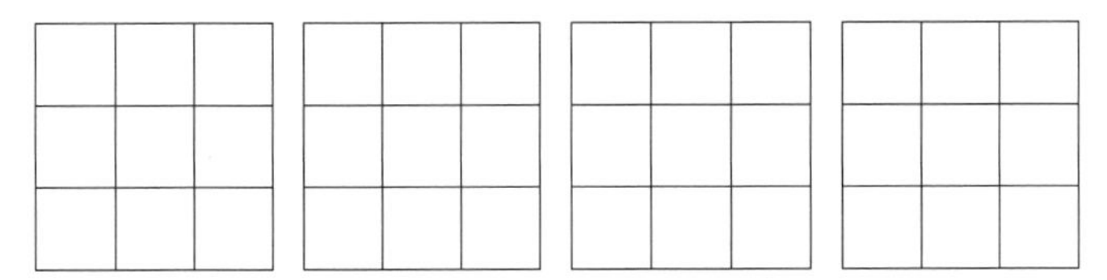

やみくもに書き出すのではなく，大きな数から決めていくとよい。
下記の 14 通りのうち，4 通りの表が正解。

1	○	3
○	○	○
○	8	9

○	○	○
4	○	○
○	8	9

1	○	○
4	○	○
7	○	9

○	2	3
○	○	○
7	○	9

○	○	○
○	5	○
7	○	9

○	2	○
4	○	6
○	○	9

1	○	○
○	5	○
7	8	○

○	2	○
4	○	○
7	8	○

○	○	○
○	○	6
7	8	○

1	2	3
○	○	○
7	8	○

○	2	○
○	5	6
○	8	○

○	○	3
4	○	6
○	8	○

1	2	○
4	○	6
○	8	○

1	○	3
4	○	6
7	○	○

次の表は，和が 21 でもビンゴになっていないので，答えにはならないことに注意。

1	○	○
○	5	6
○	○	9

1	2	3
○	○	6
○	○	9

○	○	3
4	5	○
○	○	9

1	2	○
4	5	○
○	○	9

1	○	3
4	5	○
○	8	○

○	○	3
○	5	6
7	○	○

1	2	○
○	5	6
7	○	○

○	2	3
4	5	○
7	○	○

memo

さくいん

＊「第１部　原則編」に出てくる用語を対象としています。

あ　行

か　行

さ　行

た 行

な 行

は 行

ま 行

や 行

ら 行

わ 行

佐々木　誠（ささき　まこと）
代々木ゼミナール数学科講師。広島市出身。実用数学技能検定１級合格。数学が好きで、そのおもしろさを伝えたいと予備校講師の道へ。授業は「癒しの講義」と支持されている。
著書に『改訂第２版　大学入学共通テスト　数学Ⅰ・A予想問題集』（KADOKAWA）などがある。

改訂版
数学検定準2級に面白いほど合格する本

2024年１月29日　初版発行

著者／佐々木　誠
監修／公益財団法人 日本数学検定協会
発行者／山下 直久
発行／株式会社KADOKAWA
〒102-8177　東京都千代田区富士見2-13-3
電話 0570-002-301（ナビダイヤル）

印刷所／図書印刷株式会社
製本所／図書印刷株式会社

ISBN 978-4-04-606114-0　C7041